高山美利奴羊

岳耀敬
郭婷婷　等　**著**
杨博辉

中国农业科学技术出版社

图书在版编目（CIP）数据

高山美利奴羊 / 岳耀敬等著. --北京：中国农业科学技术出版社，2021. 9

ISBN 978-7-5116-5498-4

Ⅰ. ①高… Ⅱ. ①岳… Ⅲ. ①细毛羊—饲养管理 Ⅳ. ①S826.8

中国版本图书馆 CIP 数据核字（2021）第 186574 号

责任编辑 陶 莲
责任校对 李向荣
责任印制 姜义伟 王思文

出 版 者 中国农业科学技术出版社
北京市中关村南大街12号 邮编：100081
电 话 （010）82109705（编辑室）（010）82109702（发行部）
（010）82109709（读者服务部）
传 真 （010）82106625
网 址 http: // www.castp.cn
经 销 者 各地新华书店
印 刷 者 北京建宏印刷有限公司
开 本 185 mm × 260 mm 1/16
印 张 15.5
字 数 339千字
版 次 2021年9月第1版 2021年9月第1次印刷
定 价 128.00元

《高山美利奴羊》

著者名单

主　　著： 岳耀敬　郭婷婷　杨博辉

副 主 著： 袁　超　牛春娥　刘继刚　安玉锋　李锋红　张万龙

参著人员：（按姓氏笔画排列）

王　凯　王天翔　王丽娟　王学炳　王喜军　王鹏程
牛春娥　文亚洲　卢曾奎　冯明廷　冯瑞林　冯新宇
朱韶华　乔国艳　刘建斌　刘继刚　刘善博　安玉锋
安晓东　孙晓萍　李文全　李文辉　李吉国　李范文
李建烨　李桂英　李锋红　杨　敏　杨剑峰　杨博辉
吴　怡　吴瑜瑜　张　军　张万龙　张玲玲　张剑搏
张海明　陈　颢　陈来运　陈博雯　罗天照　岳耀敬
赵　帅　赵天贤　赵进韬　赵洪昌　柯成忠　贺永宏
贺永宏　袁　超　郭　健　郭婷婷　梁育林　韩　梅
韩吉龙　韩登武

策　　划： 岳耀敬　杨博辉

Preface 前　言

我国细毛羊业已经历了近一个世纪的发展，走过了“从无到有和从有到优”的辉煌历程，成功培育出了17个毛肉兼用细毛羊和4个肉毛兼用细毛羊新品种，为我国羊业乃至畜牧业高质量发展做出了巨大贡献。目前，我国细毛羊羊毛主体细度66支以上，主产区位于甘肃、新疆、内蒙古、青海、吉林等北方牧区和农牧交错区，发展方向为超细、肉毛兼用和多胎细毛羊。细毛羊产业是我国北方牧区和农牧交错区农牧民脱贫攻坚和乡村振兴的重要产业之一。

高山美利奴羊是在20世纪90年代，我国细毛羊产业急剧向细型、超细型、肉毛兼用型美利奴羊方向发展的大背景下，在国家和甘肃省科技计划项目、国家绒毛用羊产业技术体系和中国农业科学院创新工程等项目的连续稳定支持下，由中国农业科学院兰州畜牧与兽药研究所、甘肃省绵羊繁育技术推广站、肃南裕固族自治县农牧业委员会、金昌市绵羊繁育技术推广站、天祝藏族自治县畜牧技术推广站、肃南裕固族自治县皇城绵羊育种场、肃南裕固族自治县高山细毛羊专业合作社7家单位，历经20年创新与坚守，于2015年育成的。该羊是适于青藏高原祁连山层区海拔2 400～4 070m高山寒旱牧区的，且羊毛纤维直径主体为19.1～21.5μm的一流毛肉兼用型美利奴羊型品种。它的育成是我国高山寒旱牧区细毛羊育种的重大突破，实现了青藏高原及类似地区优质细毛羊的国产化，对促进我国细毛羊产业高质量发展、保住国毛在国际贸易中的话语权和议价权、满足毛纺工业对高档精纺羊毛的需求、缓解羊肉刚性需求大的矛盾均具有不可替代的经济价值、生态地位和社会意义。

坚持“四个面向”，为打好羊种业翻身仗，促进我国细毛羊业高质量发展和助力乡村振兴，作者著写了《高山美利奴羊》一书。全书主要内容包括高山美利奴羊培育背景、培育历程、新品种特征、重要性状遗传参数和育种值估计、全基因组选择技术、群体遗传分析、重要经济性状候选基因挖掘研究、中国细毛羊重要经济性状全基因组关联分析、羊毛性状形成的分子机制、高效繁殖技术和产业化技术集成模式创新与应用等。

在本书付梓之时，向为甘肃细毛羊产业发展做出奉献的前辈、领导、专家、基层农技推广人员和农牧民朋友，一并特表致敬和感谢！同时也感谢负责本书出版的中国农业科技出版社同志们辛勤的付出。

由于作者水平有限，本书难免有错误和不妥之处，敬请广大同行不吝批评指正。

岳耀敬

2021年9月6日于兰州

Contents 目录

第一章　高山美利奴羊培育背景

第一节　生态环境

一、山地与高原的特点及区别

山地是指海拔高度500m以上，相对高差200m以上的高地。地表形态按高程和起伏特征，由山顶、山坡和山麓三个部分组成，它们以较小的峰顶面积区别于高原。这些群山层峦叠嶂，群居一起，形成一个山地大家族。山地特点是起伏大，坡度陡，沟谷深，多呈脉状分布。山地是一个众多山所在的地域，有别于单一的山或山脉。高原的总高度有时比山地大，有时相比较小，但高原上的高度差异较小，这是山地和高原的区分，但一般高原上也可能会有山地，如青藏高原。山地的规模大小也不同，按山的高度分，可分为高山、中山和低山。海拔在3 500m以上的称为高山，海拔在1 000～3 500m的称为中山，海拔低于1 000m的称为低山。山地地形形成的气候是山地气候。高山地区海拔高、低温，气候呈垂直分布，适宜多种植被与经济林木生长。

高原通常是指海拔高度在500m以上，面积广大，地形开阔，周边以明显的陡坡为界，比较完整的大面积隆起地区。有的高原表面宽广平坦，地势起伏不大；有的高原则是山峦起伏，地势变化很大。高原最本质的特征是地势相对高差低而海拔相当高。世界上高原分布甚广，大约共占地球陆地面积的45%。中国有四大高原，集中分布在地势第一、第二阶梯上。青藏高原地势高，平均海拔4 000m以上，多雪山冰川。内蒙古高原是蒙古高原的一部分，海拔1 000～1 400m。黄土高原是世界著名的大面积黄土覆盖的高原，由西北向东南倾斜，海拔800～2 500m，沟壑纵横，植被少，水土流失严重均为世界所罕见。云贵高原地形崎岖不平，海拔1 000～2 000m，多峡谷及典型的喀斯特地貌。

二、祁连山与青藏高原的地理关系及特点

青藏高原是中国最大、世界海拔最高的高原。大部在中国西南部，包括西藏和青海的全部、四川西部、新疆南部，以及甘肃、云南的一部分。整个青藏高原还包括不丹、尼泊尔、印度、巴基斯坦、阿富汗、塔吉克斯坦、吉尔吉斯斯坦的一部分，总面积250万km²。境内面积240万km²，平均海拔4 000～5 000m，有“世界屋脊”和“第三极”之称，是亚洲许多大河的发源地。青藏高原的空气比较干燥，稀薄，太阳辐射比较强，气温比较低，降雨比较少。由于其地形的复杂和多变，青藏高原上气候本身也随地区的不同而变化很大。青藏高原具有丰富的山脉、冰川、河流、湖泊及植物资源，植物种类繁多，植物地理成分交错，植被类型复杂、植物资源丰富，并且呈现出明显的区域差异。青藏高原自东向西植被的变化是山地森林—高山草甸—高山草原—高山荒漠。

祁连山属于青藏高原七大地层区之一的祁连地层区。祁连山是青藏高原东北部边缘山系，由一系列西北—东南走向的平行山脉和山间盆地组成。主体地貌是高山、沟谷和盆地，以山地为主。东西长800km，南北宽200～400km，面积约2 062km²。平均海拔4 000～4 500m，许多山峰超过5 000m，其中疏勒南山主峰团结峰是整个山系的最高峰，海拔5 808m。祁连山地具典型大陆性气候特征。一般山前低山属荒漠气候，年均温6℃左右，年降水量约150mm。中山下部属半干旱草原气候，年均温2～5℃，年降水量250～300mm。中山上部为半湿润森林草原气候，年均温0～1℃，年降水量400～500mm。亚高山和高山属寒冷湿润气候，年均温-5℃左右，年降水量约800mm。山地东部气候较湿润，西部较干燥。植被垂直带结构，山地东西部南北坡不尽相同。东段北坡植被垂直带谱（自下而上）：荒漠带（只有草原化荒漠亚带）—山地草原带—山地森林草原带—高山灌丛草甸带—高山亚冰雪稀疏植被带。南坡：草原带—山地森林草原带—高山灌丛草甸带—高山亚冰雪稀疏植被带。西段北坡：荒漠带—山地草原带—高山草原带—高山亚冰雪稀疏植被带。南坡：荒漠带—高山草原带（限荒漠草原亚带）—高山亚冰雪稀疏植被带。

三、育种区自然生态资源条件

高山美利奴羊育种区域位于青藏高原东北缘祁连山北麓的祁连山地，隶属甘肃省张掖市肃南裕固族自治县、武威市天祝藏族自治县、金昌市永昌县的高山牧区。核心育种区位于肃南裕固族自治县皇城镇的我国最为美丽富饶的六大草原之一的皇城草原。育种区位于东经97°20′～103°46′、北纬36°31′～39°04′，辐射强烈，日照多，气温低，积温少，温差大，相对湿度小，风速大，气温随高度和纬度的升高而降低，气压低，空气稀薄；区内山峦起伏，海拔2 400～4 070m；冬春季干旱、寒冷，多西北风；

夏季温暖、湿润，多偏南风；年均气温0～3.8℃，年降水量257.0～461.1mm，无霜期60～120d，年日照时数为2 272.0～2 641.3h，蒸发量1 111.9～1 730.9mm；河流有皇城河、金强河、石门河和黑马圈河；影响牧草生长和细毛羊放牧的主要灾害性气候是春雪、夏旱、秋雨和冰雹等白灾和黑灾。天然草原类型分为9个类、18个亚类、24个组、29个型，没有一、二、三、四级草原，五级草原为高寒灌丛草甸1类，六级草原为高寒草甸、温性草原、温性草原化荒漠、温性草甸草原、高寒草原5类，七级草原为温性荒漠、温性荒漠化草原和低平地草甸3类，其中以青藏高原的典型草原高寒草原、高寒草甸、荒漠草原、高寒灌丛草甸为主，隶属的青藏高原高寒草地是世界上最著名的放牧生态系统和最大的草地系统之一，草原呈现东湿西干由森林—草甸—草原—荒漠的地带性更替，牧草种类由抗旱耐寒的多年生草本植物或小半灌木为主形成，共有可利用草原面积约3 465万亩（1亩≈667m^2，全书同），载畜量约200万个羊单位。

第二节　人文条件

祁连山下有一片水草丰美的草原，裕固族称“夏日塔拉”（也叫黄城滩、皇城滩、大草滩）草原或皇城草原。这里曾是匈奴王的牧地，回鹘人的牧地，元代蒙古王阔端汗的牧地和避暑夏宫。清人梁份所著的地理名著《秦边纪略》中说：“其草之茂为塞外绝无，内地仅有。”作者将此地看作内地是因为当时游牧人和农耕人正在争夺这一地区。藏族史诗《格萨尔》中说这一片草原是“黄金莲花草原”。而尧熬尔人和蒙古人均称之为“夏日塔拉”，意为“黄金牧场”。祁连山一名就是古代匈奴语，意为“天之山”。迄今为止，游牧在这里的匈奴人的直系后裔——尧熬尔人仍然叫祁连山为“腾格里大坂”，意思也是“天之山”。祁连山前的河西走廊自古就是内地通往西域的天然通道，文化遗迹和名胜众多。在汉代和唐代，著名的“丝绸之路”即由此通过，留下众多中西文化交流的古迹和关口、城镇，如嘉峪关、黑水国汉墓、马蹄寺石窟、西夏碑、炳灵寺石窟等。在河西走廊东部的历史文化名城武威出土的汉代铜奔马已成为中国旅游的标志。育种区内大部分地区为牧业区，世居少数民族以藏族、裕固族等游牧民族为主，青藏文化正是建立在高原游牧业和河谷地带的灌溉农业的基础之上。高寒草原+藏系家畜形成了世界上独一无二的高寒草原畜牧业区域，游牧业经济活动表现出明显的地域化、专一化、差异化特点，其游牧系统还哺育了藏族、裕固族佛教的地域性文化，其畜牧伦理思想和生态伦理思想主导生活在这里的藏族、裕固族人民在严酷的自然条件下从事畜牧业生产活动，并培育出了适应高原高寒环境的地域化、专一化、差异化藏系家畜，如藏绵羊、甘肃高山细毛羊等。世世代代以畜牧业为生的藏族、裕固族，牧业生产经验丰富，牧业文化特色鲜明，伴随牧业劳动诞生了丰富多彩的具有自己独特的民风习俗和传统文化，以捻线、留头羊、剪羊毛为代表的细毛羊生产民俗文化已经深刻烙入藏族、裕固族民族文化之中。1980年成功育成甘肃高山细毛羊后，在畜牧业生产和畜种改良方面积极探索，又上新台阶，利用现代育种技术培育了适应青藏高原祁连山地海拔2 400～4 070m的高山寒旱草原生态区及其类似地区的羊毛纤维直径以19.1～21.5μm为主体的差异化毛肉兼用美利奴羊新品种高山美利奴羊，更是藏族、裕固族民族文化与畜牧业经济活动及现代羊业发展需求相互融合的必然选择和杰出代表，其综合生产能力与目前青藏高原生态区的任意羊品种相比表现出了明显的优势，他们十分喜爱这一地域化、专一化、差异化等特点突出的毛肉兼用美利奴羊新品种。

第三节　市场需求

一、国内外细毛羊业发展趋势与需求

世界细羊毛生产主要集中在大洋洲和亚洲，两大洲的羊毛生产总量占世界的70%，欧洲、非洲和南美洲也有一定量的羊毛生产，澳大利亚、中国、新西兰、南非、阿根廷、乌拉圭为世界细羊毛主要生产国。国际毛纺组织发布的最新统计表明近年来羊毛产量持续下降，年产净毛量约100.0万t，世界羊毛特别是细羊毛供求紧张状况在短期内难以改变。特别是1990年以来，随着国际毛纺市场向细薄化、环保化、高档化方向发展，原料市场对精纺细羊毛原料的需求逐步扩大，同时国际羊肉市场对羊肉的需求不断增加，全球细毛羊的发展趋势向毛肉兼用型方向发展。为迎合市场需求，近年来澳大利亚、新西兰、南非等国的羊毛纤维直径19.0～21.5μm的细羊毛，特别是19.0μm以细的细羊毛产量不断增加，同时加强了细毛羊产肉能力的开发。目前，澳大利亚、新西兰和美国等国80%～98%的羊为毛肉兼用品种、肉毛兼用或肉用品种。

我国羊毛产量，尤其是细羊毛产量近年来基本保持稳定状态，新疆、内蒙古、甘肃、吉林等少数民族草原牧区为我国细羊毛生产优势区，年产量约12.0万t。同时我国经历了50多年的品种改良，成功培育出15个细毛羊品种，但羊毛纤维直径仍以20.1～23.0μm为主，仅有少量低于20.0μm，优质细羊毛供给严重不足，为此我国平均每年需耗资10亿美元进口优质细羊毛。其次，随着近年来羊肉需求量持续增加，肉价持

续飞速上涨，1996年以来，我国羊肉价格已连续多年上涨，价格上涨了3倍多，其上涨速度远远超过细羊毛价格的增速，导致饲养现有细毛羊品种较肉羊品种比较效益下降，牧民越来越倾向于养殖肉羊品种，羊毛的质量出现了下降的趋势，我国细羊毛产业将再次陷入“倒改”的境地。培育羊毛市场需求量大，羊毛纤维直径以19.1～21.5μm为主体的毛肉兼用美利奴羊新品种，符合国内外细毛羊育种方向与产业发展需求，同时作为提供优质羊毛、羊肉的细毛羊品种，不仅可以稳定优质细羊毛生产，有效地保障我国毛纺加工企业的原料供给，而且还可促进羊肉生产，增加农牧民收入、缓解供应紧张局面，满足我国羊肉的刚性消费需求，维护社会和谐稳定。

二、高山美利奴羊培育是我国细毛羊品种差异化发展的必然选择

澳洲美利奴羊因羊毛综合品质等综合生产能力卓越而誉满全球，自1972年澳大利亚政府允许向我国出口澳洲美利奴羊种公羊以来，我国细毛羊产业进入了澳洲美利奴羊国产化阶段。澳洲美利奴羊所具备的生产性能高和优良羊毛品质使得对中国细毛羊进行澳化改造成了育种的必然趋势，培育出适应我国不同生态条件下的毛肉兼用美利奴羊新品种（系），完善美利奴羊品种结构，构建我国优质细毛羊生产技术创新体系，已成为我国细毛羊选育工作的核心。

甘肃高山细毛羊是在海拔2 400～4 070m的青藏高原祁连山层区的高山寒旱草原生态区于1980年育成的我国第一个高山型毛肉兼用细毛羊品种，在青藏高原寒旱草原生态区具有良好的生活力、繁殖力、抗逆性和生产性能。甘肃高山细毛羊育成后，经过近十年的选育、提高、推广并建立了较为稳定的群体数量和生态分布区域，但与澳洲美利奴羊的生产水平相比还有一定差距，集中体现为个体净毛量低、羊毛纤维直径偏粗、羊毛长度偏短、净毛率偏低及体重偏小等，甘肃高山细毛羊的综合生产能力已无法满足细毛羊产业发展方向，无法满足世居于青藏高原海拔2 400～4 070m的寒旱草原生态区以选择培育细毛羊品种赖以生存的广大藏族、裕固族等少数民族兄弟的奔小康需求，无法提高青藏高原寒旱草原生态区细毛羊产业水平和档次及促进整个藏族、裕固族地区羊产业的发展，所以培育适应于本生态区的综合生产能力优于此区其他羊品种的差异化毛肉兼用美利奴羊新品种已迫在眉睫。20世纪90年代世界范围的细毛羊澳化以及以新疆、内蒙古、吉林为先导的多生态类型的中国美利奴羊生产体系的建立和发展，给青藏高原寒旱草原生态区细毛羊业提出了一个刻不容缓的命题，就是如何尽快培育出适合于青藏高原寒旱草原生态区的差异化毛肉兼用美利奴羊新品种，把青藏高原寒旱草原生态区细毛羊的发展融入美利奴羊国产化的系统中去，以便充分利用本生态区低成本的丰富的草原资源的优势发展细毛羊业以满足广大藏族、裕固族等少数民族兄弟赖以细毛羊奔小康

的需求，满足国内对优质细羊毛和羊肉的刚性需求，从根本上促进青藏高原寒旱草原生态区乃至全国细毛羊高产、优质、高效可持续发展。所以这一重大良种工程，具有现实的迫切性和历史的必然性，对青藏高原寒旱草原生态区畜牧业经济的发展及对丰富完善我国细毛羊差异化类型、繁育及产业化发展技术体系具有重要的科学意义。

新品种主培育区独特的地理区位在保护青藏高原生态平衡，阻止腾格里、巴丹吉林和库姆塔格三大沙漠南侵，维持河西走廊绿洲稳定，保障黄河径流补给，构筑我国西北内陆生态屏障方面具有极其重要的作用。长期以来，由于受大气环境变化和人为因素（过牧）影响，导致祁连山冰川萎缩、雪线上升、天然植被退化、荒漠化和水土流失加重、出山径流量减少等严重生态问题，不仅影响周边地区经济社会可持续发展，而且对我国西部地区生态安全构成了严重威胁。引进澳洲美利奴羊培育羊毛品质优、经济效益高的高山美利奴羊新品种，构建标准规模化生产体系，不仅可优化养殖品种结构，而且有助于减轻区域生态压力，促进农牧民增收。

因此，自1996年开始，中国农业科学院兰州畜牧与兽药研究所联合甘肃省绵羊繁育技术推广站、肃南裕固族自治县皇城细毛羊育种场、金昌市绵羊繁育技术推广站、肃南裕固族自治县高山细毛羊专业合作社、肃南裕固族自治县农牧业委员会、天祝藏族自治县畜牧技术推广站组建育种协作组，开始有计划地以澳洲美利奴羊为父本、甘肃高山细毛羊为母本，通过现代育种理论、技术及方法，以毛用性能指标和体重为主选指标进行开放核心群联合育种，建立核心群、育种群、改良群三级繁育体系，培育适应青藏高原寒旱草原生态区的差异化毛肉兼用美利奴羊新品种。历经20年培育成功的高山美利奴羊新品种，其综合生产能力与来自青藏高原生态区的任意羊品种相比均表现出了明显的优势，带动了全省乃至全国细毛羊品质的提升，从细羊毛数量和质量上有力地支援了民族毛纺工业，并且以其优秀的品质为各细羊毛主产区赢得了显著的社会效益。《甘肃日报》2013年2月12日头版以“肃南农牧民纯收入突破九千元大关”为题报道了肃南县把细毛羊作为促农增收的主导产业，突出“绿色”和“高原”两大优势，全面推进高山美利奴羊繁育基地建设，建立了农牧民贷款担保机制以及优质种公羊引进、繁育基地建设、发展区购进基础母羊等多种措施大力发展高山细毛羊产业、设施养殖业、劳动力技能培训工程的事实。因此，培育高山美利奴羊新品种所发挥的是不可替代的民生、民族和生态效益，绝非单纯的经济效益。

总之，在我国青藏高原寒旱草原生态区严酷生态条件下培育的高山美利奴羊新品种具有不可替代的生态地位、经济价值和社会意义。能够促进美利奴羊在青藏高原寒旱草原生态区的国产化，提升青藏高原细毛羊产业及整个羊产业的水平和档次，丰富我国细毛羊生态差异化类型，促使打破澳毛长期垄断中国羊毛市场的格局，增加我国在国际羊毛贸易谈判中的砝码和话语权，提高我国细羊毛在国际市场中的竞争力，改变我国毛纺企业细羊毛原料完全由他国垄断的被动局面，增强我国细羊毛的自给能力，有效保护我国民族工业，助推我国细毛羊产业向标准规模化养殖及产业化方向发展，缓解国内羊肉刚性需求大的矛盾，提高广大藏族、裕固族等少数民族兄弟生活水平，促进民族团结和社会稳定。

第二章 高山美利奴羊培育历程

第一节 育种规划

一、育种素材

高山美利奴羊母本——甘肃高山细毛羊（甘肃高山毛肉兼用细毛羊）是1943—1980年以高加索细毛羊为父本、蒙古羊和西藏羊为母本经过复杂育成杂交法在海拔2 400～4 070m的青藏高原祁连山区的高山寒旱草原生态区育成的我国第一个高山型毛肉兼用细毛羊品种。组建的基础群成年母羊体重41.51kg，净毛量1.95kg，羊毛纤维直径23.0μm以细，毛长8.73cm，净毛率45%左右，油汗呈乳白色或浅黄色弯曲。

高山美利奴羊父本——细型、超细型澳洲美利奴羊因其羊毛综合品质等综合生产能力卓越而誉满全球，自1972年澳大利亚政府允许向我国出口澳洲美利奴羊种公羊以来，我国细毛羊产业进入了澳洲美利奴羊国产化阶段。引进的澳洲美利奴羊毛丛结构良好，毛密度大，细度均匀，油汗白色，弯曲均匀整齐而明显，光泽良好。细型、超细型成年公羊体重分别为92.21kg、82.09kg，净毛量5.06kg、4.88kg，羊毛纤维直径19.82μm、18.92μm，毛长10.88cm、10.20cm。

二、育种历史背景

甘肃高山细毛羊育成后经过了长期的选育提高，但其综合生产能力与澳洲美利奴羊的生产水平相比还有一定差距，集中体现为个体净毛量低、羊毛纤维直径偏粗、羊毛长度偏短、净毛率偏低及体重偏小等，显而易见，甘肃高山细毛羊的综合生产能力已无法满足细毛羊产业发展方向，改造提高甘肃高山细毛羊的综合生产能力已迫在眉睫。

鉴于此，在1984—1995年期间，中国农业科学院兰州畜牧与兽药研究所组织甘肃省绵羊繁育技术推广站、肃南裕固族自治县皇城绵羊育种场、金昌市绵羊繁育技术推广站、肃南裕固族自治县农牧业委员会、天祝藏族自治县畜牧技术推广站等单位，在甘肃省“七五”“八五”攻关项目和中澳合作“8456”项目的支撑下，采用品种选育提高的通用方法，从澳大利亚引进8只澳洲美利奴羊公羊开展了针对性的选育提高试验，试验效果良好。与甘肃高山细毛羊育成初期生产性能相比，羊毛纤维直径显著降低，并出现了一部分羊毛纤维直径19.1～20.0μm的个体，同时成年公、母羊体重、毛长、剪毛量、净毛率和净毛量都有显著提高，羊毛油汗颜色为白、乳白者增多，羊毛弯曲中正常弯曲的比例显著增加，羊毛纺织性能大幅度提高。正因为良好地导入杂交试验效果，1996年在甘肃省农牧厅和科技厅的支持下，由中国农业科学院兰州畜牧与兽药研究所联合甘肃省绵羊繁育技术推广站等单位正式提出了培育毛肉兼用美利奴羊新品种的育种计划，并召开育种协作组会议，决定引进细型、超细型澳洲美利奴羊作为父本，以甘肃高山细毛羊为母本组建基础群，通过级进杂交法，以毛用性能和体重为主选指标建立核心群、育种群、改良群三级繁育体系，进行开放式核心群联合育种，培育适应青藏高原寒旱草原生态区的特殊生态条件、羊毛纤维直径为19.1～21.5μm的毛肉兼用美利奴羊新品种，同时明确了育种目标和技术路线，确定了由中国农业科学院兰州畜牧与兽药研究所负责联合甘肃省绵羊繁育技术推广站、肃南裕固族自治县皇城绵羊育种场、金昌市绵羊繁育技术推广站、肃南县裕固族自治县高山细毛羊专业合作社、肃南裕固族自治县农牧业委员会及天祝藏族自治县畜牧技术推广站组成育种协作组开展联合攻关育种。至此，开始了有计划、有步骤的高山美利奴羊新品种培育工作。

三、育种技术路线

采取多站（场）多单位联合育种方案，以澳洲美利奴羊为父本，甘肃高山细毛羊为母本，按羊毛纤维直径、体重等表型性状组建基础群，进行级进杂交，对杂交到2代或3代、羊毛纤维直径21.5μm以细的理想型公、母羊个体进行横交固定，培育高山美利奴羊新品种（图2-1）。核心群在甘肃省绵羊繁育技术推广站，育种群主要分布在甘肃省绵羊繁育技术推广站、金昌市绵羊繁育技术推广站、肃南裕固族自治县皇城绵羊育种场和肃南裕固族自治县高山细毛羊专业合作社。通过系统选育，高山美利奴羊基础母羊达2.2万只，其中核心群母羊0.8万只，育种群1.4万只（表2-1），特、一级羊比例占70%以上。累计推广优秀种公羊0.5万只以上，在核心群场、育种群场的周边地区改良当地细毛羊90万只以上，建立细毛羊全产业链标准规模化生产基地。

表2-1　高山美利奴羊核心群、育种群、选育目标　　单位：万只

单位	核心群	育种群	改良群
甘肃省绵羊繁育技术推广站	0.8	0.9	
肃南裕固族自治县皇城绵羊育种场		0.1	
金昌市绵羊繁育技术推广站		0.3	
肃南裕固族自治县高山细毛羊专业合作社		0.1	
核心场、育种场的周边地区			90
合计	0.8	1.4	90

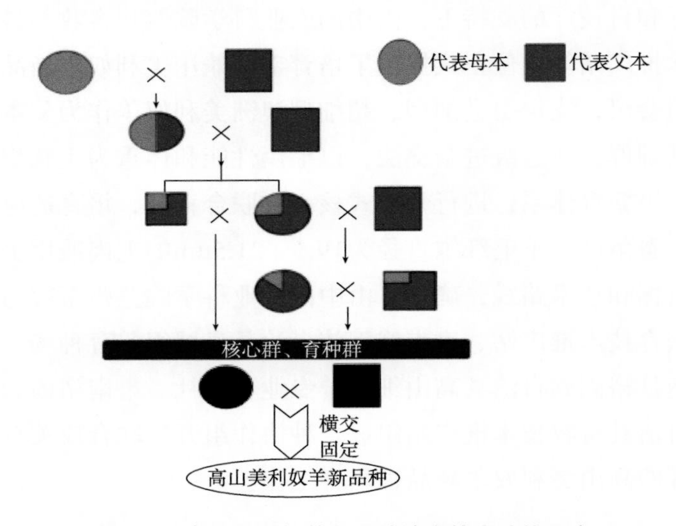

图2-1　高山美利奴羊新品种培育技术路线示意

第二节　育种方案

一、育种目标

在保持甘肃高山细毛羊对青藏高原寒旱区的特殊生态条件良好适应性的前提下，引进优秀细型、超细澳洲美利奴羊，把羊毛纤维直径、长度、净毛量和体重作为主选指标，培育羊毛纤维直径19.1～21.5μm为主体，综合品质高的高山毛肉兼用美利奴羊新品种。

二、个体育种目标

1. 表型特征

高山美利奴羊外貌具有典型美利奴羊品种特征，体质结实，结构匀称，体型呈长方形。细毛着生头部至两眼连线，前肢至腕关节，后肢至飞节。公羊有螺旋形大角或无角，母羊无角。公羊颈部有横皱褶或纵皱褶，母羊有纵皱褶，公、母羊躯体皮肤宽松无皱褶。

2. 被毛品质

高山美利奴羊毛用性能优，被毛白色呈毛丛结构、闭合性良好、整齐均匀、密度大、光泽好、油汗白色或乳白色、弯曲正常。羊毛纤维直径主体19.1～21.5μm，毛长大于等于8.5cm，净毛率不低于50%。

3. 主要生产性能

理想型核心群高山美利奴羊成年和育成羊体重、剪毛量和净毛量见表2-2。

表2-2　高山美利奴羊理想型一级羊最低生产性能　　单位：kg

性别	年龄	体重	剪毛量	净毛量
公	成年	84.0	7.8	4.3
	育成	48.0	4.8	2.5
母	成年	45.0	3.8	2.2
	育成	32.0	3.4	2.0

注：体重，剪毛后体重；成年，26月龄的羊；育成，14月龄的羊；下表同。

4. 繁殖性能

公、母羊8月龄性成熟，初配年龄18月龄；经产母羊的产羔率110%以上。

5. 产肉性能

在自然放牧条件下，成年羯羊屠宰率、胴体重、胴体净肉率分别不低于48.0%、40.0kg、75.0%；母羊屠宰率、胴体重、胴体净肉率分别不低于47.0%、21.0kg、75%。

三、个体生产性能测定、等级鉴定

高山美利奴羊生产性能场内测定主要包括初生、断奶、育成、成年4个生长发育阶段，测定性状见表2-3。

生产性能性状测定、等级评定结合育种目标并参照以下标准执行：《细毛羊鉴定项目、符号、术语》（NY 1—2004）、《绵羊毛》（GB 1523—2013）、《羊毛毛丛自然长度试验方法》（GB/T 6976—2007）、《含脂毛洗净率试验方法 烘箱法》（GB/T 6978—2007）、《羊毛纤维直径试验方法 投影显微镜法》（GB/T 10685—2007）、《羊毛纤维直径及其分布试验方法 激光扫描仪法》（GB/T 25885—2010）、《甘肃高山细毛羊》（GB/T 25243—2010）和《高山美利奴羊（标准草案）》。将测定的生产性能数据，整理成7个基本数据库，分别为产羔记录、断奶记录、母羊鉴定记录、公羊鉴定记录、个体剪毛量记录、羊毛纤维直径测定记录和净毛率测定记录数据库，同时强化电子育种档案的管理与利用。

表2-3 高山美利奴羊不同生长发育阶段测定性状

阶段	测定性状
初生阶段	初生重、初生类型（单/双羔）、初生毛质、初生毛色
断奶阶段	断奶重、毛长、头型、密度、弯曲、油汗、匀度、角型
育成阶段	体重、毛长、腹毛长、头型、体型、密度、弯曲、油汗、匀度、细度、角型、剪毛量、净毛率、羊毛纤维直径、羊毛直径变异系数
成年阶段	体重、（肩、侧、背、股、腹）毛长、头型、体型、密度、弯曲、油汗、匀度、细度、角型、剪毛量、净毛率、羊毛纤维直径、羊毛直径变异系数

四、个体遗传评定

高山美利奴羊在选育前期杂交阶段主要依据表型鉴定数据开展杂交优势、配合力评估；在横交固定阶段，通过估计羊毛纤维直径、毛长、剪毛量和体重等重要性状的遗传参数，经济加权值，应用BLUP育种值估计模型估计单个性状育种值，然后建立毛长、羊毛纤维直径、剪毛量和体重4个性状的综合选择指数（综合育种值）方程对高山美利奴羊个体进行遗传评定。同时开展高山美利奴羊分子育种研究，探索应用分子标记辅助选择技术开展种羊选择。配合运用现代先进育种技术，加强选择强度，提高选择准确性，缩小世代间隔，加快遗传进展。

五、选种选配方案

根据个体表型值或育种值与经济加权值建立的综合选择指数所得遗传评定结果，实施种羊选择程序，执行获得后备种公羊的定向选配方案和选育青年种公羊的后裔测定配种方案。对特、一级母羊进行个体选配：即对其每只母羊，选定其品质能对母羊起提高或改善作用的种公羊进行配种，编制个体选配计划表，便于每只母羊发情时有目的地配种。对二、三级母羊分别组群，进行等级选配：即对每群母羊预先选定能提高或改善羊群品质的特、一级公羊，若特、一级公羊不足时，可搭配二级公羊作为补充。

六、开放式核心群联合育种体系

建立高山美利奴羊联合育种遗传评估中心，对核心群、育种群、改良群的高山美利奴羊统一制定育种、改良、推广规划，统一（电子）标识，统一布局育种站点，统一确定技术路线，统一施行选育方案，统一测定生产性能，统一遗传评估，根据遗传评估结果选留种羊，开展核心群、育种群、改良群之间种羊交流。建立三级繁育体系，采用开放式核心群育种技术，一方面向育种群、改良群输送优秀高山美利奴羊种公羊，另一方面把育种群、改良群中优秀种母羊分别选送到核心群、育种群，以加快高山美利奴羊选育进展。

七、其他技术保障措施

开展高山美利奴羊繁育技术研究与应用，加快群体扩繁，缩短世代间隔，促进育种进程；加强育种区天然草场的改良和人工草地、饲料基地的建设工作，制定高山美利奴羊新品种饲养标准及管理规程，冬春季节按照基础母羊和羔羊的营养需求储备精、粗饲料进行补饲，保证羊只的正常生长和发育；制定疫病防治和家畜卫生制度，确保羊群健康；在生产过程中实施统一配种改良、精细管理、防疫、标识、穿衣、机械剪毛、分级整理、规格打包、储存、品牌上市流通等“十统一”的现代细毛羊标准化规模养殖及产业化发展技术体系，提高羊毛综合品质，推动细毛羊产业化开发；不定期地对各级技术人员和农牧民进行技术培训。

八、育种行政保障措施

在国家、甘肃省科技厅、农牧厅及市、县级政府的支持下，以中国农业科学院兰州畜牧与兽药研究所与甘肃省绵羊繁育技术推广站为培育单位，肃南裕固族自治县皇城绵羊育种场、金昌市绵羊繁育技术推广站、肃南裕固族自治县高山细毛羊专业合作社、肃南裕固族自治县农牧业委员会与天祝藏族自治县畜牧技术推广站为参加培育单位，共同组成联合育种协作组，保障产、学、研相结合，分工明确，责任到位，经费与任务紧密挂钩的育种机制，充分发挥市场机制配置资源作用，确保育种工作顺利进行。

第三节　培育历程

一、组建基础群

1996年在甘肃省绵羊繁育技术推广站召开"甘肃细毛羊新类群培育学术研讨会"后，对甘肃省绵羊繁育技术推广站、金昌市绵羊繁育技术推广站和肃南裕固族自治县皇城绵羊育种场的甘肃高山细毛羊育成、成年母羊进行个体生产性能测定，甘肃高山细毛羊成年、育成母羊中羊毛细度支数64、66、70比例分别为64∶28∶8、58∶32∶10，其中成年、育成母羊66～70支的比例分别占到36%、42%，70支占8%、10%。因此，具备了培育羊毛纤维直径19.1～21.5μm为主体、综合品质高的高山美利奴羊新品种的遗传基础。但与细型、超细型澳洲美利奴羊相比仍存在着个体净毛量低、羊毛纤维直径偏粗、羊毛长度偏短及体重偏小等不足，亟须引进优秀细型、超细型澳洲美利奴羊，以毛长、纤维直径、剪毛量和体重作为主选性状进行级进杂交，才能达到高山美利奴羊的育种目标。1996年在上述3个育种场中根据个体等级鉴定成绩，经过严格选择淘汰，选择羊毛纤维直径23.0μm以细且体重达到高山美利奴羊理想型一级羊标准的母羊7 741只组建选育基础群，其中成年母羊6 198只，育成母羊1 543只，与15只澳洲美利奴羊进行杂交。不同育种场基础群各项生产性能见表2-4。

表2-4　基础群成年、育成母羊生产性能指标

育种场	类别	样本量（只）	体重（kg）	毛长（cm）	剪毛量（kg）	净毛量（kg）	净毛率（%）	羊毛细度支数（%）64∶66∶70
甘肃省绵羊繁育技术推广站	成年	1 887	42.41 ± 3.13	9.01 ± 1.38	4.44 ± 1.14	2.01 ± 0.52	45.28 ± 4.08	62∶28∶10
	育成	947	30.93 ± 2.48	9.78 ± 1.49	3.53 ± 1.44	1.56 ± 0.63	44.06 ± 4.05	55∶32∶13
肃南裕固族自治县皇城绵羊育种场	成年	349	39.09 ± 2.74	8.82 ± 1.36	4.16 ± 1.28	1.88 ± 0.58	45.25 ± 4.16	68∶28∶4
	育成	102	29.5 ± 1.73	9.58 ± 1.27	3.38 ± 1.41	1.49 ± 0.62	43.97 ± 4.05	68∶29∶3
金昌市绵羊繁育技术推广站	成年	892	40.57 ± 3.16	8.81 ± 1.82	4.08 ± 1.02	1.83 ± 0.46	44.87 ± 4.13	66∶30∶4
	育成	174	29.38 ± 2.07	9.67 ± 1.33	3.30 ± 1.21	1.44 ± 0.53	43.58 ± 4.01	60∶35∶5
合计	成年	3 128	41.51 ± 3.00	8.73 ± 1.43	4.31 ± 1.18	1.95 ± 0.53	45.23 ± 4.16	64∶28∶8
	育成	1 223	30.59 ± 2.33	9.75 ± 1.44	3.49 ± 1.39	1.53 ± 0.61	43.90 ± 4.04	58∶32∶10

注：表内数字均为平均数±标准差；下表同。

二、杂交阶段（1996—2002年）

按照高山美利奴羊育种技术路线和育种方案，育种协作组引进15只（15个血统）细型澳洲美利奴公羊作为主配公羊，种公羊生产性能见表2-5。其中9只（9个血统）种公羊调配到甘肃省绵羊繁育技术推广站，4只种公羊（4个血统）调配到金昌市绵羊繁育技术推广站，2只种公羊（2个血统）调配肃南裕固族自治县皇城绵羊育种场用于开展与甘肃高山细毛羊的级进杂交工作，杂交期间种公羊在一个场内使用一个配种季后进行场间调换。为进一步降低澳洲美利奴羊×甘肃高山细毛羊（澳×甘）杂交后代羊的羊毛纤维直径，2001年再次引进13只超细型澳洲美利奴种公羊（13个血统）与澳×甘杂交后代进行杂交，种公羊生产性能见表2-5。1996—2002年期间，甘肃省绵羊繁育技术推广站、肃南裕固族自治县皇城绵羊育种场和金昌市绵羊繁育技术推广站按照高山美利奴羊育种协作组制定的育种方案、技术路线和育种目标，以羊毛纤维直径、长度、净毛量和体重作为主选指标利用引进的澳洲美利奴种公羊与甘肃高山细毛羊进行级进杂交。在此期间，根据制订的杂交后代理想型的预定选择标准、选配方案、饲养管理技术规程，采取边杂交、边选育、边固定的交错迭起方法，快速增加理想型个体数量。

表2-5 引进细型、超细型澳洲美利奴羊公羊生产性能

引进年份	类别	样本量（只）	体重（kg）	毛长（cm）	剪毛量（kg）	净毛量（kg）	净毛率（%）	羊毛纤维直径（μm）
1996	成年	15	92.21 ± 3.89	10.88 ± 1.20	10.75 ± 1.34	5.06 ± 0.63	47.06 ± 4.54	19.82 ± 1.08
	育成		59.23 ± 4.48	10.96 ± 1.21	7.42 ± 1.49	3.41 ± 0.68	45.79 ± 4.49	19.26 ± 1.22
2001	成年	13	82.09 ± 4.10	10.20 ± 1.12	9.26 ± 1.02	4.88 ± 0.54	52.70 ± 4.92	18.92 ± 1.41
	育成		56.90 ± 3.61	10.63 ± 1.17	7.02 ± 0.77	3.19 ± 0.38	49.75 ± 4.71	18.34 ± 1.15

杂交结果表明，理想型澳×甘F_3代成年公羊体重、毛长、净毛量和羊毛细度支数中64、66、70、80比例分别达到（86.55 ± 5.75）kg、（10.88 ± 1.33）cm、（4.84 ± 0.61）kg和26：37：34：3（表2-6，图2-2 ~ 图2-6）；育成公羊体重、毛长、剪毛量、净毛量和羊毛细度支数中64、66、70、80比例分别达到（58.12 ± 4.80）kg、（10.34 ± 1.43）cm、（3.61 ± 0.54）kg和16：44：35：5（表2-6，图2-2 ~ 图2-6）；其与引进澳洲美利奴成年、育成种公羊相比，已接近父本的生产性能水平，澳×甘F_2代成年、育成公羊各项性能指标亦具有相同的比较结果。澳×甘F_3代成年母羊体重从基础群的（41.51 ± 3.00）kg提高到（45.61 ± 4.82）kg；毛长从（8.73 ± 1.43）cm提高到（8.85 ± 0.99）cm，净毛量从（1.95 ± 0.53）kg提高到（2.18 ± 0.37）kg，

羊毛细度支数中64、66、70、80比例为31：38：28：3，其中66～70支母羊的比例由36%提高到66%，还出现了3%的羊毛细度80支杂交个体（表2-7，图2-7～图2-11）；澳×甘F_3代育成母羊体重从（30.59±2.33）kg提高到（34.77±4.34）kg，毛长从（9.75±1.44）cm提高到（10.09±1.12）cm，净毛量从（1.53±0.61）kg提高到（2.08±0.25）kg，羊毛细度支数中64、66、70、80比例为20：37：39：4，其中66～80支母羊的比例由42%提高到76%（表2-7，图2-7～图2-11），还出现了4%的羊毛细度80支杂交个体。其与成年、育成母本基础群相比，已全面超过了母本基础群的生产性能水平，澳×甘F_2代成年、育成母羊各项性能指标亦具有相同的比较结果。另外，杂交后代个体在早期发育性状中，公、母羔初生重、断奶重、羔羊被毛同质率、被毛纯白率、体质正常比例等性状指标基本趋于稳定，澳×甘F_3代公、母羔初生重分别达到（3.75±0.71）kg、（3.59±0.68）kg，断奶重分别达到（24.22±3.91）kg、（23.24±3.78）kg（表2-8）。总之，杂交二、三代理想型个体在降低羊毛纤维直径的基础上体重、剪毛量、毛长、净毛率以及净毛量等性能指标均达到了父本和超过了母本基础群的生产水平（表2-4～表2-5），表明级进杂交适宜代数为二代或三代。理想型个体无论从数量还是质量上都达到了全面横交固定的要求，高山美利奴羊新品种育种协作组决定对甘肃省绵羊繁育技术推广站、金昌市绵羊繁育技术推广站和肃南裕固族自治县绵羊育种场的理想型个体进行鉴定整群，通过实施有计划的横交固定选种选配，开展理想型个体横交固定。2003年对理想型个体整群鉴定组建横交固定零世代群后，对达不到理性型标准且部分性状（体重或羊毛纤维直径）突出的个体继续用细型、超细澳洲美利奴羊进行杂交。

表2-6　杂交阶段杂交后代公羊生产性能

类别	杂交代数	样本量（只）	体重（kg）	毛长（cm）	剪毛量（kg）	净毛量（kg）	净毛率（%）	羊毛细度支数（%）64：66：70：80
成年	F_1	364	81.81±612	9.65±1.23	10.04±2.13	4.64±1.01	47.21±4.92	53：27：19：1
	F_2	289	85.82±5.86	10.79±1.10	9.45±1.90	4.76±0.88	50.32±4.89	30：36：32：2
	F_3	240	86.55±5.75	10.88±1.33	10.16±1.28	4.84±0.61	50.62±4.86	26：37：34：3
育成	F_1	457	54.47±5.01	10.25±1.75	6.87±1.61	3.31±0.73	48.15±4.84	42：29：28：1
	F_2	286	57.25±5.15	10.28±1.60	7.32±1.44	3.49±0.69	47.68±4.75	20：44：33：3
	F_3	247	58.12±4.80	10.34±1.43	7.54±1.36	3.61±0.54	47.83±4.62	16：44：35：5

表2-7 杂交阶段杂交后代母羊生产性能

阶段	杂交代数	样本量（只）	体重（kg）	毛长（cm）	剪毛量（kg）	净毛量（kg）	净毛率（kg）	羊毛细度支数（%）64：66：70：80
成年	F_1	1 503	42.18 ± 5.04	8.54 ± 1.35	3.97 ± 0.91	1.86 ± 0.38	46.83 ± 3.83	52：32：15：1
	F_2	823	44.20 ± 4.96	8.82 ± 1.13	4.23 ± 0.95	2.14 ± 0.41	50.56 ± 3.76	43：34：21：2
	F_3	443	45.61 ± 4.82	8.85 ± 0.99	4.15 ± 0.84	2.18 ± 0.37	52.53 ± 3.71	31：38：28：3
育成	F_1	746	32.25 ± 4.51	9.94 ± 1.23	3.68 ± 0.90	1.74 ± 0.29	47.17 ± 4.43	43：32：24：1
	F_2	646	34.41 ± 4.32	10.01 ± 1.13	3.96 ± 0.89	1.99 ± 0.23	50.23 ± 4.33	33：30：35：2
	F_3	490	34.77 ± 4.34	10.09 ± 1.12	4.03 ± 0.76	2.08 ± 0.25	51.51 ± 4.27	20：37：39：4

表2-8 杂交阶段初生、断奶性状历代变化情况

杂交代数	性别	样本量（只）	初生重（kg）	出生质量性状（%）			样本量（只）	断奶重（kg）	断奶毛长（cm）	断奶有无角（%）	
				毛质正常	毛色纯白	体质正常				有角	无角
F_1	♂	1 404	3.64 ± 0.69	94.38	99.09	90.32	991	21.96 ± 4.67	3.85 ± 0.58	79.29	20.71
	♀	1 332	3.63 ± 0.66	92.29	98.62	89.82	827	20.76 ± 4.07	3.98 ± 0.59	2.42	97.58
F_2	♂	897	3.71 ± 0.73	94.97	98.26	86.61	725	24.25 ± 3.94	3.84 ± 0.44	83.01	16.99
	♀	861	3.54 ± 0.69	95.29	99.78	87.60	720	23.24 ± 3.69	3.81 ± 0.48	1.76	98.24
F_3	♂	661	3.75 ± 0.71	95.15	99.07	91.54	560	24.22 ± 3.91	3.87 ± 0.39	76.87	23.13
	♀	603	3.59 ± 0.68	94.55	98.80	91.86	555	23.24 ± 3.78	3.90 ± 0.40	1.66	98.34

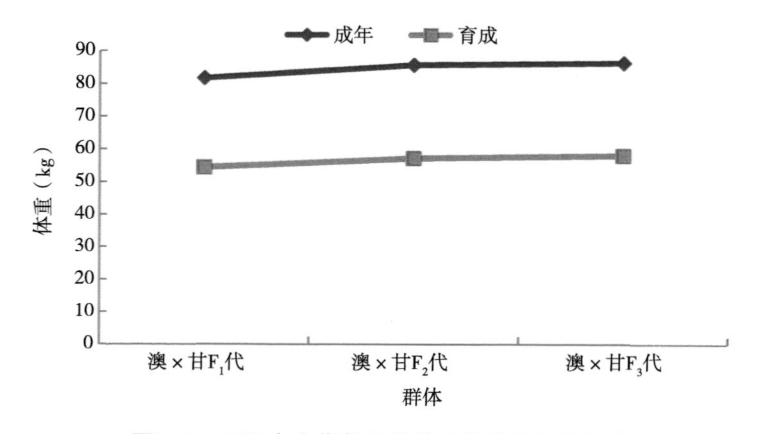

图2-2 不同杂交代数公羊剪毛后体重变化曲线

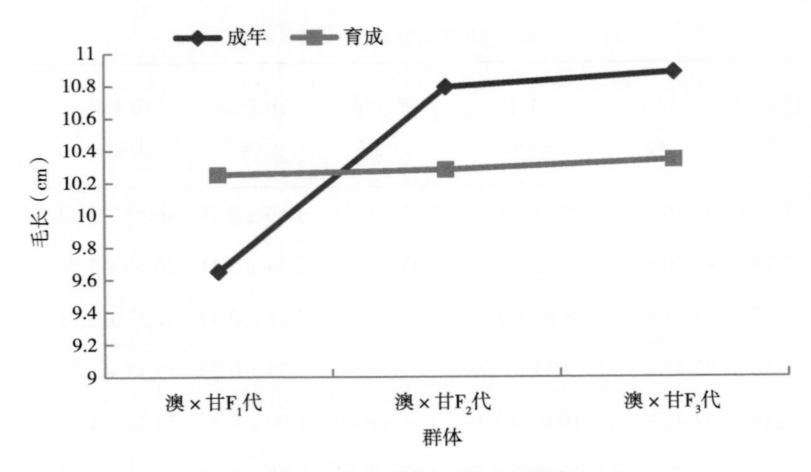

图2-3　不同杂交代数公羊毛长变化曲线

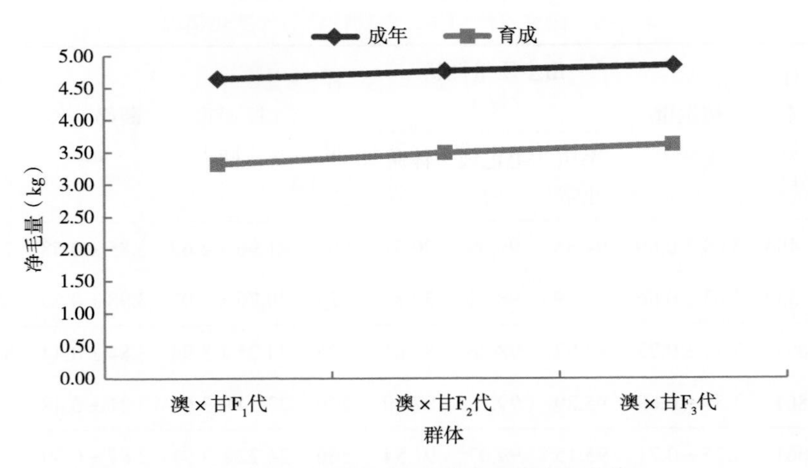

图2-4　不同杂交代数公羊净毛量变化曲线

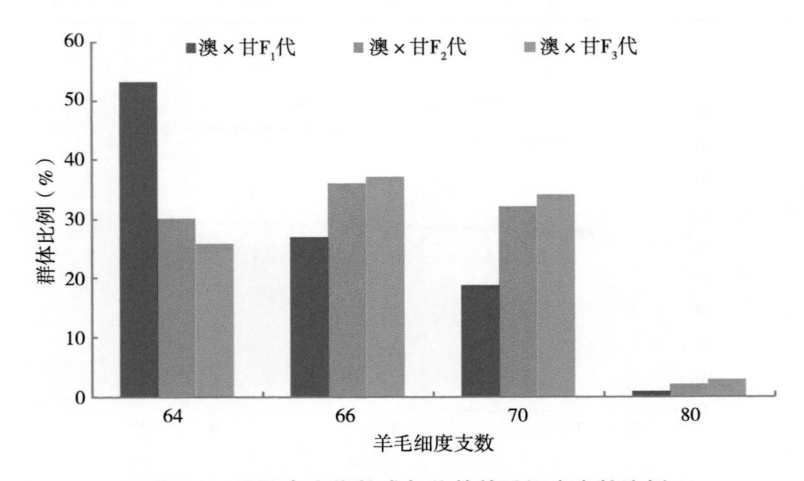

图2-5　不同杂交代数成年公羊羊毛细度支数比例

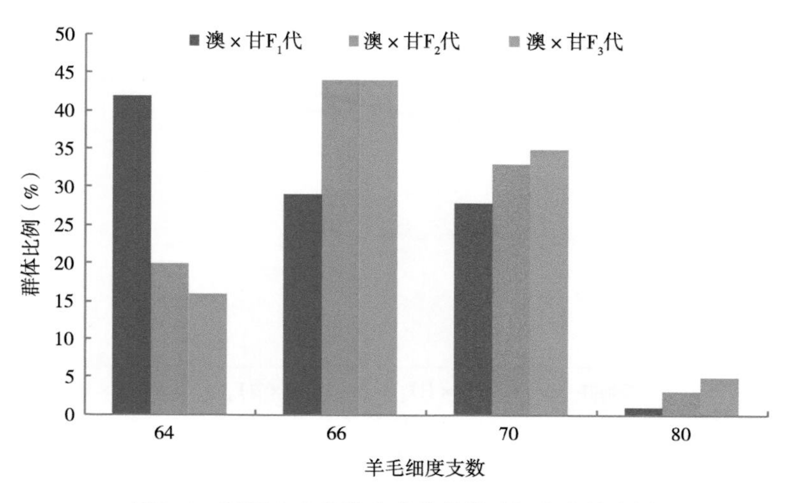

图2-6 不同杂交代数育成公羊羊毛细度支数比例

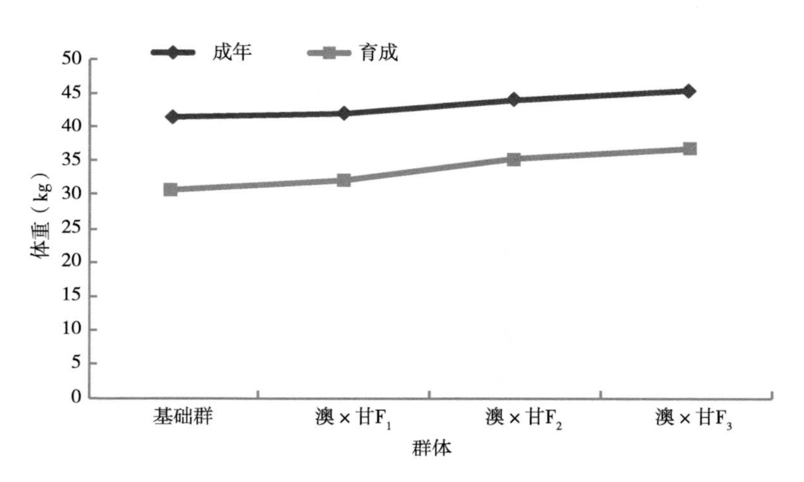

图2-7 不同杂交代数母羊剪毛后体重变化曲线

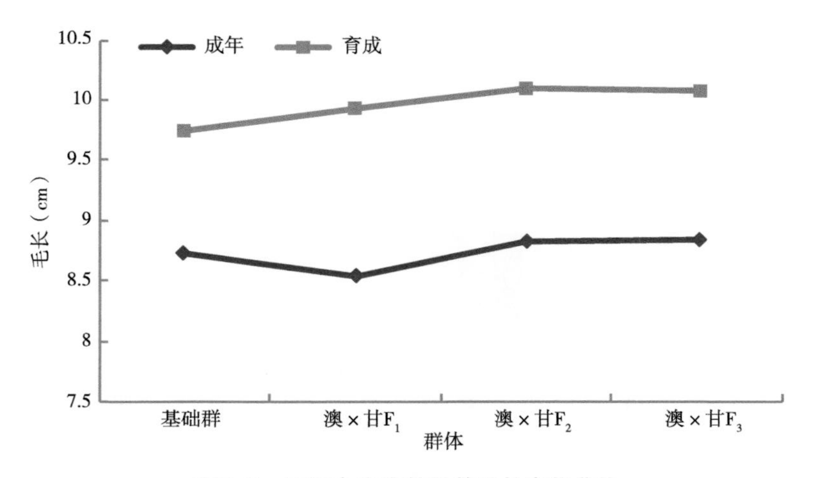

图2-8 不同杂交代数母羊毛长变化曲线

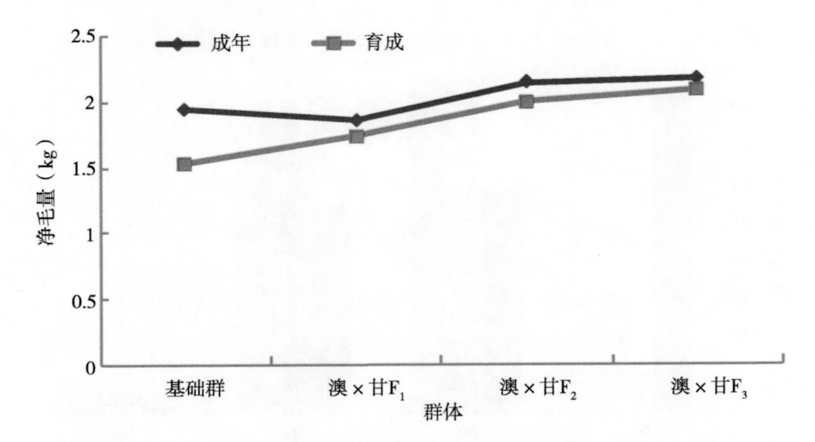

图2-9　不同杂交代数母羊净毛量变化曲线

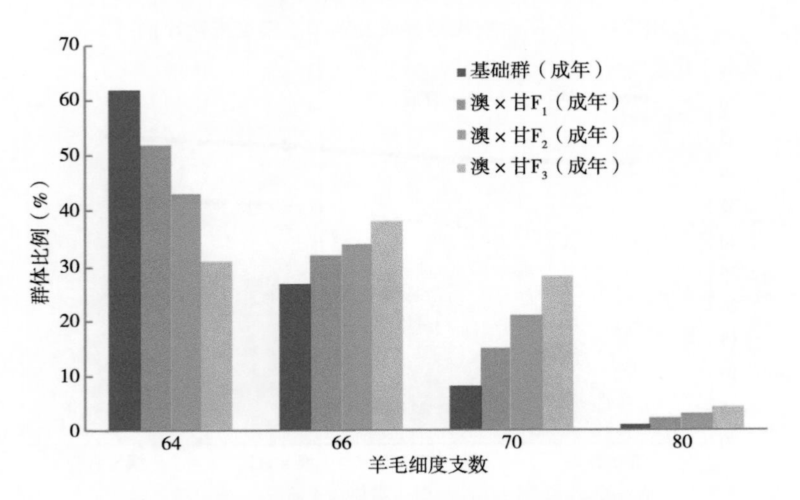

图2-10　不同杂交代数成年母羊羊毛细度支数比例

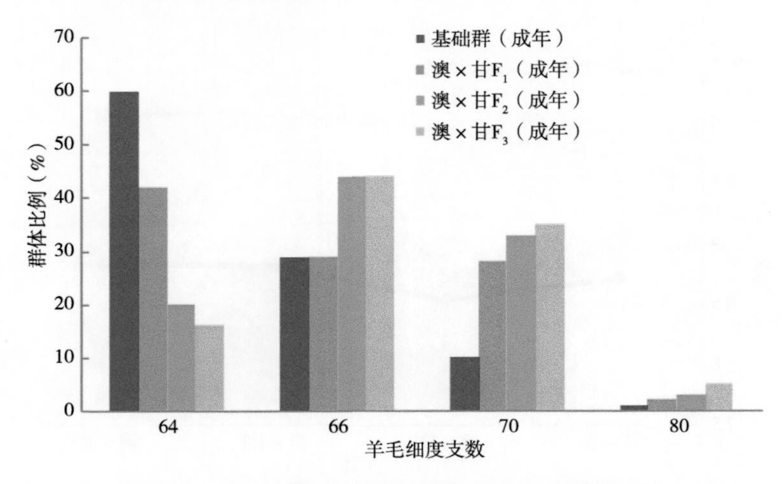

图2-11　不同杂交代数育成母羊羊毛细度支数比例

三、横交固定阶段（2003—2015年）

在杂交阶段中后期（2001年）的杂交F_2代成年羊群体中就已出现了少量理想型个体，根据育种方案对其进行横交固定，但因数量较少，未能单独组群。到了2003年，澳×甘F_2代、F_3代中达到理想型指标的个体数量及质量已基本满足大规模横交固定的要求。育种协作组决定在2013年6月对甘肃省绵羊繁育技术推广站、金昌市绵羊繁育技术推广站和肃南裕固族自治县皇城绵羊育种场的澳×甘F_2代和澳×甘F_3代成年公、母羊和育成公、母羊进行全面生产性能测定，根据育种方案中制定的理想型公母羊生产性能标准共选留澳×甘F_2代和澳×甘F_3代母羊19 884只，公羊242只，主要生产性能见表2-9。

表2-9 横交固定零世代公、母羊主要生产性能

阶段	性别	样本量（只）	体重（kg）	毛长（cm）	剪毛量（kg）	净毛量（kg）	净毛率（kg）	羊毛细纤维直径	
								样本量（只）	测定值（μm）
成年	♂	155	86.66 ± 5.13	10.11 ± 1.27	9.50 ± 1.11	4.46 ± 0.52	46.94 ± 5.15	155	20.53 ± 1.87
	♀	8 685	45.99 ± 4.13	8.79 ± 0.97	4.41 ± 0.49	2.12 ± 0.34	48.00 ± 5.28	3 520	20.61 ± 1.57
育成	♂	87	58.42 ± 4.23	10.23 ± 1.26	7.12 ± 0.82	3.40 ± 0.49	47.75 ± 5.25	87	19.75 ± 1.72
	♀	5 233	34.73 ± 4.19	10.14 ± 1.04	4.21 ± 0.46	2.01 ± 0.22	47.66 ± 5.24	2 463	19.51 ± 1.44

在甘肃省绵羊繁育技术推广站分别选择特、一级理想型母羊5 321只，成年公羊64只，育成公羊46只，组成5个横交固定零世代核心群（之后至2014年核心群逐渐扩增至9个）；在甘肃省绵羊繁育技术推广站、金昌市绵羊繁育技术推广站、肃南裕固族自治县皇城绵羊育种场选择理想型母羊14 563只，成年公羊91只，育成公羊41只，组成横交固定零世代育种群，开始横交固定。在横交固定过程中，对特、一级母羊进行个体选配：即对其每只母羊，选定其品质能对母羊起提高或改善作用的种公羊进行配种，编制个体选配计划表，便于每只母羊发情时有目的地配种。对二、三级母羊分别组群，进行等级选配。2008年国家绒毛用羊产业技术体系成立后，肃南县裕固族自治县高山细毛羊专业合作社作为国家绒毛用羊产业技术体系综合示范县示范基地，从甘肃省绵羊繁育技术推广站引进横交固定二世代羊，开始参与新品种培育工作。2011年在甘肃省酒泉市召开国家绒毛用羊产业技术体系甘肃省细毛羊联合育种暨高山美利奴羊新品种标准（草案）修订会，根据《细毛羊鉴定项目、符号、术语》（NY 1—2004）制定了高山美利奴羊新品种标准（草案），制订了高山美利奴羊新品种选育提高五年联合攻关计划，加快新品种选育进程。

高山美利奴羊经过4个世代的横交固定，生长发育与产毛性能等性状都趋于稳定。

截至2015年，在甘肃省绵羊繁育技术推广站核心群，甘肃省绵羊繁育技术推广站、肃南裕固族自治县皇城绵羊育种场、金昌市绵羊繁育技术推广站和肃南县裕固族自治县高山细毛羊专业合作社育种群中达到品种要求的高山美利奴羊27 706只，其中种公羊302只、成年母羊19 648只、育成公羊374只、育成母羊7 382只。特、一级等级羊占繁殖母羊比例86.86%，2～5岁繁殖母羊占群体数量的70.92%。羊毛纤维直径主体为19.1～20.0μm，其中19.1～20.0μm占69%，20.1～21.5μm占23%，19.0μm以细占8%（为宝贵的高山超细毛型遗传资源）。

四、世代选育进展

对高山美利奴羊横交固定阶段核心群、育种群各年度抽样测定不同生长发育阶段公、母羊生产性能，统计分析选育进展，结果表明自2003年横交固定起，高山美利奴羊连续经过4个世代的横交固定，取得了显著的遗传进展，各项主要生产性能全面达到或超过育种目标。

1.横交固定阶段成年、育成公母羊生产性能选育进展

在高山美利奴羊横交固定阶段重点在保持羊毛纤维直径的同时，强化对体重、毛长、净毛量等性状的选育，从高山美利奴羊横交固定阶段成年、育成公母羊羊毛纤维直径、毛长、净毛量和体重的选育进展看，除羊毛纤维直径持续降低外，体重、毛长和净毛量都明显提高。横交固定四世代核心群、育种群成年公羊体重与横交固定一世代相比分别提高了4.31kg、3.13kg，成年母羊提高了3.20kg、2.80kg，育成公羊提高了2.90kg、2.53kg，育成母羊体重提高了2.83kg、2.96kg（表2-10～表2-11，图2-12和图2-16）；毛长成年公羊分别增加了0.32cm、0.28cm，成年母羊增加了0.84cm、0.68cm，育成公羊增加了1.06cm、1.54cm，育成母羊毛长增加了0.76cm、0.72cm（表2-10～表2-11，图2-13和图2-17）；净毛量成年公羊分别提高了1.26kg、1.34kg，成年母羊提高了0.42kg、0.43kg，育成公羊提高了0.57kg、0.59kg，育成母羊提高了0.38kg、0.44kg（表2-10～表2-11，图2-14和图2-18）；羊毛纤维直径成年公羊分别降低了0.62μm、0.65μm，成年母羊降低了0.41μm、0.39μm，育成公羊降低了0.83μm、1.37μm，育成母羊降低了0.59μm、0.61μm（表2-10～表2-11，图2-15和图2-19）；成年公羊特、一级比例分别提高了9.42个、1.78个百分点，成年母羊提高了15.95个、7.28个百分点，育成公羊提高了14.12个、17.87个百分点，育成母羊提高了18.10个、20.56个百分点（表2-12）。横交固定四世代核心群、育种群的成年公母羊、育成公母羊体重、毛长、净毛量和羊毛纤维直径与横交固定三世代相比基本一致，表明高山美利奴羊连续经过4个世代的横交固定，生产性能趋于稳定。

表2-10 高山美利奴羊横交固定阶段公羊生产性能选育进展

群别	阶段	横交固定世代	样本量（只）	体重（kg）	毛长（cm）	剪毛量（kg）	净毛量（kg）	净毛率（%）	羊毛纤维直径（μm）
核心群	成年公羊	一世代	374	86.32 ± 8.12	10.12 ± 1.44	10.66 ± 2.08	5.18 ± 1.01	48.33 ± 7.73	20.26 ± 1.80
		二世代	223	88.45 ± 8.09	10.26 ± 1.32	8.49 ± 1.22	5.23 ± 0.95	61.58 ± 7.16	19.98 ± 1.79
		三世代	360	89.29 ± 7.82	10.42 ± 1.23	9.70 ± 1.03	6.45 ± 0.82	66.45 ± 5.50	19.66 ± 1.65
		四世代	114	90.63 ± 7.80	10.44 ± 1.21	9.79 ± 1.21	6.44 ± 0.80	65.74 ± 4.54	19.64 ± 1.67
	育成公羊	一世代	274	58.17 ± 5.70	10.27 ± 1.33	7.04 ± 1.39	3.31 ± 0.65	46.96 ± 6.54	19.23 ± 1.79
		二世代	269	59.04 ± 5.65	10.14 ± 1.28	6.76 ± 1.26	3.40 ± 0.63	50.23 ± 6.31	18.62 ± 1.80
		三世代	515	60.96 ± 5.46	10.39 ± 1.19	7.03 ± 0.93	3.74 ± 0.49	53.22 ± 5.14	18.41 ± 1.62
		四世代	227	61.07 ± 5.42	11.33 ± 1.20	7.17 ± 0.82	3.88 ± 0.46	54.06 ± 4.58	18.40 ± 1.61
育种群	成年公羊	一世代	197	85.76 ± 8.03	10.06 ± 1.30	10.40 ± 1.69	5.03 ± 0.82	48.30 ± 7.69	20.23 ± 1.81
		二世代	218	87.39 ± 8.00	10.14 ± 1.22	9.52 ± 1.65	5.69 ± 0.77	59.82 ± 6.73	19.99 ± 1.72
		三世代	249	88.58 ± 7.84	10.28 ± 1.19	9.68 ± 1.46	6.33 ± 0.67	65.38 ± 5.48	19.64 ± 1.64
		四世代	216	88.89 ± 7.83	10.34 ± 1.18	9.79 ± 1.06	6.37 ± 0.60	65.02 ± 5.28	19.58 ± 1.62
	育成公羊	一世代	132	57.78 ± 5.72	9.74 ± 1.35	7.00 ± 1.39	3.21 ± 0.65	45.83 ± 7.38	19.79 ± 1.73
		二世代	192	58.48 ± 5.67	10.00 ± 1.24	6.93 ± 1.32	3.42 ± 0.56	49.78 ± 7.14	19.32 ± 1.78
		三世代	328	59.57 ± 5.49	10.35 ± 1.22	7.12 ± 1.16	3.79 ± 0.48	53.18 ± 6.09	18.39 ± 1.66
		四世代	182	60.31 ± 5.44	11.28 ± 1.21	7.03 ± 1.08	3.80 ± 0.45	54.00 ± 5.38	18.42 ± 1.64

注：自三世代后，成年羊为穿衣净毛率，育成羊为未穿衣净毛率，下表同。

表2-11 高山美利奴羊横交固定阶段母羊育种指标变化情况

群别	阶段	横交固定世代	样本量（只）	体重（kg）	毛长（cm）	剪毛量（kg）	净毛量（kg）	净毛率（%）	羊毛纤维直径（μm）
核心群	成年母羊	一世代	862	44.41 ± 4.44	8.63 ± 1.20	4.52 ± 0.78	2.34 ± 0.40	51.70 ± 5.91	524
		二世代	712	45.89 ± 4.32	9.25 ± 1.04	4.33 ± 0.83	2.45 ± 0.37	56.55 ± 6.28	824
		三世代	612	46.82 ± 4.20	9.58 ± 0.92	4.37 ± 0.67	2.68 ± 0.31	61.37 ± 6.17	441
		四世代	513	47.61 ± 4.20	9.47 ± 0.93	4.48 ± 0.79	2.76 ± 0.29	61.63 ± 6.66	450
	育成母羊	一世代	2 578	34.15 ± 3.49	10.00 ± 1.17	3.89 ± 1.34	2.06 ± 0.41	52.97 ± 6.39	982
		二世代	3 555	35.70 ± 3.43	10.23 ± 1.2	3.95 ± 0.53	2.34 ± 0.31	59.15 ± 6.37	897
		三世代	3 404	36.43 ± 3.22	10.53 ± 1.06	4.17 ± 0.64	2.45 ± 0.24	58.78 ± 6.21	903
		四世代	3 432	36.98 ± 3.20	10.76 ± 1.04	4.18 ± 0.70	2.44 ± 0.21	58.32 ± 5.19	900

（续表）

群别	阶段	横交固定世代	样本量（只）	体重（kg）	毛长（cm）	剪毛量（kg）	净毛量（kg）	净毛率（%）	羊毛纤维直径（μm）
育种群	成年母羊	一世代	1 986	44.15 ± 4.45	8.60 ± 1.21	4.22 ± 0.90	2.40 ± 0.41	56.89 ± 5.20	118
		二世代	1 942	44.72 ± 4.24	8.92 ± 0.83	4.30 ± 0.86	2.40 ± 0.38	55.73 ± 5.09	171
		三世代	1 404	46.08 ± 4.27	9.12 ± 0.86	4.34 ± 0.72	2.68 ± 0.30	61.79 ± 5.56	178
		四世代	1 321	46.95 ± 4.22	9.28 ± 0.92	4.33 ± 0.86	2.83 ± 0.26	65.42 ± 6.23	218
	育成母羊	一世代	2 307	33.90 ± 3.36	9.76 ± 1.21	3.77 ± 0.66	1.97 ± 0.35	52.30 ± 5.65	126
		二世代	2 378	35.41 ± 3.31	9.96 ± 1.19	4.07 ± 0.71	2.28 ± 0.30	56.02 ± 5.94	128
		三世代	1 771	36.32 ± 3.27	10.32 ± 1.13	4.13 ± 0.73	2.40 ± 0.25	55.78 ± 5.92	201
		四世代	2 046	36.86 ± 3.24	10.48 ± 1.07	4.11 ± 0.74	2.41 ± 0.22	56.14 ± 5.13	213

表2-12　高山美利奴羊横交固定阶段核心群、育种群羊等级变化情况

群别	横交固定世代	阶段	性别	样本量（只）	不同等级样本含量				不同等级比例（%）				
					特级	一级	二级	三级	特级	一级	二级	三级	特、一级
核心群	一世代	成年	♂	206	161	19	16	10	78.16	9.22	7.77	4.85	87.38
			♀	1 188	842	123	116	107	70.88	10.35	9.76	9.01	81.23
		育成	♂	827	367	224	99	37	44.38	27.09	24.06	4.47	71.47
			♀	4 384	1 821	1 118	848	597	41.54	25.50	19.34	13.62	67.04
	二世代	成年	♂	229	200	21	8	0	87.34	9.17	3.49	0.00	96.51
			♀	860	408	304	88	60	47.44	35.35	10.23	6.98	82.79
		育成	♂	334	203	100	9	22	60.78	29.94	2.70	6.59	90.72
			♀	2 793	1 260	909	266	358	45.11	32.55	9.52	12.82	77.66
	三世代	成年	♂	246	175	67	4	0	71.14	27.24	1.63	0.00	98.37
			♀	505	308	130	45	22	60.99	25.74	8.91	4.36	86.73
		育成	♂	287	197	57	17	16	68.64	19.86	5.92	5.58	88.50
			♀	2 834	1 750	784	174	126	61.75	27.66	6.14	4.45	89.41
	四世代	成年	♂	312	268	34	8	2	85.90	10.90	2.56	0.64	96.80
			♀	708	528	160	8	12	74.58	22.60	1.12	1.70	97.18
		育成	♂	604	315	202	56	31	52.15	33.44	9.27	5.14	85.59
			♀	4 252	2 714	906	298	334	63.83	21.31	7.01	7.85	85.14

（续表）

群别	横交固定世代	阶段	性别	样本量（只）	不同等级样本含量				不同等级比例（%）				
					特级	一级	二级	三级	特级	一级	二级	三级	特、一级
育种群	一世代	成年	♂	309	221	29	24	35	71.52	9.39	7.77	11.33	80.91
			♀	1 782	1 203	164	174	241	67.51	9.20	9.76	13.52	76.71
		育成	♂	309	140	54	75	40	45.31	17.48	24.27	12.95	62.78
			♀	4 950	1 748	1 273	1 152	777	35.31	25.72	23.27	15.70	61.03
	二世代	成年	♂	344	250	32	50	12	72.67	9.30	14.54	3.49	81.98
			♀	1 290	612	356	232	90	47.44	27.60	17.99	6.98	75.04
		育成	♂	214	112	56	32	14	52.34	26.17	14.95	6.54	78.51
			♀	3 223	1 678	782	607	156	52.06	24.26	18.83	4.84	76.33
	三世代	成年	♂	369	172	127	47	23	46.61	34.42	12.74	6.23	81.03
			♀	758	412	195	88	63	54.35	25.73	11.61	8.31	80.08
		育成	♂	430	232	117	50	31	53.95	27.21	11.63	7.21	81.16
			♀	2 883	1 638	723	263	259	56.82	25.08	9.12	8.98	81.89
	四世代	成年	♂	208	119	53	26	10	57.21	25.48	12.50	4.81	82.69
			♀	1 062	672	220	102	68	63.28	20.72	9.60	6.40	83.99
		育成	♂	403	190	135	58	20	47.15	33.50	14.39	4.96	80.65
			♀	2 835	1 709	604	249	273	60.28	21.31	8.78	9.63	81.59

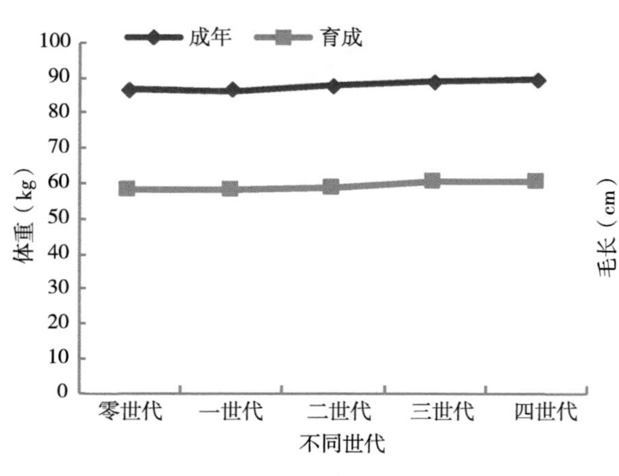

图2-12 横交固定阶段不同世代公羊体重变化曲线

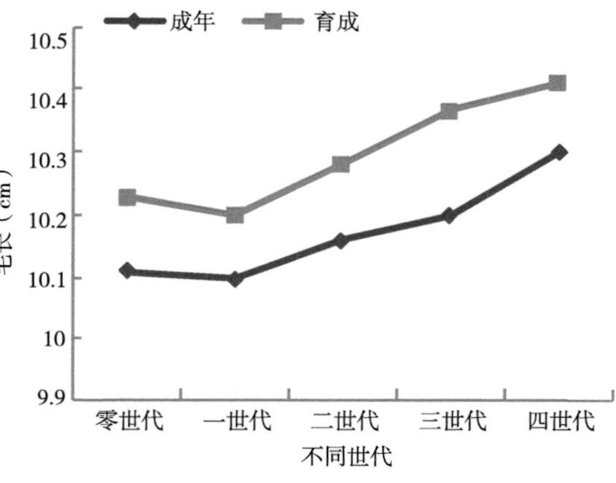

图2-13 横交固定阶段不同世代公羊毛长变化曲线

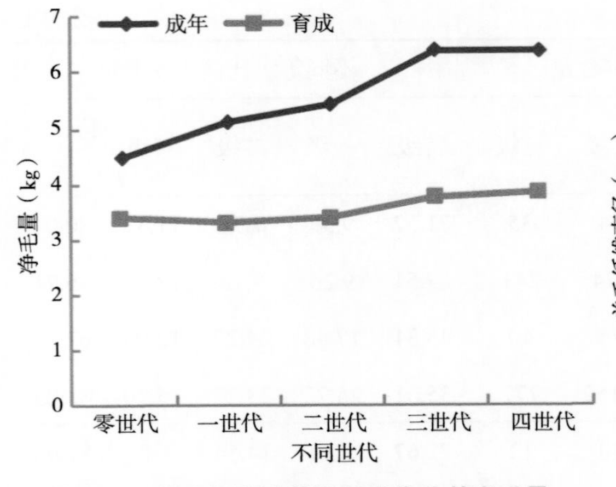

图2-14　横交固定阶段不同世代公羊净毛量变化曲线

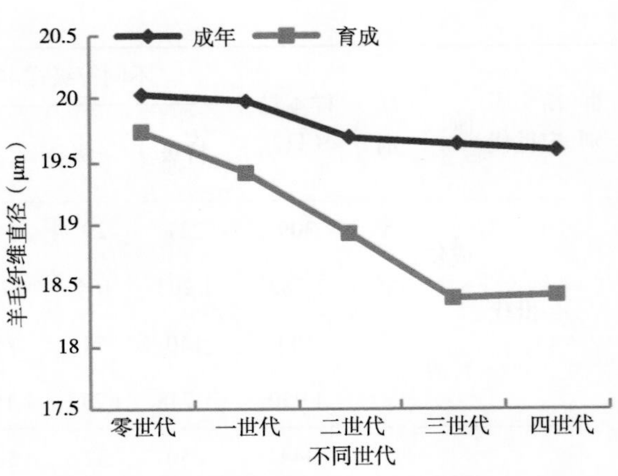

图2-15　横交固定阶段不同世代公羊羊毛纤维直径变化曲线

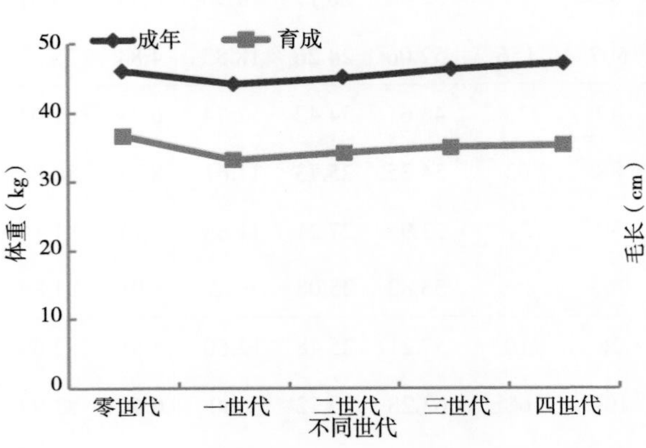

图2-16　横交固定阶段不同世代母羊体重变化曲线

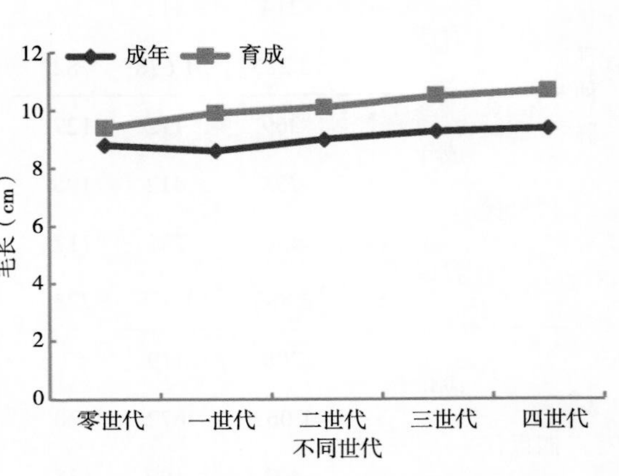

图2-17　横交固定阶段不同世代母羊毛长变化曲线

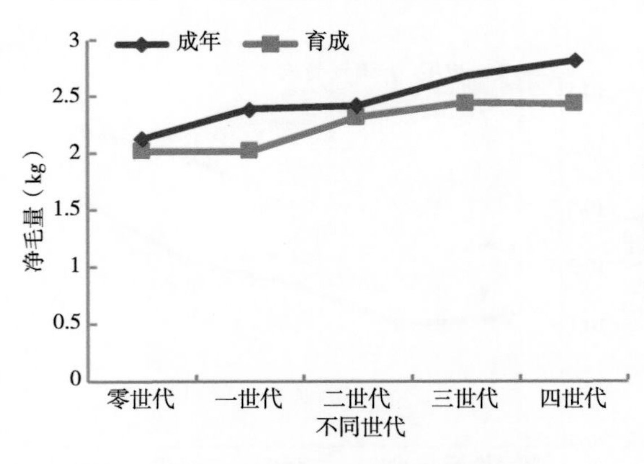

图2-18　横交固定阶段不同世代母羊净毛量变化曲线

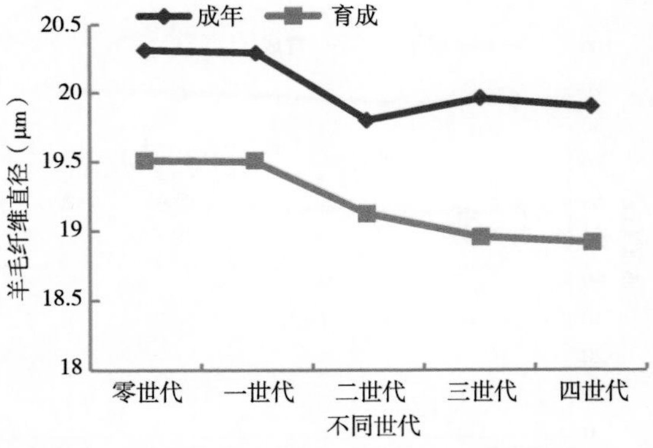

图2-19　横交固定阶段不同世代母羊羊毛纤维直径变化曲线

2. 羔羊初生、断奶性状横交固定阶段年度选育进展

从高山美利奴羊横交固定阶段羔羊初生、断奶性状选育进展看，羔羊初生重、出生质量性状（毛质正常、毛色纯白、体质正常比例）、断奶重和断奶毛长都有不同程度的提高，横交固定四世代公母羔羊核心群、育种群初生重与横交固定一世代相比分别提高了约0.61kg、0.54kg、0.61kg、0.54kg（表2-13），断奶重分别提高了2.8kg、2.3kg、2.8kg、2.3kg（表2-13），特、一级比例分别提高了9.48%、13.21%、12.54%和11.95%（表2-14）。

表2-13 高山美利奴羊横交固定阶段羔羊初生、断奶性状年度变化

群别	横交固定世代	性别	样本量（只）	初生重（kg）	出生质量性状（%）			样本量（只）	断奶重（kg）	断奶毛长（cm）	断奶有无角（%）	
					毛质正常	毛色纯白	体质正常				有角	无角
核心群	一世代	♂	4 197	3.71 ± 0.73	95.97	98.26	91.61	3 925	24.25 ± 3.84	3.84 ± 0.64	83.01	16.99
		♀	4 161	3.54 ± 0.69	95.29	98.78	91.60	3 963	23.24 ± 3.80	3.81 ± 0.68	1.86	98.14
	二世代	♂	4 405	3.88 ± 0.68	98.15	99.27	95.73	4 749	25.13 ± 3.68	3.89 ± 0.50	72.08	27.92
		♀	4 861	3.75 ± 0.65	97.92	99.45	93.90	4 813	23.98 ± 3.26	3.96 ± 0.51	1.27	98.73
	三世代	♂	4 769	4.05 ± 0.64	99.58	99.92	99.96	4 270	26.06 ± 2.89	3.89 ± 0.51	78.81	21.19
		♀	4 880	3.85 ± 0.62	99.52	99.90	99.93	4 459	24.64 ± 2.88	3.91 ± 0.50	1.73	98.27
	四世代	♂	2 873	4.32 ± 0.63	99.95	99.99	99.99	2 730	27.05 ± 2.73	3.93 ± 0.49	72.30	27.70
		♀	2 910	4.08 ± 0.60	99.95	99.99	99.99	2 765	25.54 ± 2.69	3.94 ± 0.50	2.80	97.20
育种群	一世代	♂	2 782	3.44 ± 0.76	89.79	92.11	90.28	2 593	22.98 ± 3.68	3.82 ± 0.50	79.69	20.31
		♀	2 611	3.24 ± 0.72	89.38	91.96	90.04	2 508	22.08 ± 3.53	3.74 ± 0.49	10.68	81.32
	二世代	♂	2 654	3.62 ± 0.65	94.56	95.73	93.92	2 492	23.68 ± 3.09	3.78 ± 0.49	76.32	23.68
		♀	2 682	3.54 ± 0.64	93.27	95.86	93.90	2 506	22.89 ± 2.96	3.84 ± 0.50	4.73	95.27
	三世代	♂	2 967	3.87 ± 0.62	98.02	98.16	98.61	2 720	24.97 ± 2.74	3.90 ± 0.51	78.25	21.75
		♀	2 862	3.56 ± 0.60	98.57	98.79	98.82	2 594	23.84 ± 2.75	3.88 ± 0.50	2.62	97.38
	四世代	♂	1 739	4.05 ± 0.61	98.33	98.82	97.61	1 739	25.78 ± 2.68	3.91 ± 0.51	77.36	22.64
		♀	1 807	3.78 ± 0.63	98.67	98.54	98.22	1 807	24.38 ± 2.70	3.87 ± 0.54	2.89	97.11

表2-14 高山美利奴羊横交固定阶段断奶羔羊等级年度变化

群别	横交固定世代	性别	样本量（只）	不同等级样本含量（只）				不同等级比例（%）				
				特级	一级	二级	三级	特级	一级	二级	三级	特、一级
核心群	一世代	♂	3 925	528	2 266	553	578	13.44	57.72	14.08	14.76	71.16
		♀	3 963	410	2 168	667	718	10.35	54.69	16.84	18.12	65.04
	二世代	♂	4 749	426	3 105	768	450	8.96	65.39	16.17	9.48	74.35
		♀	4 813	671	2 761	834	547	13.93	57.37	17.33	11.37	71.30
	三世代	♂	4 270	407	3 073	569	221	9.53	71.97	13.33	9.17	77.50
		♀	4 459	572	2 699	773	415	12.83	60.53	17.34	9.30	73.36
	四世代	♂	2 730	290	1 911	347	182	10.63	70.01	12.70	6.66	80.64
		♀	2 765	315	1 849	405	196	11.40	66.85	14.66	7.09	78.25
育种群	一世代	♂	2 593	216	1 330	665	382	8.34	51.27	25.63	14.76	59.61
		♀	2 508	213	1 259	642	394	8.50	50.20	25.60	15.70	58.70
	二世代	♂	2 492	191	1 564	467	270	7.68	62.76	18.72	10.84	70.44
		♀	2 506	241	1 416	489	360	9.61	56.51	19.52	14.36	66.12
	三世代	♂	2 720	288	1 699	437	296	10.60	62.46	16.06	10.88	73.06
		♀	2 594	270	1 601	419	304	10.39	61.70	16.15	11.76	71.09
	四世代	♂	1 739	208	1 047	314	170	11.93	60.22	18.07	9.78	72.15
		♀	1 807	226	1 051	349	181	12.48	58.17	19.32	10.03	70.65

3. 高山美利奴羊与横交固定零世代群生产性能比较选育进展

2015年6月，对达到高山美利奴羊新品种标准的成年公、母羊和育成公、母羊个体进行生产性能测定和统计分析，生产性能见表2-15。

表2-15 高山美利奴羊不同阶段公、母羊生产性能

年龄	性别	样本量（只）	体重（kg）	毛长（cm）	剪毛量（kg）	净毛率（%）	净毛量（kg）	羊毛纤维直径（μm）
成年	♂	939	89.25 ± 7.84	10.47 ± 1.20	9.74 ± 1.09	65.71 ± 5.51	6.40 ± 0.42	19.63 ± 1.69
育成		1 252	60.98 ± 5.43	10.68 ± 1.22	7.18 ± 0.80	53.46 ± 5.12	3.84 ± 0.43	18.40 ± 1.62
成年	♀	3 850	46.97 ± 4.21	9.30 ± 0.93	4.36 ± 0.87	62.36 ± 5.70	2.72 ± 0.54	19.92 ± 1.08
育成		10 653	36.93 ± 3.24	10.56 ± 1.05	4.16 ± 0.83	57.53 ± 5.48	2.39 ± 0.48	18.89 ± 1.12

注：体重为剪毛后体重，成年羊净毛率为穿衣净毛率，育成羊净毛率为未穿衣净毛率，下表同。

高山美利奴羊与横交固定零世代相比，成年公羊羊毛纤维直径降低了0.90μm；体重提高了2.59kg，毛长增加了0.36cm，净毛量提高了1.94kg。成年母羊羊毛纤维直径降低了0.69μm；体重提高了0.98kg，毛长增加了0.51cm，净毛量提高了0.50kg。育成公羊羊毛纤维直径降低了1.35μm；体重提高了2.56kg，毛长增加了0.45cm，净毛量提高了0.44kg。育成母羊羊毛纤维直径降低了0.62μm；体重提高了2.2kg，毛长增加了0.42cm，净毛量提高了0.38kg（表2-15）。表明横交固定零世代群经过连续4个世代的横交固定，体重、羊毛纤维直径、毛长、剪毛量等主要生产性能全面提升。

4. 高山美利奴羊与父本、基础群生产性能比较选育进展

高山美利奴羊成年种公羊与父本细型澳洲美利奴羊相比羊毛纤维直径降低了0.19μm，净毛量提高了1.34kg，体重、毛长与引进细型澳洲美利奴羊基本一致；与超细型澳洲美利奴羊相比，体重、毛长和净毛量分别提高了7.16kg、0.27cm和1.52kg。育成公羊与细型澳洲美利奴羊相比羊毛纤维直径降低了0.86μm，体重、净毛量分别提高了1.75kg、0.43kg；与超细型澳洲美利奴羊相比，体重、净毛量分别提高了4.08kg、0.65kg（表2-5，表2-15）。表明高山美利奴羊体重、羊毛纤维直径、毛长、净毛量达到或超过澳洲美利奴羊同类型羊品种水平。

与基础群母本甘肃高山细毛羊相比，成年母羊羊毛纤维直径由以21.5～23.0μm（64：66：70支比例64：28：8）为主体降低到（19.92±1.08）μm，体重提高了5.46kg，毛长增加了0.57cm，净毛量提高了0.77kg；育成母羊羊毛纤维直径由以20.0～23.0μm（64：66：70支比例58：32：10）为主体降低到（18.89±1.12）μm，体重提高了6.34kg，毛长增加了0.81cm，净毛量提高了0.86kg（表2-15）。表明新品种的体重、羊毛纤维直径、毛长、产毛量、净毛率等主要生产性能已全面超越母本甘肃高山细毛羊。

五、选育提高

1. 高山美利奴羊核心群选育提高方案

为加强高山美利奴羊核心群的持续选育，提高群体综合品质，快速扩繁推广新品种，加快优秀基因的流动。对高山美利奴羊的生产性能各项指标逐年测定，通过动物模型BLUP估计高山美利奴羊重要经济性状各年度平均估计育种值，根据鉴定等级和综合育种值，将高山美利奴羊特、一级种公羊归入种公羊群，然后根据种公羊本身表型值、半同胞及后裔品质、系谱品质进行育种值估计，评定种用价值，按照选种选配方案进行选配，每个世代都根据严格的选种制度和严密的选配计划采用人工授精技术进行繁殖。建立线性回归并由回归系数估计遗传进展。

2. 种公羊选择与基础母羊整群鉴定技术

高山美利奴羊种公羊的选育以早期选择、小群培育、阶段筛选为主要方法。一般在2月龄左右按羔羊的生长发育及表型结合系谱进行初选，组成母羔小群，由经验丰富的牧工进行管理培育；在断奶鉴定筛选后集中到种用公羊群进行小群培育；周岁、1.5岁、2.5岁进行个体鉴定，根据综合性状再次筛选，并于1.5岁配种后进行后裔测验，根据后裔品质综合评定选留。羔羊初生时进行登记和鉴定，建立系谱、记录性别、测量初生重、评定羔羊的体质、毛质、毛色，以鉴定结果为依据评定羔羊的初生等级。对体质差、毛质、毛色不符合标准的个体进行淘汰。一般羔羊初生时留种率达92%以上。断奶鉴定项目主要包括体质、头型、毛质、毛色、羊毛密度、羊毛弯曲、油汗、细度、体重、毛长等。断奶鉴定是早期选种的关键环节，仅对4级羔羊进行淘汰，而对3级（含3级）以上的个体留场进行培育，待1岁或1.5岁时进行育成鉴定。断奶时公母羔选留率达60%左右。育成鉴定确定终身等级，严格按照鉴定标准进行鉴定，主要从体质、外形、生产性能及羊毛综合品质几个主要方面进行全面鉴定。育成鉴定后根据羊只的品种类型和等级归入相应的管理群中。至此，种羊的选择基本完成，育成鉴定在整个选种中占有重要的地位，鉴定的项目中除体重、毛长、腹毛长、剪毛量现场准确测量外，其他项目如头型、羊毛细度、密度、油汗、弯曲等性状则凭鉴定者肉眼估测。由于肉眼估测存在误差，是影响选种精度和选种效率的因素之一（图2-20）。

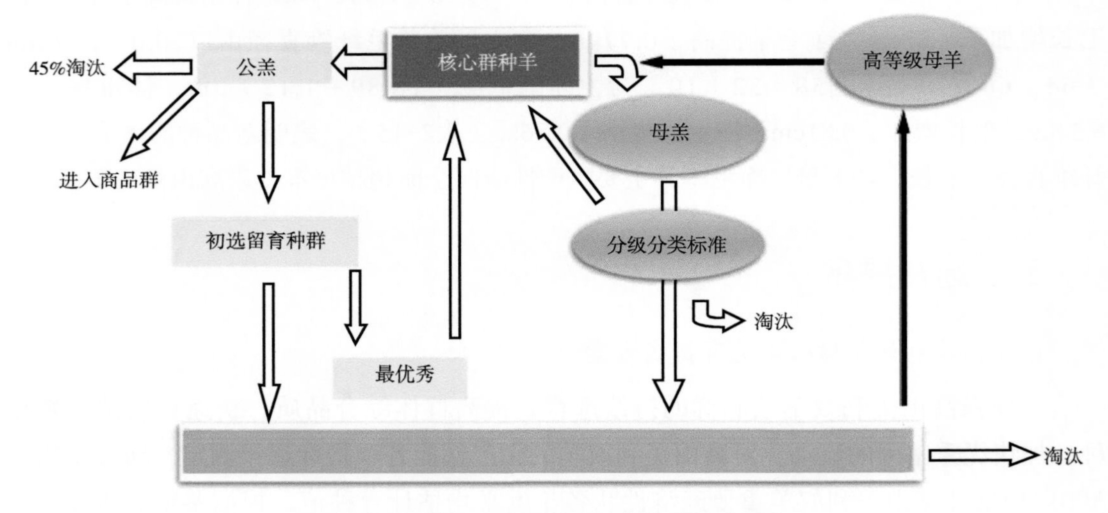

图2-20　核心群优秀公、母羊选种技术示意

3. 高山美利奴羊羔羊初生、断奶性状选育提高阶段年度选育进展

从高山美利奴羊选育提高阶段羔羊初生、断奶性状选育提高进展而言，羔羊初生重、出生质量性状（毛质正常、毛色纯白、体质正常比例）、断奶重和断奶毛长基本处于稳定状态，从2016年到2019年核心群公羔初生重为4.20kg、母羔初生重为4.04kg，公

羔断奶重为26.76kg、母羔断奶重为25.40kg（表2-16）。

表2-16 高山美利奴羊选育提高阶段羔羊初生、断奶性状年度变化

选育提高阶段（年份）	性别	样本量（只）	初生重（kg）	出生质量性状（%）			样本量（只）	断奶重（kg）	断奶毛长（cm）	断奶有无角（%）	
				毛质正常	毛色纯白	体质正常				有角	无角
2016	♂	1 013	4.18 ± 0.68	98.79	98.96	98.16	1 370	26.31 ± 5.06	4.31 ± 1.16	78.76	21.24
	♀	1 093	4.04 ± 0.63	98.92	98.82	98.60	1 489	25.48 ± 4.72	4.16 ± 1.08	6.01	93.99
2017	♂	1 142	4.15 ± 0.76	98.51	98.72	98.37	1 315	26.30 ± 4.80	4.11 ± 0.60	67.08	32.92
	♀	1 148	4.03 ± 0.69	98.29	98.95	98.90	1 327	25.42 ± 4.32	4.16 ± 0.66	8.60	91.40
2018	♂	1 093	4.23 ± 0.65	99.58	99.92	99.39	1 178	26.70 ± 4.61	4.00 ± 0.48	60.44	39.56
	♀	1 094	4.04 ± 0.64	99.52	99.90	99.69	1 259	25.19 ± 4.70	3.82 ± 0.85	5.75	94.25
2019	♂	1 186	4.24 ± 0.52	99.59	99.89	99.87	1 730	27.50 ± 2.37	3.93 ± 0.49	72.30	27.70
	♀	1 244	4.05 ± 0.48	99.54	99.91	99.96	1 765	25.45 ± 2.60	3.94 ± 0.50	4.80	95.20
2016—2019	♂	4 434	4.20 ± 0.56	99.13	99.38	98.98	5 593	26.76 ± 3.80	4.08 ± 0.63	70.16	29.84
	♀	4 579	4.04 ± 0.62	99.07	99.41	99.31	5 593	25.40 ± 4.16	4.02 ± 0.63	6.18	93.82

4. 选育提高阶段成年、育成公母羊生产性能选育进展

高山美利奴羊选育提高阶段的重点是在保持羊毛纤维直径的同时，强化对体重、毛长、净毛量等性状的选育提高，从高山美利奴羊悬于提高阶段成年、育成公母羊羊毛纤维直径、毛长、净毛量和体重的选育提高进展看，2016—2019年核心群成年公羊剪毛后体重为103.05kg、成年母羊剪毛后体重为55.03kg，育成公羊剪毛后体重为65.57kg、育成母羊剪毛后体重为44.50kg；成年公羊毛长为11.24cm、成年母羊毛长为10.56cm，育成公羊毛长为10.80cm、育成母羊毛长为10.55cm；成年公羊净毛量为5.88kg、成年母羊净毛量为2.65kg，育成公羊净毛量为3.32kg、育成母羊净毛量为2.71kg；成年公羊羊毛纤维直径为21.69μm、成年母羊羊毛纤维直径为22.17μm，育成公羊羊毛纤维直径为19.74μm、育成母羊羊毛纤维直径为18.25μm（表2-17）。

表2-17　高山美利奴羊选育提高阶段生产性能选育进展

选育提高阶段	年度	样本量（只）	体重（kg）	毛长（cm）	剪毛量（kg）	净毛量（kg）	净毛率（%）	羊毛纤维直径（μm）
成年公羊	2016	33	102.70 ± 9.72	11.23 ± 5.26	9.08 ± 1.73	5.69 ± 0.40	62.63 ± 7.30	21.78 ± 2.42
	2017	71	102.56 ± 8.98	11.22 ± 5.24	9.14 ± 1.71	5.50 ± 0.41	60.13 ± 6.33	21.73 ± 2.24
	2018	86	102.54 ± 9.15	11.20 ± 5.21	9.11 ± 1.68	5.60 ± 0.38	61.46 ± 6.84	21.74 ± 2.28
	2019	87	104.07 ± 9.84	11.29 ± 0.91	9.97 ± 1.69	6.54 ± 0.42	65.51 ± 7.12	21.52 ± 3.12
	2016—2019	277	103.05 ± 9.42	11.24 ± 4.16	9.38 ± 1.70	5.88 ± 0.36	62.43 ± 6.90	21.69 ± 2.52
育成公羊	2016	13	65.18 ± 8.87	10.90 ± 4.88	6.24 ± 1.44	3.22 ± 0.54	51.54 ± 7.15	18.89 ± 1.86
	2017	41	65.82 ± 7.76	10.92 ± 4.91	6.27 ± 1.38	3.24 ± 0.48	51.54 ± 6.05	20.07 ± 1.32
	2018	35	65.54 ± 7.86	10.90 ± 4.90	6.27 ± 1.36	3.24 ± 0.50	51.55 ± 7.08	19.98 ± 1.49
	2019	28	65.44 ± 5.76	10.43 ± 1.00	6.65 ± 1.13	3.49 ± 0.40	52.46 ± 7.03	20.03 ± 1.75
	2016—2019	117	65.57 ± 7.56	10.80 ± 3.92	6.36 ± 1.33	3.32 ± 0.39	51.77 ± 5.46	19.74 ± 1.61
成年母羊	2016	30	56.91 ± 6.94	10.68 ± 2.33	4.52 ± 0.82	3.31 ± 0.36	58.09 ± 7.28	22.18 ± 1.18
	2017	46	54.56 ± 8.26	10.68 ± 2.38	4.50 ± 0.76	2.57 ± 0.31	57.07 ± 6.98	22.16 ± 1.21
	2018	58	54.48 ± 8.15	10.66 ± 2.34	4.52 ± 0.79	2.63 ± 0.30	58.16 ± 7.14	22.20 ± 1.23
	2019	45	54.97 ± 5.55	10.23 ± 0.73	4.54 ± 0.87	2.64 ± 0.24	58.13 ± 7.16	22.12 ± 1.19
	2016—2019	179	55.03 ± 7.23	10.56 ± 1.95	4.52 ± 0.81	2.65 ± 0.36	57.86 ± 7.14	22.17 ± 1.20
育成母羊	2016	230	43.24 ± 5.26	10.52 ± 1.03	4.44 ± 0.78	2.78 ± 0.32	62.48 ± 6.98	17.58 ± 2.19
	2017	288	44.96 ± 4.65	10.51 ± 1.08	4.43 ± 0.69	2.67 ± 0.31	60.11 ± 5.80	18.47 ± 1.54
	2018	298	43.58 ± 4.87	10.53 ± 1.04	4.45 ± 0.72	2.69 ± 0.32	60.35 ± 6.23	18.50 ± 1.87
	2019	283	46.01 ± 3.54	10.63 ± 0.76	4.48 ± 0.79	2.70 ± 0.20	60.23 ± 6.37	18.45 ± 1.84
	2016—2019	1 099	44.50 ± 4.58	10.55 ± 0.84	4.45 ± 0.75	2.71 ± 0.30	60.70 ± 6.35	18.25 ± 1.86

5. 羔羊初生、断奶性状选育提高阶段与新品种初始阶段选育提高进展（表2-18）

表2-18 高山美利奴羊新品种初始阶段与选育提高阶段羔羊初生、断奶性状变化

阶段	性别	样本量（只）	初生重（kg）	出生质量性状（%）			样本量（只）	断奶重（kg）	断奶毛长（cm）	断奶有无角（%）	
				毛质正常	毛色纯白	体质正常				有角	无角
新品种初始阶段	♂	2 873	4.32 ± 0.63	99.95	99.99	99.99	2 730	27.05 ± 2.73	3.93 ± 0.49	72.30	27.70
	♀	2 910	4.08 ± 0.60	99.95	99.99	99.99	2 765	25.54 ± 2.69	3.94 ± 0.50	2.80	97.20
选育提高阶段	♂	4 434	4.20 ± 0.56	99.13	99.38	98.98	5 593	26.76 ± 3.80	4.08 ± 0.63	70.16	29.84
	♀	4 579	4.04 ± 0.62	99.07	99.41	99.31	5 593	25.40 ± 4.16	4.02 ± 0.63	6.18	93.82

6. 选育提高阶段与新品种初始阶段成年、育成公母羊生产性能选育提高进展（表2-19）

表2-19 高山美利奴羊新品种初始阶段与选育提高阶段生产性能选育进展

阶段		性别	样本量（只）	体重（kg）	毛长（cm）	剪毛量（kg）	净毛量（kg）	净毛率（%）	羊毛纤维直径（μm）
新品种初始阶段	成年	♂	939	89.25 ± 7.84	10.47 ± 1.20	9.74 ± 1.09	65.71 ± 5.51	6.40 ± 0.42	19.63 ± 1.69
	育成	♂	1 252	60.98 ± 5.43	10.68 ± 1.22	7.18 ± 0.80	53.46 ± 5.12	3.84 ± 0.43	18.40 ± 1.62
	成年	♀	3 850	46.97 ± 4.21	9.30 ± 0.93	4.36 ± 0.87	62.36 ± 5.70	2.72 ± 0.54	19.92 ± 1.08
	育成	♀	10 653	36.93 ± 3.24	10.56 ± 1.05	4.16 ± 0.83	57.53 ± 5.48	2.39 ± 0.48	18.89 ± 1.12
选育提高阶段	成年	♂	277	103.05 ± 9.42	11.24 ± 4.16	9.38 ± 1.70	5.88 ± 0.36	62.43 ± 6.90	21.69 ± 2.52
	育成	♂	117	65.57 ± 7.56	10.80 ± 3.92	6.36 ± 1.33	3.32 ± 0.39	51.77 ± 5.46	19.74 ± 1.61
	成年	♀	179	55.03 ± 7.23	10.56 ± 1.95	4.52 ± 0.81	2.65 ± 0.36	57.86 ± 7.14	22.17 ± 1.20
	育成	♀	1 099	44.50 ± 4.58	10.55 ± 0.84	4.45 ± 0.75	2.71 ± 0.30	60.70 ± 6.35	18.25 ± 1.86

第三章 高山美利奴羊新品种特征

第一节 高山美利奴羊新品种审定

一、高山美利奴羊种群数量、等级结构及分布

高山美利奴羊经过4个世代的横交固定，生长发育与产毛性能等性状都趋于稳定。截至2015年，在甘肃省绵羊繁育技术推广站核心群，甘肃省绵羊繁育技术推广站、肃南裕固族自治县皇城绵羊育种场、金昌市绵羊繁育技术推广站和肃南县裕固族自治县高山细毛羊专业合作社育种群中达到品种要求的高山美利奴羊27 706只，其中22个血统的种公羊302只、成年母羊19 648只、育成公羊374只、育成母羊7 382只（表3-1）。特、一级等级羊占繁殖母羊比例86.86%，2～5岁繁殖母羊占群体数量的70.92%。羊毛纤维直径主体为19.1～21.5μm，其中19.1～20.0μm占69%，20.1～21.5μm占23%，19.0μm以细占8%（为宝贵的高山超细毛型遗传资源），达到了新品种审定要求。

表3-1 高山美利奴羊核心群、育种群种群数量、分布　　单位：只

育种场名	群别	成年公羊	成年母羊	育成公羊	育成母羊	种群数量
甘肃省绵羊繁育技术推广站	核心群	210	7 570	158	3 061	10 999
	育种群		7 241	142	2 590	9 973
金昌市绵羊繁育技术推广站	育种群	31	2 634	41	925	3 631
肃南裕固族自治县皇城绵羊育种场	育种群	50	1 160	19	430	1 659
肃南裕固族自治县高山细毛羊专业合作社	育种群	11	1 043	14	376	1 444
合计	核心群	210	7 570	158	3 061	10 999
	育种群	92	12 078	216	4 321	16 707
总计		302	19 648	374	7 382	27 706

高山美利奴羊核心群主要分布在甘肃省绵羊繁育技术推广站（表3-1），现有具有完整的系谱记录的核心群9个，种群数量达到10 999只，计划任务8 000只，超额完成任务。其中，种公羊210只、成年母羊7 570只、育成公羊158只和育成母羊3 061只。成年母羊占核心群母羊的71.21%，群体结构合理，各项生产性能均超过育种指标要求，群体质量比基础群明显提高（表2-15），特、一级羊比例达到了97.18%（表2-12）。

育种群主要分布在甘肃省绵羊繁育技术推广站、金昌市绵羊繁育技术推广站、肃南裕固族自治县皇城绵羊育种场和肃南裕固族自治县高山细毛羊专业合作社（表3-1），种群数量达到16 707只，其中种公羊92只、成年母羊12 078只、育成公羊216只、育成母羊4 321只。成年母羊占育种群母羊存栏量的73.65%，特、一级羊占育种基础母羊比例的83.99%（表2-12）。

改良群主要分布在核心群场和育种群场周边的肃南裕固族自治县、天祝藏族自治县等地区。截至2015年，累计中试推广新品种种公羊6 578只，采用人工授精和冷冻精液等繁殖技术杂交改良当地细毛羊120.19万只。在肃南、天祝等地区改良当地细毛羊，其中63%的改良细毛羊羊毛纤维直径由21.6～25.0μm降低到19.0～21.5μm，体重提高5.0～10.0kg/只，有助于满足毛纺工业对高档精纺羊毛的需求，缓解我国羊肉刚性需求大的矛盾。

二、高山美利奴羊遗传稳定性

高山美利奴羊血统来源清晰，有明确的育种方案，核心群与育种群具有完整清楚的个体系谱记录，单独组群，经过了连续2～3世代的级进杂交和4个世代横交固定的选育。通过重要经济性状遗传参数及遗传进展分析，遗传力在中等以上，遗传变异趋于稳定状态。群体主要经济性状变异系数小，主要经济性状能够稳定遗传给后代。

1. 高山美利奴羊重要经济性状遗传参数估计

在高山美利奴羊横交固定过程中，对体重、毛长、净毛量和羊毛纤维直径主要经济性状的遗传力进行了估计，结果表明，高山美利奴羊的体重、毛长、净毛量和羊毛纤维直径等重要性状为中高遗传力，分别为0.38、0.28、0.33、0.33（表3-2）；羊毛品质性状与其他性状的遗传相关分析表明，羊毛纤维直径除与初生至断奶日增重呈中等正遗传相关外，与其他性状均呈强正遗传相关，与体重、毛长、净毛量遗传相关系数分别为0.89、0.93和0.90。通过与近年来国内外细毛羊主要性状遗传参数研究结果比较，高山美利奴羊与其他美利奴羊品种的体重、毛长、净毛量和羊毛纤维直径遗传力基本一致。

表3-2　高山美利奴羊不同阶段重要经济性状遗传力（h^2）估计值

初生体重	断奶			成年			
	体重	毛长	日增重	体重	毛长	净毛量	羊毛纤维直径
0.14	0.02	0.23	0.40	0.38	0.28	0.33	0.33

2. 高山美利奴羊重要质量、经济性状的遗传稳定性

通过对2003—2015年横交固定阶段高山美利奴羊初生、断奶、育成和成年生长发育阶段的外貌（头型、体型、毛质、毛色和体质）、体重、毛长、净毛量和羊毛直径等各项羊毛性状指标的测定结果和等级鉴定结果来看（表2-11～表2-14），毛质正常率、毛色纯白率和体质正常率公母羔羊分别达到99.34%、99.55%、92.09%和99.46%、99.43%、99.31%；公、母羊特级、一级、二级和三级羊比例分别占到86.04%、9.30%、4.66%和84.95%、7.75%、7.31%，群体整齐度较高，群体体型外貌等质量性状遗传性已趋于稳定。同时，经过4个世代的连续横交固定，不仅使羊毛纤维直径逐年降低、净毛率逐年提高，而且还扭转了在细毛中存在的“毛越细，个体越小，产毛量越低”的趋势，初生重、断奶重基本保持稳定，体重、毛长、净毛量等重要经济性状明显提高，变异系数均保持在10%以内，这是高山美利奴羊新品种遗传性能稳定的标志。

3. 高山美利奴羊分子遗传结构的遗传稳定性

2014年通过应用微卫星标记对高山美利奴羊的群体遗传结构和分子遗传学基础研究表明（表3-3），高山美利奴羊多态性标记在该群体中的平均多态信息含量PIC=0.75、平均杂合度H=0.78、平均有效等位基因数Ne=5.10，与2003年同样15个标记测定的杂交群体结果相比，多态性标记在该群体中的平均多态信息含量（PIC=0.83）、平均杂合度（H=0.85）、平均有效等位基因数（Ne=7.23）都明显降低。

进一步应用Dispan软件，采用Nei氏遗传距离（D_A）和Nei氏标准遗传距离（D_s）分别以NJ法对高山美利奴羊（Alpine merino sheep，GA）、滩羊（Tan sheep，TAN）、岷县黑裘皮羊（Minxian Black Fur sheep，MB）、藏羊（Tibet sheep，TB）蒙古羊（Mongolia sheep，MON）、兰州大尾羊（Lanzhou large-tailed sheep，LT）、小尾寒羊（Small-tailed Han sheep，HAN）、无角道赛特羊（Poll Dorset，PD）、澳洲美利奴羊（Australian merino，AM）、甘肃高山细毛羊（Gansu Alpine fine wool sheep，GM）、白萨福克羊（White Suffolk，SF）、特克赛尔羊（Texel，TX）、波德代羊（Borderdale，BD）进行了聚类分析，13个绵羊品种可以分为三大类，第一支：兰州大尾羊、滩羊、蒙古羊、小尾寒羊、藏羊、岷县黑裘皮羊；第二支：高山美利奴

羊、甘肃高山细毛羊、澳洲美利奴羊；第三支：波德代羊、特克赛尔羊、萨福克羊和无角道赛特羊（图3-1）。高山美利奴羊与澳洲美利奴羊、甘肃高山细毛羊聚为一支，依据D_A遗传距离的聚类图，最后和其他地方品种聚在一起，但是依据D_S遗传距离的聚类图中却和其他引进品种聚在一起（图3-2）。聚类图基本能够反映品种之间实际的遗传关系，即高山美利奴羊的父本来源于澳洲美利奴羊，母本源于甘肃高山细毛羊。

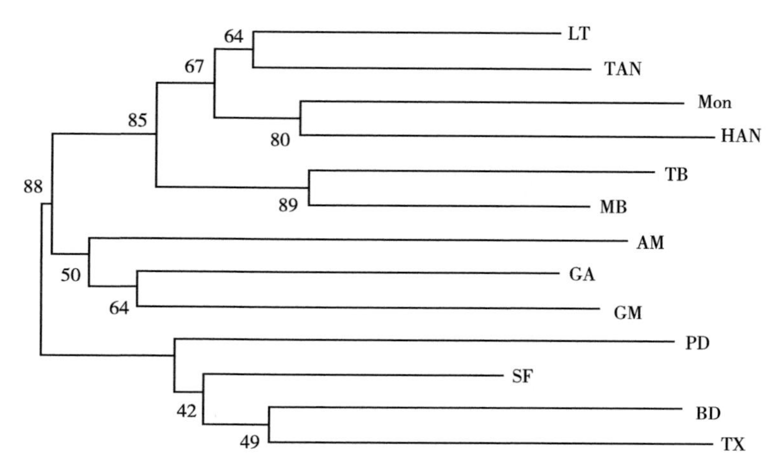

图3-1　基于D_A遗传距离构建13个绵羊群体NJ树

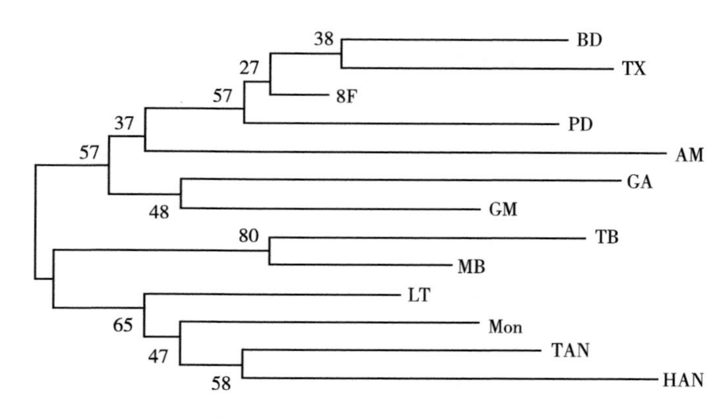

图3-2　基于D_S遗传距离构建13个绵羊群体NJ树

表3-3　15个微卫星位点在高山美利奴羊群体中的有效等位基因数、群体杂合度及多态信息含量

位点	有效等位基因数（*Ne*）		群体杂合度（H_0）		多态信息含量（*PIC*）	
	杂交群体	横交群体	杂交群体	横交群体	杂交群体	横交群体
BMS1248	6.43	5.19	0.84	0.81	0.82	0.78
FCB48	9.12	2.33	0.89	0.57	0.88	0.45
Maf64	8.63	7.30	0.88	0.87	0.87	0.85

（续表）

位点	有效等位基因数（*Ne*）		群体杂合度（H_0）		多态信息含量（*PIC*）	
	杂交群体	横交群体	杂交群体	横交群体	杂交群体	横交群体
KRT2-13	6.01	4.30	0.83	0.77	0.81	0.73
MCM38	7.02	6.16	0.86	0.84	0.84	0.82
BMS1724	6.91	6.75	0.85	0.86	0.84	0.83
OarDB6	9.73	6.35	0.90	0.85	0.88	0.82
BL-4	6.83	5.81	0.85	0.83	0.83	0.81
MCM218	7.52	7.75	0.87	0.87	0.85	0.86
URB037	4.76	6.13	0.79	0.84	0.76	0.82
BMS1341	6.73	3.96	0.85	0.75	0.83	0.71
MB066	6.86	3.41	0.85	0.71	0.83	0.66
BM3033	7.46	3.75	0.87	0.74	0.85	0.69
BM6506	5.94	3.39	0.835	0.71	0.813	0.66
合计	7.23	5.32	0.86	0.79	0.84	—

应用微卫星分子遗传标记技术对甘肃高山细毛羊、德国美利奴羊、澳洲美利奴羊、横交一代、横交二代、横交三代和高山美利奴羊7个类群的分子遗传特性评估，判别分析结果表明：甘肃高山细毛羊、德国美利奴羊、澳洲美利奴羊3个品种的个体阳性预报率在70%以上；横交一代、横交二代的个体阳性预报率不足50%；横交三代、高山美利奴羊个体阳性预报率分别达66%、74%（表3-4）。结果反映了该群体较高的遗传稳定性，具备了鉴定该品种的必要条件。

表3-4　利用15个微卫星位点对7个绵羊群体的贝叶斯判别结果

群体	真阳性	假阳性	真阴性	假阴性	敏感性（%）	特异性（%）	准确率（%）	阳性预报率（%）	预报率（%）
横交一代	9	16	152	11	45	90	86	36	93
横交二代	10	11	150	17	37	93	85	48	90
横交三代	20	10	141	18	37	92	85	66	91
高山美利奴羊	39	14	121	14	74	90	85	74	90
甘肃高山细毛羊	22	9	167	5	69	97	95	71	97
德国美利奴羊	12	5	173	4	60	97	95	71	98
澳洲美利奴羊	28	10	133	12	72	92	88	72	92

三、新品种审定

2015年，在甘肃省农牧厅的支持下，经过中国农业科学院兰州畜牧与兽药研究所和甘肃省绵羊繁育技术推广站等7家育种单位申请，农业部组织，2015年12月22日，经国家畜禽遗传资源委员会审定高山美利奴羊为畜禽新品种。该新品种不但具有甘肃高山毛肉兼用细毛羊的传承性，而且不失其突出特色，同时遵循了新品种要发展必须进行周而复始地迭替更新的培育规律，并且能够满足当地细毛羊产业发展一直沿用“高山”这个品牌的战略要求。因此，国家畜禽遗传资源委员会命名为“高山美利奴羊”。高山美利奴羊的出现，填补了世界高海拔生态区细型美利奴羊育种的空白，为特殊生态区先进羊品种的培育提供了成功范例，它也是甘肃有史以来育成的具有自主知识产权的国家级畜禽新品种。2015年，高山美利奴羊被农业部列为国家主导品种，是我国“十二五”农业科技领域的标志性重大成果。

第二节　高山美利奴羊新品种特征

一、表型特征

高山美利奴羊外貌具有典型美利奴羊品种特征，体质结实，结构匀称，体型呈长方形。细毛着生头部至两眼连线，前肢至腕关节，后肢至飞节。公羊有螺旋形大角或无角，母羊无角。公羊颈部有横皱褶或纵皱褶，母羊有纵皱褶，公、母羊躯体皮肤宽松无皱褶。

二、性能指标

1. 生长发育

高山美利奴羊不同生长发育阶段体重见表3-5。成年公母羊平均体重（89.25 ± 7.84）kg、（46.97 ± 4.21）kg，育成公母羊平均体重（60.98 ± 5.43）kg、（36.93 ± 3.24）kg；公、母羔初生重（4.22 ± 0.42）kg、（3.97 ± 0.39）kg，4月龄断奶重（26.56 ± 2.63kg）、（25.08 ± 2.48）kg。

表3-5　高山美利奴羊不同生理阶段公、母羊体重变化情况

性别	初生羔羊		4月龄断奶羔羊		育成羊		成年羊	
	样本量（只）	体重（kg）	样本量（只）	体重（kg）	样本量（只）	体重（kg）	样本量（只）	体重（kg）
公	12 348	4.22 ± 0.42	11 459	26.56 ± 2.63	1 252	60.98 ± 5.43	939	89.25 ± 7.84
母	12 459	3.97 ± 0.39	11 627	25.08 ± 2.48	10 653	36.93 ± 3.24	3 850	46.97 ± 4.21

注：体重为剪毛后体重。

2. 产毛性能

被毛白色呈毛丛结构、闭合性良好、整齐均匀、密度大、光泽好、油汗白色或乳白色、弯曲正常。羊毛纤维直径主体（19.1 ~ 21.5）μm。高山美利奴羊羊毛纤维直径、毛长、剪毛量、净毛率和净毛量等产毛性能指标见表3-6。成年公羊羊毛纤维直径（19.63 ± 1.69）μm，毛长（10.47 ± 1.20）cm，剪毛量（9.74 ± 1.09）kg，净毛量（6.40 ± 0.42）kg；成年母羊羊毛纤维直径（19.92 ± 1.08）μm，羊毛长度（9.30 ± 0.93）cm，剪毛量（4.36 ± 0.87）kg，净毛量（2.72 ± 0.54）kg；育成公羊羊毛纤维直径（18.40 ± 1.62）μm，毛长（10.68 ± 1.22）cm，剪毛量（7.18 ± 0.80）kg，净毛量（3.84 ± 0.43）kg；育成母羊羊毛纤维直径平均（18.89 ± 1.12）μm，毛长（10.56 ± 1.05）cm，剪毛量（4.16 ± 0.83）kg，净毛量（2.39 ± 0.48）kg。

表3-6　高山美利奴羊不同生理阶段公、母羊产毛性能

性别	年龄	样本量（只）	毛长（cm）	剪毛量（kg）	净毛率（%）	净毛量（kg）	羊毛纤维直径（μm）
公	成年	939	10.47 ± 1.20	9.74 ± 1.09	65.71 ± 5.51	6.40 ± 0.42	19.63 ± 1.69
	育成	1 252	10.68 ± 1.22	7.18 ± 0.80	53.46 ± 5.12	3.84 ± 0.43	18.40 ± 1.62
母	成年	3 850	9.30 ± 0.93	4.36 ± 0.87	62.36 ± 5.70	2.72 ± 0.54	19.92 ± 1.08
	育成	10 653	10.56 ± 1.05	4.16 ± 0.83	57.53 ± 5.48	2.39 ± 0.48	18.89 ± 1.12

3. 产肉性能

在放牧饲养条件下，高山美利奴羊成年羯羊、成年母羊产肉性能见表3-7。成年羯羊屠宰率（48.48 ± 1.67）%，胴体重（43.26 ± 2.96）kg，胴体净肉率（75.98 ± 1.32）%；成年母羊屠宰率为（48.07 ± 1.27）%，胴体重（22.58 ± 2.56）kg，胴体净肉率（75.34 ± 1.35）%。

表3-7　高山美利奴羊成年羯羊与成年母羊产肉性能

类别	样本量（只）	屠宰率（%）	胴体重（kg）	胴体净肉率（%）
成年羯羊	48	48.48 ± 1.67	43.26 ± 2.96	75.98 ± 1.32
成年母羊	48	48.07 ± 1.27	22.58 ± 2.56	75.34 ± 1.35

4. 繁殖性能

公母羊6 ~ 8月龄性成熟，初配年龄为18月龄，成年母羊繁殖率为110% ~ 125%，羔羊成活率在95%以上。

第三节　高山美利奴羊新品种创新点

一、与其他品种的区别

育种协作组在新品种培育过程中将高山美利奴羊的性能指标与综合品质和甘肃高山细毛羊、国内不同时期最具代表性水平的细毛羊品种及国际先进水平的同类型澳洲美利奴羊进行了对比试验，结果如下。

新品种在保持甘肃高山细毛羊优秀抗逆性的基础上，在体重、羊毛纤维直径、毛长、净毛量等主要生产性能和综合品质方面全面超越了甘肃高山细毛羊。

新品种对海拔2 400 ~ 4 070m的青藏高原祁连山层区的高山寒旱草原生态区严酷自然条件的适应性显著优于国内外其他细毛羊品种，在体重、毛长、产毛量、净毛量等主要性能指标和综合品质等方面达到或超过了代表国内不同时期和层次的新疆细毛羊与东北细毛羊（中毛型）、中国美利奴羊（中细毛型）、新吉细毛羊（细毛型）、苏博美利奴羊（超细毛型），表现出了明显的生态差异化优势，凸显了地域化、专一化、差异化等特色。

在羊毛综合品质方面，高山美利奴羊具有在细毛型与超细毛型细毛羊品种之间典型的承上启下的品种特点，羊毛纤维直径主体为19.1 ~ 21.5μm，其中19.1 ~ 20.0μm占69%、20.1 ~ 21.5μm占23%、19.0μm以细占8%（为宝贵的高山超细毛型遗传资源），比新疆细毛羊与东北细毛羊层次的细度高出2个档次，比中国美利奴羊层次的细度高出1个档次，通过试纺试验验证羊毛综合品质达到新吉细毛羊和苏博美利奴羊的档次。

与国际先进水平的同类型澳洲美利奴羊相比，高山美利奴羊体重、羊毛纤维直径、毛长、净毛量等主要性能指标和综合品质达到或超过澳洲美利奴羊同类型羊品种水平，是我国目前优秀的细毛羊品种之一（表3-8）。

表3-8 高山美利奴羊与其他细毛羊品种的区别

品种	分布生态地理区域	产毛量（kg）		净毛率（%）	毛长（cm）		细度		体重（kg）	
		公羊	母羊		公羊	母羊	支数	直径(μm)	公羊	母羊
高山美利奴羊	青藏高原区温性草甸草原海拔2 400～4 070m，年均气温0～3.8℃	9.74	4.36	55.00～61.00	10.50	9.30	66～70	19.1～21.5	89.25	46.97
甘肃高山细毛羊		8.50	4.40	43.00～45.00	8.24	7.40	64～66	21.6～25.0	75.00	40.00
澳洲美利奴羊	湿润牧区海拔1 000～2 000m，山丘草原	7.50～8.50	4.50～5.00	63.00～68.00	7.50～8.50	7.00～7.50	66～80	18.1～21.5	60.00～70.00	33.00～40.00
苏博美利奴羊	东北农区，内蒙古地区，新疆牧区温性草原山地草原海拔200～3 000m，年均气温0.6～8.2℃	10.09	4.94	61.50	10.11	9.06	80～90	17.0～19.0	88.90	45.80
新吉细毛羊		13.90	6.56～7.60	62.70	11.20	9.40～9.82	66～70	19.2～20.3	89.00	53.50
中国美利奴羊		12.40	7.20	60.90	11.30	10.50	60～64	21.6～25.0	91.80	43.10
东北细毛羊	东北农区温性草原海拔200～300m，年均气温0～8.0℃	10.00～13.00	5.50～7.50	42.90	9.00～11.00	7.00～8.50	60～64	21.6～25.0	78.80	51.50
新疆细毛羊	新疆牧区海拔800～2 084m，年均气温6.0～9.3℃	11.57	5.24	48.00～51.00	9.40	7.20	60～64	21.6～25.0	88.00	48.60

数据来源：《中国畜禽遗传资源志——羊志》，中国农业出版社，2011年版。

二、建议新品种命名为高山美利奴羊

高山美利奴羊新品种是以甘肃高山毛肉兼用细毛羊为母本、澳洲美利奴羊为父本，在海拔2 400～4 070m的青藏高原祁连山层区的寒旱高山草原生态区将澳洲美利奴羊国产化的典型代表，也是我国高水平细毛羊品种生态差异化培育的成功范例，更是青藏高原寒旱草原生态区细毛羊产业发展的重大需求和必然选择，具有不可替代的生态地位、经济价值和社会意义，凸显了地域化、专一化、差异化的突出特点。新品种不但具有甘肃高山毛肉兼用细毛羊的传承性，而且不失其突出特色，同时遵循了新品种要发展必须进行周而复始地迭替更新的培育规律，并且能够满足当地细毛羊产业发展一直沿用“高山”这个品牌的战略要求。所以，建议新品种首选命名为“高山美利奴羊”。

三、育种成果的创新性与先进性

高山美利奴羊的育成填补了我国在海拔2 400～4 070m的青藏高原寒旱草原生态区羊毛纤维直径以19.0～21.5μm为主体的毛肉兼用美利奴羊品种的空白，实现了澳洲美利奴羊在青藏高原寒旱草原生态区的国产化，是我国细毛羊品种生态差异化培育的典型代表，具有不可替代的生态地位、经济价值和社会意义，凸显了地域化、专一化、差异化等特点。

高山美利奴羊的生产性能和综合品质达到了国际同类型生态区细毛羊的领先水平，引领了我国细毛羊品种生态差异化的育种方向，为培育世界独特生态区先进羊品种提供了成功范例。

高山美利奴羊的培育突破了利用现代先进育种技术BLUP育种值选择细毛羊种羊和分子标记技术评估细毛羊群体遗传稳定性的技术瓶颈。

高山美利奴羊育种技术与设备的发明创造居国内外领先水平。

四、育成后的作用与意义

高山美利奴羊新品种育成后具有能够充分利用青藏高原寒旱草原生态区低成本的丰富草原资源发展细毛羊业的优势，实现澳洲美利奴羊在青藏高原寒旱草原生态区的国产化，丰富我国细毛羊品种资源的生态差异化类型，完善青藏高原寒旱草原生态区细毛羊产业发展的结构，提升青藏高原寒旱草原生态区细毛羊业发展的水平与档次，打破澳毛长期垄断中国羊毛市场的格局，提高我国细羊毛在国际市场中的竞争力，缓解毛纺工业对高档精纺羊毛的需求，助解我国羊肉刚性需求大的矛盾，满足世居于该地区以细毛羊赖以生存的广大藏族、裕固族等少数民族兄弟的产业需求均具有不可替代的生态地位、经济价值和社会意义。

第四章 高山美利奴羊重要性状遗传参数和育种值估计

高山美利奴羊是生态差异化先进绵羊品种培育的成功范例，具有不可替代的经济价值、生态地位和社会意义。历经20余年的品种培育与选育提高，目前迫切需要对选育提高和品种完整结构建设阶段种群结构及育种指标进行全面剖析、系统估计及优化。高山美利奴羊在品种培育过程中主要以早期性状和育成羊（14月龄）重要经济性状指标为选种选配依据，本研究搜集整理了甘肃省绵羊繁育技术推广站高山美利奴羊2003—2018年生产性能测定数据，应用ASReml软件结合AIC、BIC模型评价指数建立了高山美利奴羊遗传参数估计最佳分析模型，估计了重要经济性状遗传参数、育种值和遗传进展。本研究旨在全面评估高山美利奴羊重要经济性状各项育种指标，更新遗传特性分析相关数据，优化高山美利奴羊遗传参数估计和遗传评定方法，为高山美利奴羊选育提高和品种完整结构建设育种方案提供理论基础和技术支撑。

第一节 基于ASReml对高山美利奴羊早期遗传参数估计和遗传评定

为了高山美利奴羊选育提高和完整结构建设，优化现行育种规划、实施方案，实施早期选育，完善早期生长性状遗传参数估计和遗传评定方案已迫在眉睫。基于ASReml软件结合BLUP动物模型法，对2003—2015年的20 057只高山美利奴羊早期生长性状鉴定资料进行系统比较研究和分析，初步创建了早期生长性状的不同BLUP动物模型，估计了早期生长性状遗传力、遗传相关、表型相关及个体育种值，构建了目标性状的综合育种值模型，估计了群体年近交系数，建立了早期遗传参数估计和遗传评定方法。将为在品种内考虑性状本身特征、群体遗传结构及环境条件变化的基础上建立最佳固定效应组合和适宜数据量，进而为高山美利奴羊早期生长性状遗传参数准确估计和遗传评定提供参考依据。

一、高山美利奴羊早期生长性状非遗传因素筛选

高山美利奴羊是以澳洲美利奴羊为父本、甘肃高山细毛羊为母本，历经20年育成的我国第一个拥有自主知识产权的高山型美利奴羊新品种。该品种常年生活在海拔2 400～4 070m的青藏高原祁连山层区的高山寒旱草原严酷自然生态条件下，具有抗逆性强、生产性能高、羊毛品质优等特点。由于生存条件的特殊性，其生长性状及遗传特性受高山寒旱环境的影响程度均与其他细毛羊品种不同，拥有各项优秀的品质。为了更好地发挥高山美利奴羊的优秀品质，迫切需要对不同生长发育阶段重要经济性状的遗传参数和育种值进行全面评估，以便优化和调整现行育种方案，进行群体的选育提高。为了获得高山美利奴羊早期生长性状更加可靠和准确的遗传参数，必须先确定影响遗传参数准确估计的最佳非遗传因素组合，再进行各性状遗传参数的准确估计。

1. 数据整理

所用数据资料均由高山美利奴羊核心场甘肃省绵羊繁育技术推广站（原甘肃省皇城绵羊育种试验场）提供。为研究高山美利奴羊早期生长性状，选取了2003—2015年高山美利奴羊早期生长性状鉴定的原始数据资料，各性状值均在初生和断奶时测定。

对原始数据进行整理合并，建立高山美利奴羊早期生产性状数据库，其包括3个类型的数据：配种记录表、产羔记录表和断奶记录表。将2003—2015年高山美利奴羊早期生长性状鉴定的原始数据资料，按数据库的要求整理，对于原始记录中包含的信息全部整理成数据库要求的格式，而原始数据中没有的生产记录则全部设置为缺失值NA。

利用Visual FoxPro 6.0软件分别将2003—2015年高山美利奴羊早期生长性状鉴定的原始数据资料另存为“.CSV”（逗号分隔值）格式的数据集，利用R语言和Excel对数据进行清洗和预处理。通过数据处理，剔除了耳号有误记录、无性别记录、无生产性能鉴定记录以及表型记录不合理等信息的个体后，最终筛选出了20 057只高山美利奴羔羊早期生长性状的数据资料，其中早期生长性状包括羔羊初生重（Birth weight，BWT）、4月龄断奶重（Weaning weight，WWT）、断奶前平均日增重（Average daily gain，ADG）、4月龄断奶毛长（Weaning staple length，WSL）。有关高山美利奴羊早期生长性状表型评估值的描述性统计见表4-1。

表4-1　高山美利奴羊早期生长性状表型评估值

性状	BWT（kg）	WWT（kg）	ADG（g）	WSL（cm）
羊只数量（只）	19 901	20 057	19 901	20 008

（续表）

性状	BWT（kg）	WWT（kg）	ADG（g）	WSL（cm）
最小值	1.00	11.00	65.00	3.00
一分位数	3.40	22.00	153.00	3.50
中位数	3.80	25.00	175.00	4.00
均值	3.84	24.65	173.36	4.12
三分位数	4.20	27.60	195.00	4.50
最大值	5.30	31.80	244.0	7.00
标准差	0.66	3.77	29.58	0.59
变异系数	0.17	0.15	0.17	0.14

注：BWT，羔羊初生重；WWT，4月龄断奶重；ADG，断奶前平均日增重；WSL，4月龄断奶毛长；下表同。

根据早期生长性状的原始数据，应考虑的非遗传因素（固定效应）有血统（Bloodline，Bl）、性别（Sex，Sx）、出生类型（Type of birth，Tb）、出生年份（Year of birth，Yb）、配种月份（Mating month，Mm）、初生月份（Birth month，Bm）、群别（Flock，Fk）以及某些非遗传因素间的互作效应。

2. 高山美利奴羊早期生长性状非遗传因素分析

为了准确估计高山美利奴羊早期生长性状的遗传参数，必须首先确定影响各性状遗传参数估计的最佳非遗传因素组合，应用ASReml软件分析不同非遗传因素组合对高山美利奴羊早期生长性状遗传参数估计的影响。其固定效应模型如下：

$$y=X\beta+e$$

式中：y，初生重、断奶重、平均日增重和断奶毛长等早期生长性状的观测值向量；β，血统、性别、出生类型、出生年份、配种月份、初生月份、群别以及某些非遗传因素间的互作效应等非遗传因素；e，残差效应向量；X，非遗传因素的结构矩阵。

通过ASReml软件对不同非遗传因素及其非遗传因素间的互作效应进行显著性检验，筛选出对早期生长性状具有显著或极显著影响作用的非遗传因素列于表4-2。方差分析结果表明，高山美利奴羊早期各生长性状受血统、性别、出生类型、出生年份、配种月份、初生月份和群别的影响极显著（$P<0.001$），同时早期各生长性状受血统与出生年份、配种月份，出生月份、群别之间的互作效应极显著影响（$P<0.001$）。而且出生年份与出生月份、群别之间的互作效应，配种月份与出生月份和群别之间的互作

效应，出生月份与群别之间的互作效应对高山美利奴羊早期生长性状具有极显著影响（P<0.001）。

表4-2　非遗传因素对早期生长性状的影响

非遗传因素	BWT			WWT			ADG			WSL		
	DF	F	P	DF	F	P	DF	F	P	DF	F	P
Bl	23	934	2.2e-16***	23	1 925	2.2e-16***	23	1 683	2.2e-16***	23	1 640	2.2e-16***
Sx	1	353	2.2e-16***	1	422	2.2e-16***	1	332	2.2e-16***	1	182	2.2e-16***
Yb	10	440	2.2e-16***	10	1 084	2.2e-16***	10	1 030	2.2e-16***	10	2 991	2.2e-16***
Mm	2	15	7.0e-4***	2	148	2.2e-16***	2	178	2.2e-16***	2	211	2.2e-16***
Bm	2	251	2.2e-16***	2	114	2.2e-16***	2	201	2.2e-16***	2	291	2.2e-16***
Fk	14	525	2.2e-16***	14	421	2.2e-16***	14	476	2.2e-16***	14	197	2.2e-16***
Tb	2	2 113	2.2e-16***	2	928	2.2e-16***	2	579	2.2e-16***	2	35	2.0e-8***
Bl：Yb	30	222	2.2e-16***	30	189	2.2e-16***	30	200	2.2e-16***	23	299	2.2e-16***
Bl：Mm	45	79	1.3e-3**	45	85	3.2e-4***	45	92	4.3e-5***	30	135	2.8e-15***
Bl：Bm	32	70	1.2e-4***	34	52	0.024*	24	71	1.7e-6***	35	83	9.5e-6***
Bl：Fk	14	53	2.3e-6***	14	138	2.2e-16***	14	135	2.2e-16***	14	67	6.5e-9***
Yb：Bm	11	87	7.9e-14***	13	63	1.7e-8***	17	87	2.2e-11***	10	128	2.2e-16***
Yb：Fk	18	331	2.2e-16***	18	193	2.2e-16***	18	212	2.2e-16***	14	54	1.1e-6***
Mm：Bm	4	43	1.3e-8***	4	40	3.9e-8***	10	67	1.7e-10***	13	35	9.9e-4***
Mm：Fk	28	54	2.1e-3**	28	60	4.0e-4***	4	37	1.4e-7***	18	155	2.2e-16***
Bm：Fk	16	41	6.4e-4***	17	37	0.003 2**	28	65	8.7e-5***	4	61	2.1e-12***

注：Bl，血统；Sx，性别；Yb，出生年份；Mm，配种月份；Bm，初生月份；Fk，群别；Tb，出生类型；Bl：Yb，血统与初生年份间的互作效应，依次类推；DF，自由度；F，F值；P，P值；***，P<0.001；**，P<0.01；*，P<0.05；下表同。

二、不同BLUP动物模型对高山美利奴羊早期生长性状遗传参数估计的比较

畜禽育种的目的是不断提高畜禽群体的遗传素质，通过培育新品系或新品种来提高生产性能，而育种方案科学制定的前提条件是必须准确和可靠地估计畜禽各性状的遗

传参数。可靠准确的遗传参数不仅可以提高育种效果和畜禽群体的遗传进展，而且对估计畜禽各性状的育种值、优化育种方案、预测选择效果和阐述数量性状遗传机制等方面具有重要的意义。多年来，众多的国内外育种学家和畜牧工作者对细毛羊遗传参数估计和遗传评定做了大量的科学研究，想要获得可靠而又准确的遗传参数估计值，首先就必须要建立一个合理的分析模型，该模型不仅要能准确地反映出遗传与环境因素对性状的影响，而且要在实际生产中具有可操作性。高山美利奴羊新品种是世界首例能够适应海拔2 400～4 070m的高山寒旱生态区且羊毛纤维直径以19.1～21.5μm为主体的毛肉兼用型美利奴羊新品种，是我国优秀的细毛羊种质资源。为了更好地发挥高山美利奴羊的优秀种质资源，迫切需要对不同生长发育阶段的重要经济性状进行全面遗传参数估计和育种值评估，以便优化和调整现行育种方案，进行群体的选育提高。因此，运用ASReml软件采用不同BLUP动物模型估计高山美利奴羊早期生长性状的遗传参数，研究各模型的方差组分和遗传参数间的差异性，筛选出适合高山美利奴羊早期生长性状遗传参数估计的最佳BLUP动物模型，同时估计早期生长性状的遗传参数，以期为高山美利奴羊早期阶段群体的育种方案优化、选育提高及科学选种选配提供理论依据。

1. 参数估计模型

为了准确估计高山美利奴羊早期生长性状的遗传参数，对高山美利奴羊早期生长性状方差组分估计建立了4个不同BLUP动物模型，通过模型估计效果的检验，筛出估计早期生长性状的最优BLUP动物模型。采用的固定效应组合为血统（Bloodline，Bl）、性别（Sex，Sx）、出生类型（Type of birth，Tb）、出生年份（Year of birth，Yb）、配种月份（Mating month，Mm）、初生月份（Birth month，Bm）、群别（Flock，Fk），模型如下：

$$y = X\beta + Za + e \quad (1)$$

$$y = X\beta + Za + Wm + e \quad (2)$$

$$y = X\beta + Za + Vp + e \quad (3)$$

$$y = X\beta + Za + Wm + Vp + e \quad (4)$$

式中：y，各性状的观测值向量；β，固定效应；a，个体加性遗传效应；m，母体遗传效应；p，个体永久环境效应；e，残差效应向量；V、W、X、Z分别表示个体永久环境效应、母体遗传效应、固定效应、个体加性遗传效应的结构矩阵。

不同模型方差组分估计准确度的检验可以采用赤池信息准则（AIC）作为评价标准，AIC信息指数的计算公式为：$AIC = 2k-2LogL$，式中L为最大似然函数，k为需要估计的参数个数。AIC可反映模型中需要估计的参数个数对估计效果的影响，当从一组模型中选择最佳模型时，选择AIC最小的模型，此时模型方差组分估计的效果最好。

利用似然比检验比较不同模型的优劣，其检验统计量为：

$$LR=-2\ln\frac{(L_{max}\mid 模型1)}{(L_{max}\mid 模型2)}[-2\ln(L_{max}\mid 模型1)]-[-2\ln(L_{max}\mid 模型2)]$$

式中：LR，似然比值；L_{max}模型1，在模型1下的最大似然函数值，L_{max}模型2，在模型2下的最大似然函数值，且模型1为模型2的子模型；LR服从卡方分布，自由度等于模型2中所估计的参数个数减去模型1中所估计的参数个数。若卡方检验结果差异不显著，表明增加的参数对该性状没有显著影响，否则影响显著。

2. 早期性状的方差组分及其比例

高山美利奴羊早期性状的方差组分及其比例如表4-3所示。由不同BLUP动物模型估计的初生重方差组分值可知，残差效应（σ_e^2/σ_y^2）在各模型中差别较大，最大的是模型1和3，为0.792 7；最小的是模型2和4，为0.745 3。个体加性遗传效应（σ_a^2/σ_y^2）在各模型中差别明显，最大的是模型1和3，为0.207 3 ± 0.022 6；最小的是模型2和4，为0.092 4 ± 0.016 0。母体遗传效应（σ_m^2/σ_y^2）在模型2和4中没有差别，为0.162 3 ± 0.011 3。个体永久环境效应（σ_s^2/σ_y^2）在模型3和4中差别不大。

由不同BLUP动物模型估计的断奶重方差组分值可知，残差效应（σ_e^2/σ_y^2）在各模型中差异较大，最大的是模型1，为0.897 3；最小的是模型4，为0.825 1。个体加性遗传效应（σ_a^2/σ_y^2）在各模型中差别明显，最大的是模型1和3，为0.102 7 ± 0.015 9；最小的是模型2，为0.065 1 ± 0.012 6。母体遗传效应（σ_m^2/σ_y^2）在模型2和4中差别不大，模型2为0.109 8 ± 0.011 2，模型4为0.109 7 ± 0.040 7。个体永久环境效应（σ_s^2/σ_y^2）在模型中差别明显，最大的是模型4，为0.000 1。

由不同BLUP动物模型估计的断奶前平均日增重方差组分值可知，残差效应（σ_e^2/σ_y^2）为0.842 2 ~ 0.899 8。个体加性遗传效应（σ_a^2/σ_y^2）模型2和4相等，为0.068 1 ± 0.013 0；模型1为0.100 2 ± 0.015 7，模型3为0.100 1 ± 0.106 1，各模型间存在差别。母体遗传效应（σ_m^2/σ_y^2）在模型2和4中没有差别，为0.089 8 ± 0.011 2。个体永久环境效应（σ_s^2/σ_y^2）在模型中差别明显，最大的是模型3，为0.000 1。

由不同BLUP动物模型估计的断奶毛长方差组分值可知，残差效应（σ_e^2/σ_y^2）在各模型中差别较大，最大的是模型1，为0.906 5；最小的是模型2和4，为0.896 2。个体加性遗传效应（σ_a^2/σ_y^2）在各模型中差别较明显，最大的是模型1，为0.093 7 ± 0.014 9；最小是模型2和4，为0.086 5 ± 0.014 8。母体遗传效应（σ_m^2/σ_y^2）在模型2和4中没有差别，为0.017 3 ± 0.010 7。个体永久环境效应（σ_s^2/σ_y^2）在模型3和4中差别不大。

表4-3　早期性状不同模型方差组分及其比例

性状	模型	σ_y^2	σ_a^2	σ_m^2	σ_s^2	σ_e^2	σ_a^2/σ_y^2	σ_m^2/σ_y^2	σ_s^2/σ_y^2	σ_e^2/σ_y^2
BWT	1	3.58e−01	7.42e−02			2.84e−01	0.207 3 ± 0.022 6			7.93e−01
	2	3.62e−01	3.35e−02	5.88E−02		2.70e−01	0.092 4 ± 0.016 0	0.162 3 ± 0.011 3		7.45e−01
	3	3.58e−01	7.42e−02		1.78e−06	2.84e−01	0.207 3 ± 0.022 6		4.99e−06	7.93e−01
	4	3.62e−01	3.35e−02	5.88e−02	1.58e−06	2.70e−01	0.092 4 ± 0.016 0	0.162 3 ± 0.011 3	4.36e−06	7.45e−01
WWT	1	1.13e+01	1.16e+00			1.02e+01	0.102 7 ± 0.015 9			8.97e−01
	2	1.15e+01	7.48e−01	1.26e+00		9.48e+00	0.065 1 ± 0.012 6	0.109 8 ± 0.011 2		8.25e−01
	3	1.13e+01	1.16e+00		8.18e−05	1.02e+01	0.102 7 ± 0.015 9		7.22e−06	8.97e−01
	4	1.15e+01	7.48e−01	1.26e+00	1.32e−03	9.48e+00	0.065 1 ± 0.019 4	0.109 7 ± 0.040 7	1.15e−04	8.25e−01
ADG	1	7.13e−04	7.14e−05			6.42e−04	0.100 2 ± 0.015 7			9.00e−01
	2	7.21e−04	4.91e−05	6.47e−05		6.07e−04	0.068 1 ± 0.013 0	0.089 8 ± 0.011 2		8.42e−01
	3	7.13e−04	7.14e−05		8.23e−08	6.42e−04	0.100 1 ± 0.106 1		1.15e−04	9.00e−01
	4	7.21e−04	4.91e−05	6.47e−05	3.61e−10	6.07e−04	0.068 1 ± 0.013 0	0.089 8 ± 0.011 2	5.00e−07	8.42e−01
WSL	1	2.65e−01	2.48e−02			2.40e−01	0.093 7 ± 0.014 9			9.06e−01
	2	2.65e−01	2.29e−02	4.58e−03		2.38e−01	0.086 5 ± 0.014 8	0.017 3 ± 0.010 7		8.96e−01
	3	2.65e−01	2.48e−02		2.00e−06	2.40e−01	0.093 6 ± 0.014 9		7.55e−06	9.06e−01
	4	2.65e−01	2.29e−02	4.58e−03	1.68e−07	2.38e−01	0.086 5 ± 0.014 8	0.017 3 ± 0.010 7	6.35e−07	8.96e−01

注：σ_y^2，表型方差；σ_a^2，个体加性遗传方差；σ_m^2，母体遗传方差；σ_s^2，个体永久环境方差；σ_e^2，残差方差；σ_a^2/σ_y^2，个体加性遗传效应；σ_m^2/σ_y^2，母体遗传效应；σ_s^2/σ_y^2，个体永久环境效应；σ_e^2/σ_y^2，残差效应；下表同。

3. 高山美利奴羊早期生长性状的不同BLUP动物模型的比较

各早期生长性状的不同BLUP动物模型的−2Log*L*值和AIC信息标准值的计算结果如表4−4所示。模型2对高山美利奴羊早期生长性状初生重、断奶重、断奶前平均日增重和断奶毛长遗传参数估计的效果最优，说明母体遗传效应对早期生长性状具有重要的影响。

表4−4 早期生长性状不同BLUP动物模型−2Log*L*值和AIC信息标准值

模型	BWT		WWT		ADG		WSL	
	−2Log*L*	AIC	−2Log*L*	AIC	−2Log*L*	AIC	−2Log*L*	AIC
1	−655.64	−649.64	68 732	68 738	−123 774	−123 768	−6 382.4	−6 376.4
2	−868.34	−860.34	68 630	68 638	−123 842	−123 834	−6 385	−6 377
3	−655.64	−647.64	68 732	68 740	−123 774	−123 766	−6 382.4	−6 374.4
4	−868.34	−858.34	68 630	68 640	−123 842	−123 832	−6 385	−6 375

注：Log*L*，对数似然函数值；AIC，赤池信息准则。

4种模型相互比较所得到的似然比值及卡方检验的差异显著性如表4−5所示，结合表4−4中的−2Log*L*值。各模型与模型1进行似然比检验，而且模型4分别与模型2和3进行似然比检验。结果表明，对于高山美利奴羊早期生长性状的初生重、断奶重和断奶前平均日增重，模型2和4与模型1似然比检验显示彼此间差异极显著（$P<0.001$），模型4与模型3卡方检验差异极显著（$P<0.001$），模型4与模型2卡方检验差异不显著（$P>0.05$），而对于断奶毛长，各模型彼此间差异不显著（$P>0.05$）。

表4−5 早期生长性状不同BLUP动物模型卡方检验结果

模型	BWT	WWT	ADG	WSL
2∶1	212.705^{***}	100.503^{***}	67.480^{***}	2.660^{ns}
3∶1	0.000^{ns}	0.000^{ns}	0.000^{ns}	0.000^{ns}
4∶1	212.705^{***}	100.503^{***}	67.480^{***}	2.660^{ns}
4∶2	0.000^{ns}	0.000^{ns}	0.000^{ns}	0.000^{ns}
4∶3	212.705^{***}	100.503^{***}	67.480^{***}	2.660^{ns}

注：***，$P<0.001$；**，$P<0.01$；*，$P<0.05$；^{ns}，$P>0.05$；下表同。

通过不同模型的比较分析，确定模型2为高山美利奴羊早期生长性状遗传参数估计的最佳BLUP动物模型；高山美利奴羊早期生长性状受母体遗传效应的影响显著，而受个体永久环境效应的影响可以忽略不计。基于最佳BLUP动物模型，在血统、性别、出生类型、出生年份、配种月份、初生月份、群别等固定效应组合和20 057只个体样本量条件下，估计出高山美利奴羊早期生长性状的遗传力分别是初生重遗传力为0.092 4 ± 0.016 0，母体效应遗传力为0.162 3 ± 0.011 3；断奶重遗传力为0.065 1 ± 0.012 6，母体效应遗传力为0.109 8 ± 0.011 2；

断奶前平均日增重遗传力为0.068 1 ± 0.013 0，母体效应遗传力为0.089 8 ± 0.011 2；断奶毛长遗传力为0.086 5 ± 0.014 8，母体效应遗传力为0.017 3 ± 0.010 7。

本研究的遗传力结果与少数前人某些研究结果存在一定的差异性，但与大部分国内外研究结果较一致，研究表明，早期生长性状遗传参数估计的准确与否与研究所用的数据量、数据内容和结构等有较大相关性。同时，品种、母羊年龄、营养水平、每胎产羔数、季节等非遗传因素会通过母羊这一途径作用于羔羊身上，并对其产生重要影响。因此，高山美利奴羊早期生长性状遗传估计准确性与其特殊生活环境、饲养管理、品种特性、数据结构和遗传结构有关。

三、高山美利奴羊早期生长性状的遗传评定

畜禽遗传评定就是评估畜禽遗传价值的高低，并将其作为选择优秀种畜禽的衡量标准，是畜禽育种工作的核心内容。一般来说，遗传价值越高的个体其种用价值也越高，种用价值的高低一般用育种值的大小来评判，而个体育种值是无法直接测量，它只能通过一定的统计学方法利用系谱和表型观测值进行估计，所以遗传评定的实质内容为育种值的估计。利用早期生长性状遗传参数估计的最佳BLUP动物模型，运用ASReml软件获得高山美利奴羊早期生长性状更加可靠、准确的育种值估计值，为高山美利奴羊早期阶段群体的选育提高及科学选种选配提供科学依据。

1. 早期生长性状间的遗传相关和表型相关

依据育种方案，为了提高高山美利奴羊的选育效果，必须做到早选、选准和选好，故将初生重、断奶重、断奶毛长和断奶前平均日增重确定为高山美利奴羊早期阶段的育种目标性状，并估计出了目标性状间的遗传相关和表型相关如表4-6所示。由表可知，早期生长性状中的初生重与断奶重、平均日增重呈中等正遗传相关；断奶重与平均日增重呈强正相关；初生重与断奶毛长、断奶重与断奶毛长、断奶毛长与平均日增重呈中等偏低的正遗传相关。

表4-6 高山美利奴羊早期生长性状间的遗传相关与表型相关

性状	初生重	断奶重	断奶毛长	平均日增重
初生重	0.097 7 ± 0.016 4	0.487 9 ± 0.047 9	0.218 9 ± 0.072 6	0.301 0 ± 0.057 0
断奶重	0.355 6 ± 0.006 5	0.065 9 ± 0.012 7	0.290 0 ± 0.078 2	0.978 6 ± 0.002 5
断奶毛长	0.081 5 ± 0.007 3	0.156 9 ± 0.007 1	0.085 5 ± 0.014 7	0.267 4 ± 0.083 3
平均日增重	0.187 0 ± 0.007 2	0.984 6 ± 0.000 2	0.147 3 ± 0.007 2	0.068 1 ± 0.013 0

注：上三角，遗传相关；下三角，表型相关；对角线，个体加性遗传力。

2. 早期各生长性状的综合育种值模型

根据高山美利奴羊早期育种目标，先将初生重、断奶重和断奶毛长确定为早期育种的目标性状，其目标性状的综合育种值模型为：

$$I_i = W_1b_i+W_2w_i+W_3s_i$$

式中：I_i，个体i的早期生长性状的综合育种值；W_1、W_2、W_3分别为初生重、断奶重和断奶毛长的加权系数；b_i、w_i、s_i分别为个体i的初生重、断奶重和断奶毛长。

目标性状的综合育种值模型中各目标性状的加权系数确定公式为：

$$b = P^{-1}Gv$$

式中：b，指数各性状的系数；v，育种目标性状的系数；P，各性状的表型方差协方差矩阵，G，各性状的遗传方差协方差矩阵。

基于高山美利奴羊前期综合选择指数，结合对目标性状估计的遗传力、遗传相关、表型相关及各目标性状表型值的平均值和标准差，依据公式$b = P^{-1}Gv$计算出各目标性状的加权系数为$W_1 = 15$、$W_2 = 24$、$W_3 = 100$、$W_4 = 3$。因此目标性状的综合育种值模型为：

$$I_i = 15b_i+24w_i+100s_i+3a_i$$

式中：I_i，个体i的综合育种值；b_i，个体i的初生重的育种值；w_i，个体i的断奶重的育种值；s_i，个体i的断奶毛长的育种值；a_i，个体i的断奶前平均日增重的育种值。

结合最佳BLUP动物模型估计出高山美利奴羊早期生长性状的育种值，并依据目标性状的综合育种值模型计算个体的综合育种值。通过每年制定的选择强度，按从大到小的顺序选取每年的留种个体。通过对早期各生长性状的育种值及综合育种值进行Spearman秩相关分析，由表4-7可知彼此之间都存在着极显著的相关（$P<0.001$）。早期各生长性状初生重、断奶重、断奶毛长和平均日增重的育种值与综合育种值之间的相关系数为0.423 1、0.729 8、0.665 7和0.742 4。由此可见，目标性状的综合育种值与早期各生长性状育种值间有较高的相关性，因此采用综合育种值进行个体的遗传评定和选种选育能够取得更好的选择效果。

表4-7　高山美利奴羊早期生长性状不同评定方法的Spearman秩相关分析

性状	初生重	断奶重	断奶毛长	平均日增重	综合育种值
初生重	1.000 0	0.344 2***	0.137 3***	0.145 2***	0.423 1***
断奶重	0.344 2***	1.000 0	0.165 1***	0.970 9***	0.729 8***
平均日增重	0.145 2***	0.970 9***	0.138 5***	1.000 0	0.665 7***
断奶毛长	0.137 3***	0.165 1***	1.000 0	0.138 5***	0.742 4***

（续表）

性状	初生重	断奶重	断奶毛长	平均日增重	综合育种值
综合育种值	0.423 1***	0.729 8***	0.742 4***	0.665 7***	1.000 0

3. 早期生长性状的表型趋势与遗传趋势

利用2003—2015年的高山美利奴羊早期生长性状的各年度平均表型值和年度平均育种值分别对年份的回归，构建线性回归模型，其回归系数即为各性状的表型趋势和遗传趋势（表4-8）。

表4-8 高山美利奴羊早期生长性状的表型趋势与遗传趋势

性状	表型趋势				遗传趋势			
	β_0	SE	β_1	SE	β_0	SE	β_1	SE
初生重	−47.683 2*	17.216 0	0.025 6*	0.008 6	−5.687 8***	1.002 0	0.002 8***	0.000 5
断奶重	−269.979 6	167.419 7	0.146 7	0.083 3	−12.688 0***	2.613 2	0.006 3***	0.001 3
平均日增重	−1.838 0	1.304 2	0.001 0	0.000 6	−0.071 0**	0.018 5	0.000 0**	0.000 0
断奶毛长	6.962 2	41.108 7	−0.001 4	0.020 5	−1.176 1	0.782 8	0.000 6	0.000 4

注：β_0，回归方程中的常数；β_1，回归方程中的回归系数；SE，标准差；***，$P<0.001$；**，$P<0.01$；*，$P<0.05$。

由表4-8可知，就表型趋势与遗传趋势而言，初生重、断奶重和断奶前平均日增重呈逐年递增的趋势；断奶毛长的表型趋势呈逐年递减趋势，而遗传趋势呈逐年递增趋势。同时还可以发现，初生重、断奶重和断奶前平均日增重的表型变化趋势与遗传变化趋势一致；而断奶毛长的表型变化趋势在逐年递减，遗传变化趋势却在逐年递增。因此，在实际育种中应该考虑到这一特点。

由图4-1可知，高山美利奴羊早期生长性状初生重的表型变化趋势在13年间呈现一种波动式的上升趋势，且在2012年达到最大趋势；而其遗传变化趋势为缓慢上升趋势，且在2015年达到最大趋势。

由图4-2可知，高山美利奴羊早期生长性状断奶重的表型变化趋势和遗传变化趋势近似一致，均呈一种锯齿形的波动上升趋势，且在2012年和2013年两者是一致水平，均在2015年时达到最大趋势。

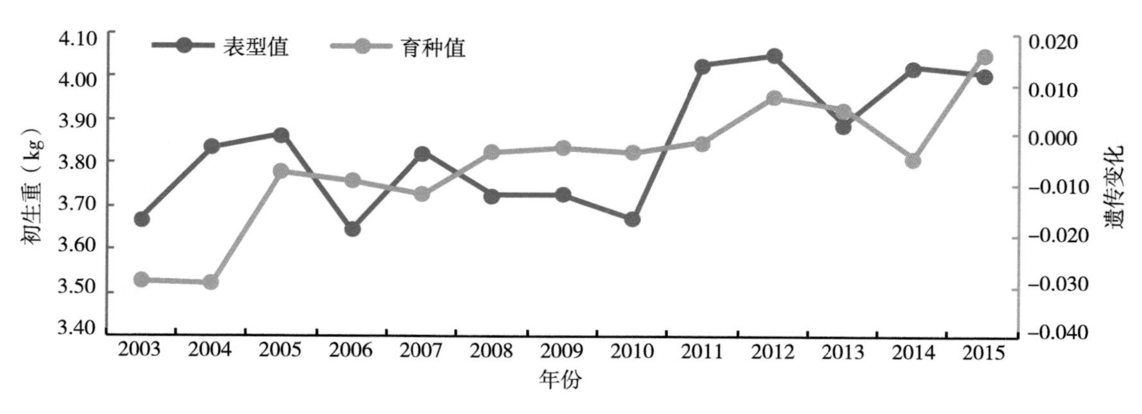

图4-1　初生重的表型和遗传变化趋势

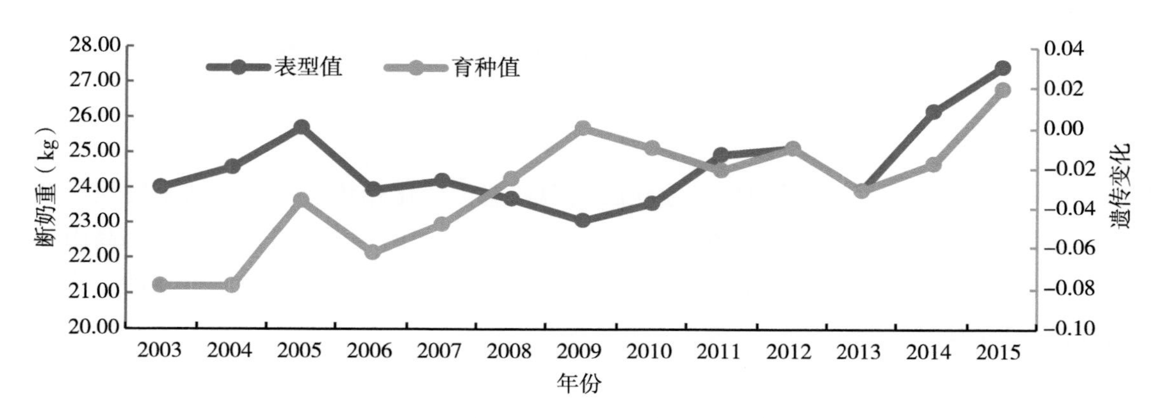

图4-2　断奶重的表型和遗传变化趋势

由图4-3可知，高山美利奴羊早期生长性状断奶前平均日增重的总体表型变化趋势近似一条直线，呈缓慢上升的趋势；而其遗传趋势却是一个大的波动式的变化趋势，其中在2003—2005年、2006—2009年、2013—2015年呈上升趋势，其他时期呈现下降趋势，且在2009年达到最大变化趋势。

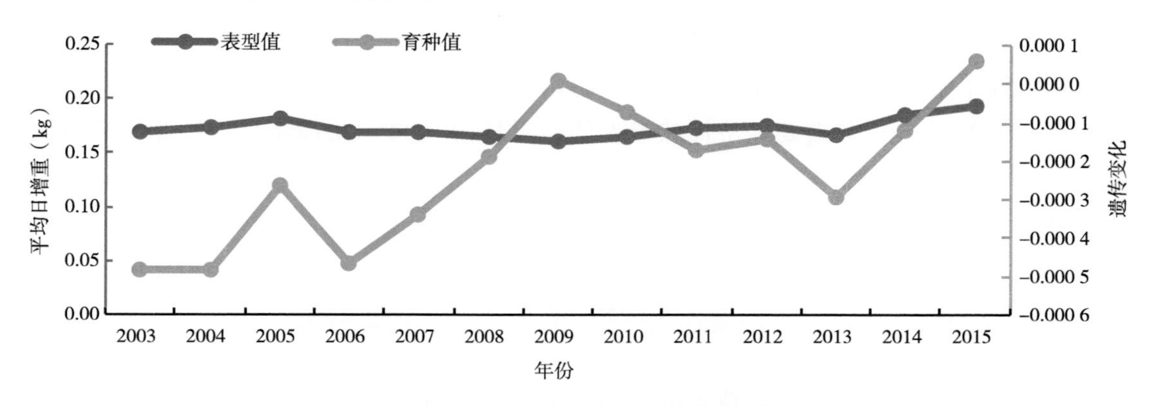

图4-3　平均日增重的表型和遗传变化趋势

由图4-4可知，高山美利奴羊早期生长性状断奶毛长的表型变化趋势在13年间呈现一个近似于直线的又稍有下降的变化趋势；而其遗传变化趋势却呈现锯齿形波动，各年份间的差别很大，其中在2009年达到最大变化趋势。

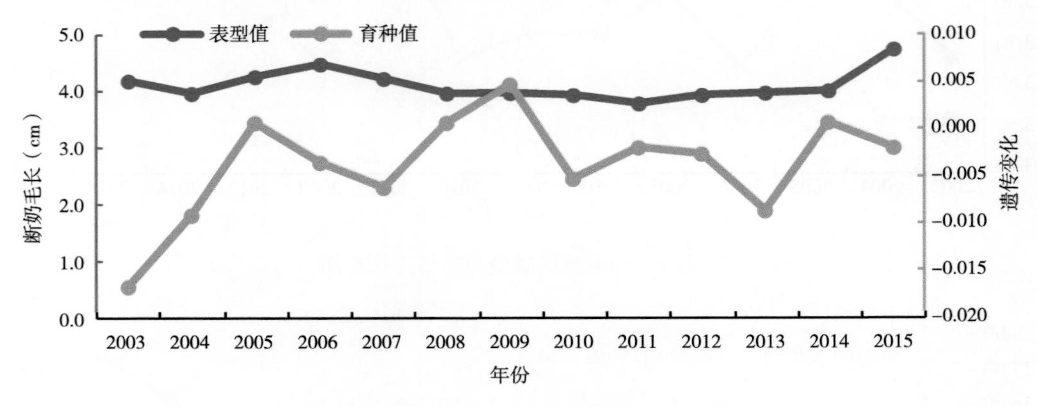

图4-4　断奶毛长的表型和遗传变化趋势

通过对高山美利奴羊早期生长性状的表型和遗传变化趋势的研究，结果发现早期生长性状的表型和遗传变化趋势在13年间呈现一种波动式的缓慢上升趋势，说明高山美利奴羊早期各生长性状均有选育提升空间，可以为高山美利奴羊早期生长性状的选育提高提供坚实的理论基础。

第二节　高山美利奴羊育成阶段重要性状遗传参数和育种值估计

为研究高山美利奴羊种质特性，系统分析横交固定到选育提高阶段各性状表现，对甘肃省绵羊繁育技术推广站高山美利奴育成羊（14月龄）生产性能测定记录原始数据进行整理，统计分析各重要经济性状表型值，对场内2003—2018年生产性能鉴定数据进行总结归纳，以获得全面具体的研究数据材料，为后续遗传参数估计和遗传评定研究提供基础。

一、高山美利奴羊重要经济性状基本统计量分析

数据来自甘肃省绵羊繁育技术推广站2003—2018年高山美利奴育成羊（14月龄）群体。该羊站采用分群放牧饲养管理，每年11月20日至12月10日进行人工授精，第二

年7月进行生产性状站内鉴定，获得各生产性状性能数据。试验涉及重要经济性状有体重（Weight，WT）、产毛量（Greasy fleece weight，GFW）、净毛率（Clean fleece yield，CFY）、净毛量（Clean fleece weight，CFW）、羊毛纤维直径（Average fiber diameter，FD）、羊毛纤维直径变异系数（Coefficient of variation of fiber diameter，CVAFD）和毛长（Staple length，SL）。体重、产毛量和毛长为主观鉴定性状，由专家站内鉴定记录；净毛率、羊毛纤维直径和羊毛纤维直径变异系数为客观鉴定性状，现场采集毛样，委托农业农村部动物毛皮及制品质量监督检验测试中心（兰州）检验。羊场对测定数据建立科学规范的纸质版和电子版育种档案并长期保存，数据管理系统严格规范，数据记录翔实可靠。

统计整理原始生产鉴定记录根据系谱完整度将总数据量分为数据集1和数据集2。数据集1包含所有记录，数据集2仅统计系谱完整羊只记录。各数据集内性状描述性统计量见表4-9和表4-10。结果表明，该羊群共有记录羊只20 720只，系谱完整（父母本均有记录）羊只4 397只。其中，体重、产毛量和毛丛长度3个现场鉴定性状记录样本量较大，总样本量分别为20 720、18 192、20 656，系谱完整（父本母本均有记录）样本量分别为4 397、3 339、4 407；实验室抽检性状样本量较小，净毛率、平均纤维直径和平均纤维直径变异系数总样本量分别为2 701、6 713、6 713，系谱完整样本量分别为911、1 556、1 556；净毛量（产毛量×净毛率）总样本量1 600，系谱完整样本量763。

表4-9 数据集1

性状	羊只数量（只）	父本数量（只）	母本数量（只）	平均值	标准差	变异系数（%）
WT	20 720	378	3 896	40kg	7.98	19.84
GFW	18 192	355	3 083	4kg	0.89	22.5
CFY	2 701	211	886	56%	6.96	12.34
CFW	1 600	201	745	2kg	0.65	26.99
FD	6 713	264	1 466	18μm	1.85	10.47
CVAFD	6 713	264	1 466	21%	3.86	18.57
SL	20 656	378	3 906	10cm	1.02	10.07

表4-10 数据集2

性状	羊只数量（只）	父本数量（只）	母本数量（只）	平均值	标准差	变异系数（%）
WT	4 397	378	3 730	42kg	7.68	18.28
GFW	3 339	355	2 942	4.1kg	0.82	20.11
CFY	911	211	874	56%	6.48	11.51

（续表）

性状	羊只数量（只）	父本数量（只）	母本数量（只）	平均值	标准差	变异系数（%）
CFW	763	201	739	2kg	0.58	23.97
FD	1 556	264	1 446	17.7μm	1.71	9.61
CVAFD	1 556	264	1 446	20.6%	3.12	15.15
SL	4 407	378	3 739	10.1cm	1.05	10.35

二、重要经济性状遗传参数固定效应筛选

育种方案的科学制定必须以准确和可靠的遗传参数估计为前提条件，为了获得更加准确的遗传参数，需要建立一个合理的分析模型，该模型不仅要在生产实践中具有可操作性，还要充分考虑非遗传因素对不同数据量和系谱信息中各性状的影响。运用R语言中的anova函数筛选出对高山美利奴羊重要经济性状遗传参数估计有显著影响的非遗传因素，确定动物模型中的固定效应组分，为最佳模型建立提供基础。通过R语言方差分析“anova（）”函数分别对鉴定年份、群别、性别和出生类型（单胎或双胎）数据集1和数据集2中各性状的显著性进行检验。R语言anova函数检验固定效应显著性的示例代码为：“anova（lm（Tdata1$GFW ~ Tdata1$Ya+Tdata1$Fk+Tdata1$Sx+Tdata1$Bt）”（注释：数据集1“Tdata1”中鉴定年份“Ay”、群别“Fk”、性别“Sx”、出生类型“Bt”对产毛量“GFW”的显著性检验）。

表4-11方差分析结果显示，鉴定年份和群别对数据集1和数据集2中的7个性状均有极显著影响（*P*<0.001），应放在模型中作为固定效应；性别对体重有极显著影响（*P*<0.001），对其他各性状影响不显著；出生类型对体重和数据集1中的产毛量有极显著影响（*P*<0.001）。

表4-11　固定效应显著性检验

性状	数据	统计量	鉴定年份	群别	性别	出生类型
WT	数据集1	DF	14	17	1	1
		F	429.24	843.63	9.25	25.69
		P	<2.2e-16***	<2.2e-16***	0.002 36**	4.131e-07***
	数据集2	DF	13	17	1	1
		F	281.36	549.63	8.43	14.34
		P	<2.2e-16***	<2.2e-16***	0.003 711 3**	0.000 155 2***

（续表）

性状	数据	统计量	鉴定年份	群别	性别	出生类型
GFW	数据集1	DF	14	16	1	1
		F	122.58	135.22	0.9	15.71
		P	<2.2e-16**	<2.2e-16**	0.34ns	7.491e-05**
	数据集2	DF	14	16	1	1
		F	79.85	89.43	2.47	4.77
		P	<2e-16**	<2e-16**	0.12ns	0.029 01*
CFY	数据集1	DF	11	14	1	1
		F	26.22	22.19	0.64	0.07
		P	<2e-16**	<2e-16**	0.42ns	0.79ns
	数据集2	DF	11	13	1	1
		F	23.8	19.5	0.11	0.15
		P	<2e-16**	<2e-16**	0.74ns	0.70ns
CFW	数据集1	DF	11	13	1	1
		F	34.12	23.12	2.71	2.98
		P	<2e-16**	<2e-16**	0.10ns	0.08ns
	数据集2	DF	11	13	1	1
		F	26.52	17	1.23	2.23
		P	<2e-16**	<2e-16**	0.27ns	0.14ns
FD	数据集1	DF	13	14	1	1
		F	60.15	10.63	0.77	0.85
		P	<2e-16**	<2e-16**	0.38ns	0.36ns
	数据集2	DF	12	14	1	1
		F	33.85	6.83	1.54	0.47
		P	<2.2e-16**	1.175e-13**	0.22ns	0.49ns
CVAFD	数据集1	DF	13	14	1	1
		F	36.57	3.73	0.45	0.01
		P	<2.2e-16**	3.178e-06**	0.50ns	0.90ns
	数据集2	DF	12	14	1	1
		F	28.83	3.46	0.43	0.27
		P	<2.2e-16**	1.412e-05**	0.51ns	0.61ns

（续表）

性状	数据	统计量	鉴定年份	群别	性别	出生类型
SL	数据集1	DF	14	17	1	1
		F	78.02	10.4	1	0.37
		P	<2e-16**	<2e-16**	0.32ns	0.55ns
	数据集2	DF	13	17	1	1
		F	58.62	8.17	0.8	0.25
		P	<2e-16**	<2e-16**	0.37ns	0.61ns

注：DF，自由度；F，F值；*P*，*P*值；**，$P<0.01$；*，$P<0.05$；ns，$P>0.05$；下表同。

三、不同数据结构和动物模型对高山美利奴羊重要经济性状遗传参数估计的比较

遗传参数估计是估计育种值、制定育种规划的基础。动物模型因其可以充分利用所有亲属信息，校正由于选择交配所造成的偏差，考虑不同群体及不同世代的遗传差异而被广泛用于遗传参数和育种值估计。动物模型中不同数据结构、固定效应和随机效应均对遗传参数估计有影响。估计不同群体遗传参数要根据实际数据结构和站内情况选择合适的动物模型。选择最佳动物模型估计高山美利奴羊重要经济性状遗传参数对高山美利奴羊科学育种和遗传特性研究具有重要意义。用动物模型计算遗传参数时，随机效应和固定效应的选择对估计准确性至关重要，在针对细毛羊经济性状的研究中，随机效应的选择大都集中在是否加入个体永久环境效应中。数据量和系谱完整度对估计结果亦有影响。原始数据来自甘肃省绵羊繁育技术推广站，其中存在大量有生产记录但无系谱的数据，本试验欲将大数据量但系谱不完整和系谱完整但数据量较小作为两个数据集进行计算，探讨系谱完整度和数据量对遗传参数估计的影响。

从随机效应选择和数据集的确定两个方面结合，建立4个模型，对高山美利奴羊遗传参数估计模型选择进行研究。用AIC、BIC指数和LRT检验对各模型进行评价和比较，探讨个体永久环境效应和不同数据结构对高山美利奴羊遗传参数估计的影响，筛选出适合高山美利奴羊经济性状遗传参数估计的最佳动物模型，估计各性状遗传力。

1. 构建动物模型

试验利用两种单性状动物模型估计高山美利奴羊重要经济性状遗传参数，模型如下：

$$y=Xb+Za+e \quad (1)$$

$$y = Xb + Za + Wp + e \quad (2)$$

式中：y，个体观察值向量；b，固定效应向量；a，个体加性遗传效应向量；p，个体永久环境效应向量；e，残差效应向量；X、Z、W，分别表示固定效应、个体加性遗传效应、个体永久环境效应的结构矩阵。

将数据集1、数据集2分别代入动物模型（1）、动物模型（2）组合得到4个试验模型，见表4-12。

表4-12　试验模型

试验模型	组合
模型1	数据集1+（1）
模型2	数据集2+（1）
模型3	数据集1+（2）
模型4	数据集2+（2）

2. 不同模型对高山美利奴羊重要经济性状方差组分的估计

表4-13不同模型对体重方差组分估计的结果表明，各模型中残差效应（σ_e^2/σ_y^2）方差组分占比最大；模型3和4中个体永久环境效应（σ_p^2/σ_y^2）方差组分占比最小；模型2和4中个体加性遗传效应（σ_a^2）相同，且均高于模型1和3中个体加性遗传效应（σ_a^2）。

表4-13　不同模型估计的体重方差组分

模型	σ_y^2	σ_a^2	σ_p^2	σ_e^2	σ_a^2/σ_y^2	σ_p^2/σ_y^2	σ_e^2/σ_y^2
1	18.582 2	2.999 3	—	15.582 9	0.161 4	—	0.838 6
2	18.753 3	4.486 5	—	14.266 8	0.239 2	—	0.760 8
3	18.582 4	2.999 3	0.022 6	15.560 4	0.161 4	0.001 2	0.837 4
4	18.753 4	4.486 5	0.016 0	14.250 9	0.239 2	0.000 9	0.759 9

注：σ_y^2，表型方差；σ_a^2，个体加性遗传方差；σ_p^2，个体永久环境方差；σ_e^2，残差方差；σ_a^2/σ_y^2，个体加性遗传效应；σ_p^2/σ_y^2，个体永久环境效应；σ_e^2/σ_y^2，残差效应；—，模型中无此效应；下表同。

表4-14不同模型对产毛量方差组分估计的结果表明，各模型中残差效应占比最大；模型3中个体永久环境效应占比最小；模型2中个体加性遗传效应高于模型1和3；模型4因精度过高而出现过度拟合。

表4-14 不同模型估计的产毛量方差组分

模型	σ_y^2	σ_a^2	σ_p^2	σ_e^2	σ_a^2/σ_y^2	σ_p^2/σ_y^2	σ_e^2/σ_y^2
1	0.598 0	0.117 1	—	0.480 9	0.195 8	—	0.804 2
2	0.633 5	0.206 1	—	0.427 4	0.325 4	—	0.674 6
3	0.598 0	0.117 1	0.000 5	0.480 4	0.195 8	0.000 9	0.803 3

表4-15不同模型对净毛率方差组分估计的结果表明，模型1中个体加性遗传效应最高，模型2中残差效应高于个体加性遗传效应，模型3和4均因模型精度过高而出现过度拟合。

表4-15 不同模型估计的净毛率方差组分

模型	σ_y^2	σ_a^2	σ_p^2	σ_e^2	σ_a^2/σ_y^2	σ_p^2/σ_y^2	σ_e^2/σ_y^2
1	32.865 8	18.205 7	—	14.660 1	0.553 9	—	0.446 1
2	30.302 9	13.317 0	—	16.985 9	0.439 5	—	0.560 5

表4-16不同模型对净毛量方差组分估计的结果表明，模型1、2、3残差效应占比最高，分别为0.710 7、0.799 5和0.760 2，加性遗传效应次之；模型3中个体永久环境效应占比最小，为0.000 8。净毛量方差组分估计中，模型4因精度过高而出现过度拟合。

表4-16 不同模型估计的净毛量方差组分

模型	σ_y^2	σ_a^2	σ_p^2	σ_e^2	σ_a^2/σ_y^2	σ_p^2/σ_y^2	σ_e^2/σ_y^2
1	0.307 3	0.088 9	—	0.218 4	0.289 3	—	0.710 7
2	0.280 3	0.056 1	—	0.224 1	0.200 3	—	0.799 5
3	0.238 7	0.057 0	0.000 2	0.181 4	0.239 0	0.000 8	0.760 2

表4-17不同模型对羊毛纤维直径方差组分估计的结果表明，模型中3个体加性遗传效应高于残差效应，分别为0.589 7和0.410 3，个体永久环境效应占比为0；而在模型1和2中残差效应占比均高于个体加性遗传效应。羊毛纤维直径方差组分估计中，模型4过度拟合。

表4-17 不同模型估计的羊毛纤维直径方差组分

模型	σ_y^2	σ_a^2	σ_p^2	σ_e^2	σ_a^2/σ_y^2	σ_p^2/σ_y^2	σ_e^2/σ_y^2
1	2.545 5	1.024 4	—	1.521 1	0.402 4	—	0.597 6
2	2.273 8	0.960 0	—	1.313 8	0.422 2	—	0.577 8
3	2.678 1	1.579 3	0	1.098 9	0.589 7	0	0.410 3

表4-18不同模型对羊毛纤维直径变异系数方差组分估计的结果表明，模型1中，个体加性遗传效应方差组分占比最高；模型2和3中残差效应占比最高；模型1中个体加性遗传效应方差组分占比高于模型2中遗传效应方差组分；模型3中，个体永久环境效应占比最低；模型4因精度过高而出现过度拟合。

表4-18 不同模型估计的羊毛纤维直径方差组分

模型	σ_y^2	σ_a^2	σ_p^2	σ_e^2	σ_a^2/σ_y^2	σ_p^2/σ_y^2	σ_e^2/σ_y^2
1	14.105 5	8.573 0	—	5.532 5	0.607 8	—	0.392 2
2	8.857 1	2.812 0	—	6.045 2	0.317 5	—	0.682 5
3	12.619 6	5.625 2	0.007 9	6.986 5	0.445 7	0.000 6	0.553 6

表4-19不同模型对毛长方差组分估计的结果表明，各模型中残差效应方差组分占比最大；模型3和4中个体永久环境效应方差组分占比最小；模型2和4中个体加性遗传效应占比一样，高于模型1和3。

表4-19 不同模型估计的毛长方差组分

模型	σ_y^2	σ_a^2	σ_p^2	σ_e^2	σ_a^2/σ_y^2	σ_p^2/σ_y^2	σ_e^2/σ_y^2
1	0.981 7	0.290 6	—	0.691 1	0.296 0	—	0.704 0
2	1.033 7	0.379 3	—	0.654 4	0.367 0	—	0.633 0
3	0.981 8	0.290 6	0.000 5	0.690 6	0.296 0	0.000 5	0.703 4
4	1.033 7	0.379 3	0.000 4	0.654 0	0.367 0	0.000 4	0.632 7

3. 利用赤池信息准则（AIC）和贝叶斯信息准则（BIC）评价不同模型

表4-20体重模型4的ln$L$值略高于模型2，AIC结果与BIC结果一致，模型2评分最好。其他各性状评分最高为模型2，各模型AIC、BIC与ln$L$结果相同。模型3对净毛率过度拟合，模型4对产毛量、净毛率、净毛量、羊毛纤维直径和羊毛纤维直径变异系数过度拟合。

表4-20　经济性状不同模型AIC、BIC和ln$L$信息标准值

性状	评价值	模型			
		1	2	3	4
WT	ln$L$	−40 647.2	−8 598.76	−40 647.2	−8 597.76
	AIC	81 298.46	17 199.53	81 300.46	17 201.53
	BIC	81 314.33	17 212.29	81 324.27	17 220.67
GFW	ln$L$	−2 830.92	−285.84	−2 830.92	—
	AIC	5 665.85	575.67	5 667.85	—
	BIC	5 681.46	587.88	5 691.27	—
CFY	ln$L$	−6 038.29	−1 914.6	—	—
	AIC	12 080.58	3 833.2	—	—
	BIC	12 092.36	3 842.76	—	—
CFW	ln$L$	374.63	208.97	374.63	—
	AIC	−745.26	−413.94	−743.26	—
	BIC	−734.54	−404.74	−727.19	—
AFD	ln$L$	−6 510.05	−1 383.98	−6 510.05	—
	AIC	13 024.1	2 771.95	13 026.1	—
	BIC	13 037.71	2 782.61	13 046.52	—
CVAFD	ln$L$	−11 781.1	−2 361.13	−11 781.1	—
	AIC	23 566.15	4 726.27	23 568.15	—
	BIC	23 579.77	4 736.92	23 588.57	—
SL	ln$L$	−9 789.34	−2 144.63	−9 789.34	−2 144.63
	AIC	19 482.68	4 293.25	19 584.68	4 295.25
	BIC	19 598.55	4 306.02	19 608.48	4 314.4

4. 利用似然比检验（LRT）比较不同模型

不同随机效应模型比较得到似然比值和卡方检验差异显著性结果列于表4-21。各性状模型1、模型2分别与模型3、模型4进行似然比检验。结果显示，在高山美利奴羊重要经济性状遗传参数估计中，体重和毛长，模型1与模型4计算差异极显著；净毛量，模型2与模型3差异极显著；其他性状各模型间无显著差异。

表4-21　不同模型似然比检验结果

性状	模型评价	模型			
		1：3	1：4	2：3	2：4
WT	LRT	5.06e-06	64 099	-64 099	0
	Chi	0.499 1	<2.2e-16**	0.5	0.5
GFW	LRT	0	—	-5 037.7	—
	Chi	0.5	—	0.5	—
CFY	LRT	—	—	—	—
	Chi	—	—	—	—
CFW	LRT	0	—	331.32	—
	Chi	0.499 8	—	<2.2e-16**	—
FD	LRT	0	—	-10 252	—
	Chi	0.499 6	—	0.5	—
CVAFD	LRT	0	—	-18 840	—
	Chi	0.5	—	0.5	—
SL	LRT	0	15 289	-15 289	0
	Chi	0.498 8	<2.2e-16**	0.5	0.5

注：Chi，卡方检验。

四、高山美利奴羊重要经济性状遗传力和遗传相关估计

进行准确的遗传参数估计可以有效评估群体遗传进展和育种效果，对提高羊品种选育具有重要的指导意义。基于最佳模型对2003—2018年高山美利奴育成羊群体（14月龄）体重、产毛量、净毛率、净毛量、羊毛纤维直径、羊毛纤维直径变异系数和毛长的重要群体遗传参数遗传力、遗传相关和表型相关进行估计，为优化高山美利奴羊选育提高方案、建设品种完整结构、进行遗传评估及实施育种值选种选配提供理论支撑。

1. 各性状方差组分估计

遗传相关估计使用双性状动物模型。试验模型表达式如下：

$$y = X\beta + Za + e$$

式中：y，各性状的观测值向量；β，固定效应；a，个体加性遗传效应；e，残差效应向量；X、Z，分别表示固定效应和个体加性遗传效应的结构矩阵。方差组分估计基于REML法，由ASReml软件实现。各性状表型方差、个体加性遗传方差、残差方差、个体加性遗传效应和残差效应组分见表4-22。结果表明，高山美利奴羊7个重要经济性状个体加性遗传效应均大于0.2，其中净毛率和羊毛纤维直径加性遗传效应大于0.4。

表4-22　高山美利奴羊各性状方差组分

性状	σ_y^2	σ_a^2	σ_e^2	σ_a^2/σ_y^2	σ_e^2/σ_y^2
WT	18.753 3	4.486 5	14.266 8	0.239 2	0.760 8
GFW	0.633 5	0.206 1	0.427 4	0.325 4	0.674 6
CFY	30.302 9	13.317	16.985 9	0.439 5	0.560 5
CFW	0.307 3	0.088 9	0.218 4	0.289 3	0.710 7
AFD	2.545 5	1.024 4	1.521 1	0.402 4	0.597 6
CVAFD	8.857 1	2.812 0	6.045 2	0.317 5	0.682 5
SL	1.033 7	0.379 3	0.654 4	0.367 0	0.633 0

2. 高山美利奴羊重要经济性状遗传力

高山美利奴羊体重、产毛量、净毛量、净毛率、羊毛纤维直径、羊毛纤维直径变异系数和毛丛长度遗传力分别为0.303 6、0.405 4、0.408 6、0.449 2、0.432 4、0.473 6、0.330 3，属于中高水平遗传力（表4-23）。

表4-23　高山美利奴羊重要经济性状遗传力

性状	遗传力	标准误
WT	0.239 2	0.173 5
GFW	0.325 4	0.055 8
CFY	0.439 5	0.986 9
CFW	0.289 3	0.126 9
AFD	0.402 4	0.138 4
CVAFD	0.317 5	0.215 6
SL	0.367 0	0.055 3

3. 高山美利奴羊重要经济性状遗传相关和表型相关

表4-24表明，高山美利奴羊重要经济性状体重、产毛量、净毛量、羊毛纤维直径和毛长间均呈正遗传相关和表型相关，其中体重和产毛量呈高度正相关。

表4-24　高山美利奴羊各性状遗传相关及表型相关

性状	WT	GFW	CFW	AFD	SL
WT		0.808 8	0.790 0	0.310 6	0.357 9
GFW	0.687 1		0.871 2	0.507 6	0.281 4
CFW	0.563 2	0.829 2		0.472 6	0.202 5
AFD	0.200 4	0.113 3	0.152 3		0.292 0
SL	0.092 9	0.178 5	0.306 5	0.111 8	

注：对角线以上，遗传相关；对角线以下，表型相关。

五、高山美利奴羊重要经济性状遗传评定

育种规划是为特定候选育种方案规划出能保证估计育种值具有理想精确度的育种措施。高山美利奴羊历经20年的选育提高积累了大量生产性能表型数据，对表型趋势和遗传进展进行综合评定可以对前期育种工作进行总结并对今后育种方案优化提供依据。对高山美利奴羊重要经济性状体重、产毛量、净毛率、净毛量、羊毛纤维直径、羊毛纤维直径变异系数和毛长的表型进展和遗传进展进行估计，评估2003—2018年各性状选择效果。研究使用动物模型BLUP估计各性状估计育种值，利用鉴定年份平均估计育种值回归系数估计单个性状遗传进展，表型进展为表型平均值线性回归系数。

1. 遗传进展估计方法

试验采用平均估计育种值回归系数估计单个性状遗传进展。估计育种值使用单性状动物模型BLUP，运算由ASReml软件实现。动物模型BLUP表达式如下：

$$y = X\beta + Za + e$$

式中：y，个体观察值向量；β，固定效应向量；a，个体加性遗传效应向量；e，残差效应向量；X、Z，分别表示固定效应、个体加性遗传效应的结构矩阵。

2. 综合育种值估计模型

育种目标性状选择应有很大的经济意义；应有足够的可利用的遗传变异；性状间有较高遗传相关时，二者取其一；性状测定相对应简单易行结合高山美利奴羊毛肉兼用特性，本研究将体重、毛长、产毛量和羊毛纤维直径确定为育种目标性状。对各性状确

定加权系数，得到高山美利奴羊综合育种值估计模型如下：

$$H = ewt \times 30 + esl \times 10 + egfw \times 35 + (4 + egfw) \times (-eafd \times 8.1)$$

式中：H，4个育种性状的综合育种值；ewt，体重个体估计育种值；30，体重经济加权系数；esl，羊毛长度个体估计育种值；10，羊毛长度经济加权系数；egfw，产毛量个体估计育种值；35，产毛量经济加权系数；4，产毛量群体均值；eafd，羊毛纤维直径个体估计育种值；8.1，羊毛纤维直径每降1μm 1kg羊毛增加的价格（羊毛纤维直径变化对综合育种值效应影响为动态的羊毛产量与动态的羊毛价格之积）。

3. 各性状表型趋势和遗传趋势

由图4-5可知，2016年平均估计育种值达到最大值，2017年表型平均值达到最大。趋势分析表明，高山美利奴羊体重的表型变化趋势和遗传变化趋势均为锯齿形波动上升。

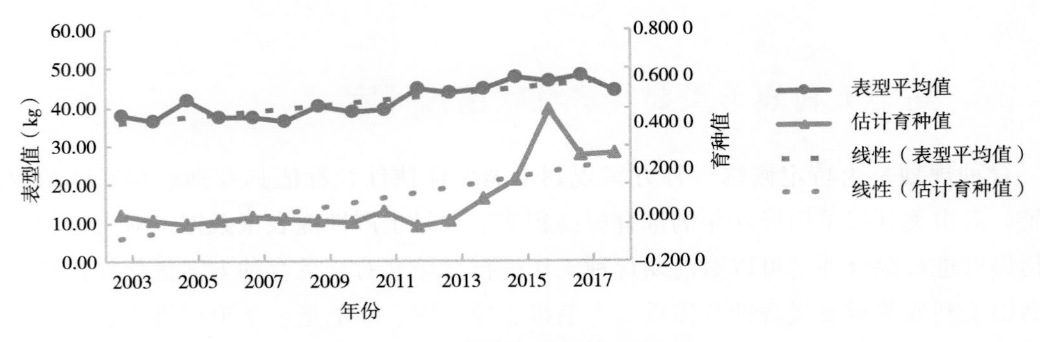

图4-5　体重表型趋势和遗传趋势

由图4-6可知，产毛量表型呈缓慢波动上升趋势，估计育种值在2003—2006年呈上升趋势，2006—2010年有小幅下降后呈较稳定趋势，2012—2016年开始持续上升，2016年达到最高，总体呈上升趋势。

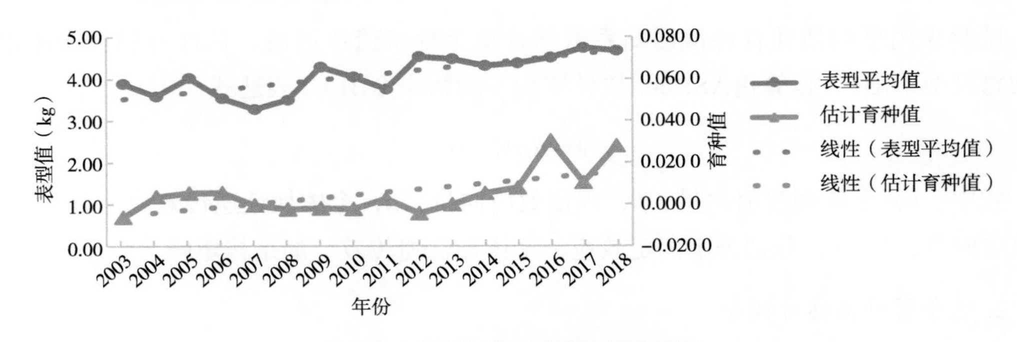

图4-6　产毛量表型趋势和遗传趋势

由图4-7可知，净毛率表型平均值总体趋势呈稳中有进，估计育种值从2004年持续上升至2007年后有小幅下降，2014年后小幅上升，2018年达到最高。

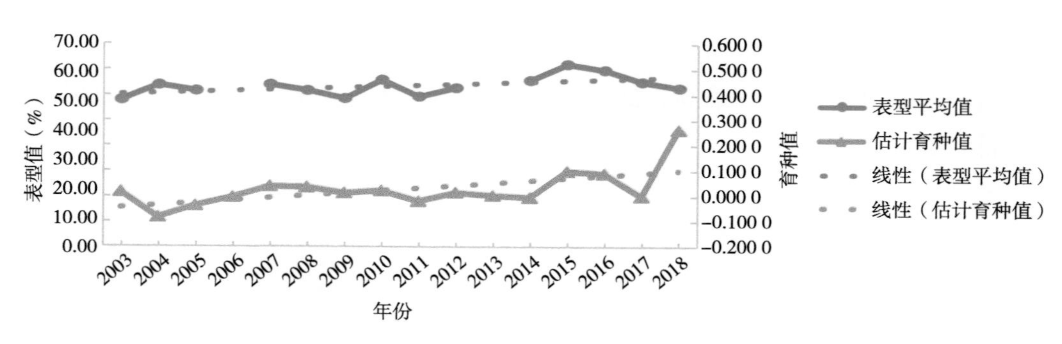

图4-7　净毛率表型趋势和遗传趋势

由图4-8可知，净毛量表型值在2007年达到最低，此后开始呈波动上升趋势，并于2016年达到最大。估计育种值在2003—2006年微弱上升，2007年后基本保持稳定，2012年开始呈波动型小幅上升，并于2018年达到最高。总体而言，净毛量表型趋势为波动上升，育种值趋势为缓慢上升。

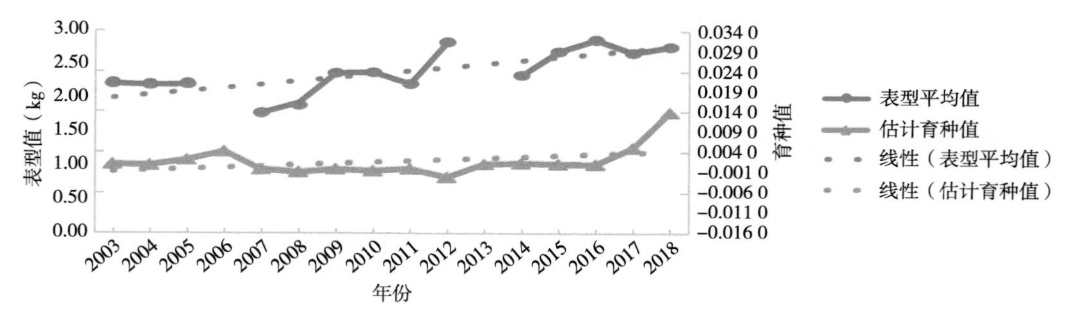

图4-8　净毛量表型和遗传趋势

由图4-9可知，羊毛纤维直径表型值2009年为最低，2005年为最高，2007—2009年有较大幅度降低；估计育种值2012年最低，2003年最高，2011—2012年波动幅度较大，2012年达到最低，2012—2013年略有回升后继续保持波动型下降。总体而言，羊毛纤维直径表型值呈稳定缓慢下降，估计育种值呈持续下降趋势。

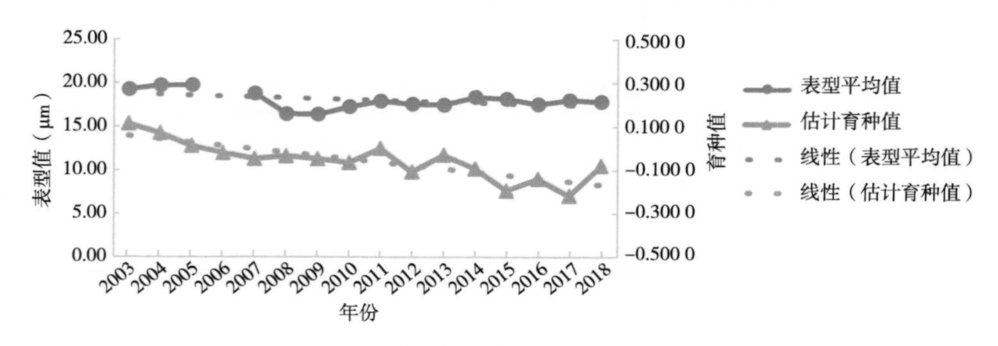

图4-9　羊毛纤维直径表型和遗传趋势

由图4-10可知，羊毛纤维直径变异系数表型整体呈波动下降趋势，估计育种值呈波动上升。表型于2007年最高，于2014年达到最低，2014—2015年稍有上升后再次下降。估计育种值2015年达到最高，2015—2016年估计育种值大幅度降低，2016年降至历史最低，2017年回升。

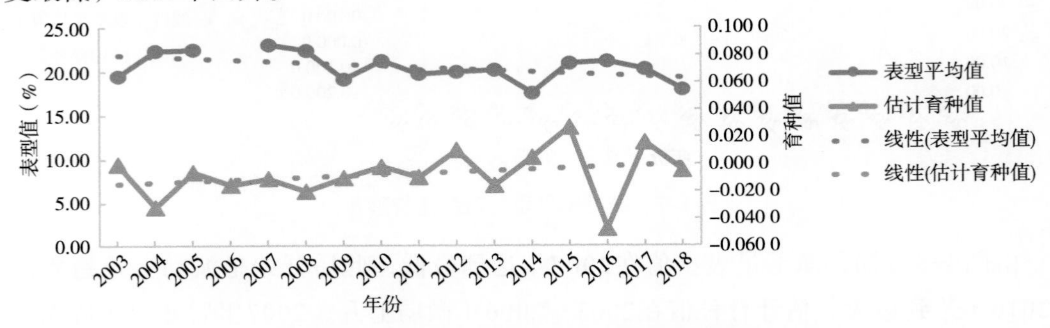

图4-10　羊毛纤维直径变异系数表型和遗传趋势

由图4-11可知，毛长表型值2003—2018年无明显波动，毛长表型值最小在2012年，最大在2015年；估计育种值2004年为最小，2016年达到最大。2016—2017年有所下降，2017—2018年回升，估计育种值整体呈明显上升趋势。

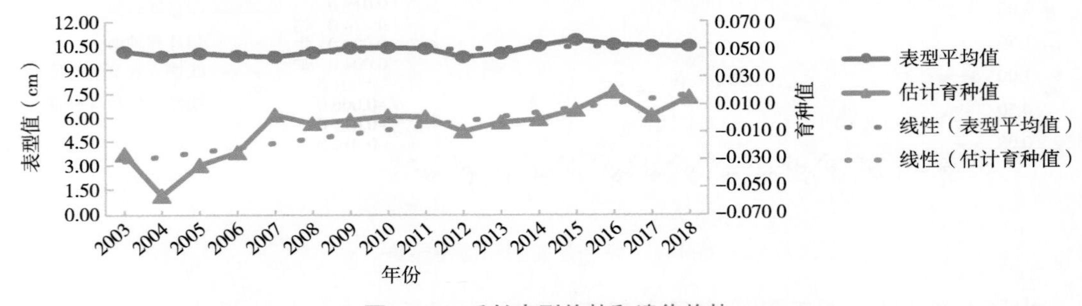

图4-11　毛长表型趋势和遗传趋势

4. 各性状遗传进展

各性状具体遗传进展见表4-25，高山美利奴羊重要经济性状中体重、产毛量、净毛率、净毛量、羊毛纤维直径变异系数和毛长逐年递增，羊毛纤维直径呈逐年递减。

表4-25　高山美利奴羊重要经济性状遗传进展

性状	WT（kg）	GFW（kg）	CFY（%）	CFW（kg）	AFD（μm）	CVAFD（%）	SL（cm）
遗传进展	$0.022\,3^{**}$	$0.001\,4^{**}$	$0.009\,8^{*}$	$0.000\,4^{ns}$	$-0.015\,1^{**}$	$0.001\,0^{ns}$	$0.003\,2^{**}$
标准差	0.005 7	0.000 5	0.003 4	0.000 2	0.002 7	0.001	0.000 7

5. 综合育种值

依据目标性状的综合育种值模型计算出个体的综合育种值，得到各年度高山美利奴羊只综合育种值排名。2018年综合育种值前十名个体见表4-26。

表4-26　高山美利奴羊2018年重要经济性状综合育种值排名

耳号	体重育种值	毛长育种值	产毛量育种值	羊毛纤维直径育种值	综合育种值	年份
520170765	1.514 1	−0.140 9	0.115 7	−1.192 4	87.800 0	2018
520170283	1.531 2	0.614 7	−0.068 2	−1.078 9	84.100 0	2018
520170638	1.526 1	−0.084 4	0.083 9	−1.022 6	81.700 0	2018
520170854	1.968 3	−0.140 9	0.044 7	−0.667 0	81.100 0	2018
520178090	1.163 9	0.026 0	−0.099 5	−1.518 2	79.700 0	2018
520171182	1.797 6	0.063 5	0.000 0	−0.577 7	73.300 0	2018
520170178	1.251 5	0.143 7	−0.010 0	−1.054 2	72.700 0	2018
520170258	1.590 9	−0.149 5	−0.153 6	−0.986 2	71.600 0	2018
520170166	1.005 1	0.090 3	0.044 7	−1.095 1	68.500 0	2018
520170826	1.423 4	−0.026 0	0.136 9	−0.605 2	67.500 0	2018

高山美利奴羊重要经济性状在2003—2018年向预期规划的选育方向发展，在各性状表型表现趋于稳定的基础上选择效果相对明显。体重、产毛量、净毛率、羊毛纤维直径和毛长年遗传进展显著，分别为0.022 3kg、0.001 4kg、0.009 8%、−0.010 7μm、0.003 2cm；净毛量和羊毛纤维直径变异系数年遗传进展不显著，分别为0.000 4kg、0.001%。

第三节　细毛羊联合育种网络平台建设

随着家畜育种技术与信息学技术的发展，联合育种已成为加快动物群体遗传改良、提高育种效益的重要措施，是我国动物育种的必然发展趋势。为了实现全国细毛羊的联合育种，设计了细毛羊联合育种网络平台，该平台不仅可以管理全国范围内细毛羊的羊只档案和繁殖数据，进行遗传评估和选种选配；还可以实现对社会公布有效互动的信息资讯，从而加大对社会公众服务的范围。细毛羊联合育种网络平台基于Internet网络平台，研制了包括细毛羊表型数据的网络数据库，实现了在线的遗传评估、育种计算和联合育种。系统参照SSE-CMM和ISO 17799等国际标准，提供了数据保密性、完整性和非拒绝性的过程。该系统的研制对全国细毛羊联合育种的实现提供了有力的保障。

一、网络平台服务对象与服务内容

细毛羊育种体系合作科研单位和场站等，具有数据上传、信息查询、数据分析、报告下载等权限。

在线注册的公共用户具有信息查询权限。

非注册客户可获一般信息。

二、网络平台组成部分

细毛羊联合育种网络平台的设计构架采用B/S架构设计为主，使用java技术开发，应用可以部署在支持java运行的多种操作系统平台上，集合目前的网络技术，采用云计算技术来实现网站平台以及其他服务组成部分（图4-12）。

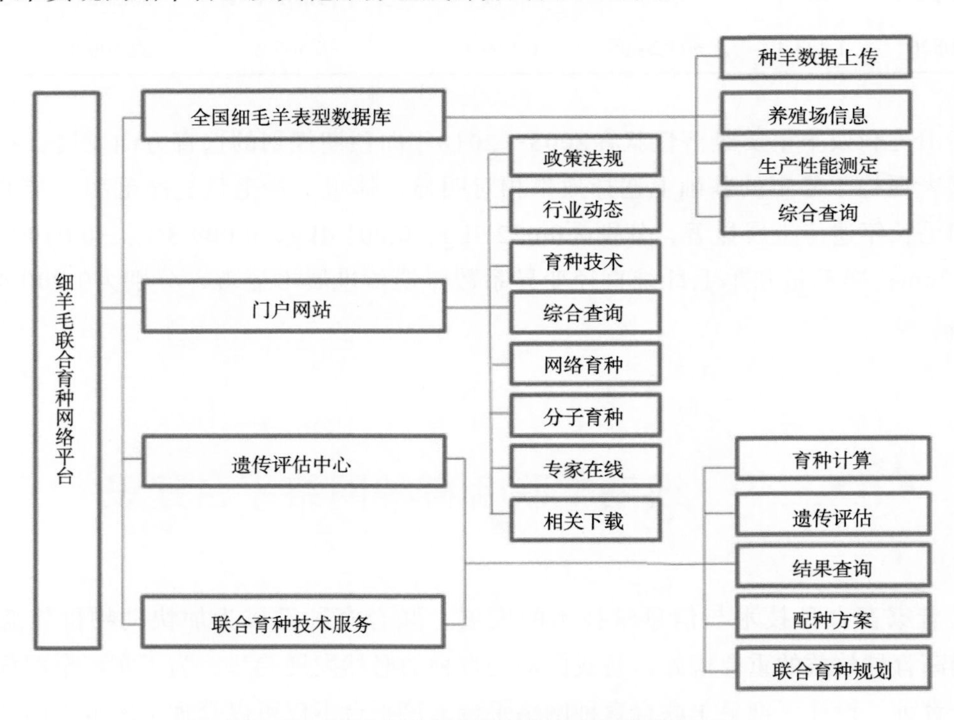

图4-12 细毛羊联合育种网络平台系统模块划分

1. “细毛羊联合育种网络平台”门户网站

主要包括政策法规、行业动态、育种技术、综合查询、网络育种、分子育种、专家在线和相关下载等内容。其中政策法规、行业动态和育种技术为发布相关信息；综合

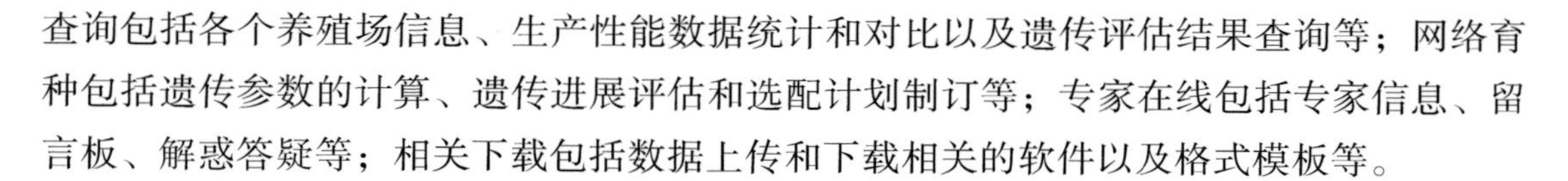

查询包括各个养殖场信息、生产性能数据统计和对比以及遗传评估结果查询等；网络育种包括遗传参数的计算、遗传进展评估和选配计划制订等；专家在线包括专家信息、留言板、解惑答疑等；相关下载包括数据上传和下载相关的软件以及格式模板等。

2. 细毛羊表型数据库

接收全国细毛羊养殖场在线提交的养殖场信息、种羊档案、生产性能测定和繁殖记录；对收到的信息进行整理和编辑，形成统一的数据库；提供全国细毛羊养殖场信息和种羊档案在线查询；提供全国性或区域性种羊生产性能在线比较分析等。

3. 细毛羊遗传评估中心

充分应用现代遗传育种理论和方法，结合所收集的数据并利用创建的遗传参数和选择参数动物模型和育种值BLUP估计模型，通过后台ASReml软件采用云计算技术进行遗传统计分析，计算各固定效应值、所有个体的近交系数、亲缘系数、后裔测定、育种值或GEBV、遗传进展、选择进展、选择反应、选择强度、选择差、留种率、综合育种值和综合选择指数评估，计算结果通过查询功能向各场展现每只羊的遗传育种值的排名，各羊场用户可以了解本场羊育种的发展趋势，与其他（场、公司平均、区域平均）对比，了解本场所处的位置，并提供遗传评估结果的在线浏览和下载平台，能够大力推进种羊交流和实现全国联合育种。

4. 分子育种平台

收集细毛羊产毛性状、产肉性状和繁殖性状相关主效基因或大效应QTL连锁标记，接收对育种基础群的主基因或者紧密连锁DNA标记的基因型检测结果，根据基因型、系谱信息和目标性状表型值进行标记辅助遗传评定。搭建高通量分析标记数据库，支持自动化数据分析，支持全集因组选择以及交叉验证。

5. 细毛羊网络联合育种系统

提供育种分析服务，包括遗传评估、配种方案和育种规划等。可以查询种羊遗传评估结果，并根据血缘相关性与遗传育种值对各羊场羊只进行选种选配。对于每一个羊场中合适的母羊，在全场的数据库里找到合适的公羊，进行选配，系统会给出多个配种方案，各羊场用户可根据自己的需要，设定最优的配种方案。

第五章 高山美利奴羊全基因组选择技术

基因组选择（Genomic selection，GS）又称全基因组选择（Whole cenomic selection，WGS），它是标记辅助选择（Marker-Assisted selection，MAS）的升级，是一种通过获得估测全基因组范围内的遗传标记，估测个体特定性状的基因组估计育种值（Genomic estimated breeding value，GEBV）从而对畜禽群体进行遗传评估和改良的方法，也是一种利用全基因组范围内的遗传标记的效应值对畜禽群体进行早期选择的育种技术。目前该方法已经成熟应用于奶牛育种中，并取得显著成效。随着下一代测序技术（“Next-generation” sequencing technology，NGS）成本的不断降低及不同密度SNP芯片的逐步商业化，该技术有望在更多农业动物的育种工作中普及。

第一节 加性和显性遗传效应对羊毛品质和红细胞性状GEBV估计准确性的影响

加性和显性遗传效应均对复杂性状的总遗传变异具有重要贡献，由于加性效应可以稳定遗传，利用全基因组范围的标记信息研究复杂性状的遗传机制和进行基因组预测时，研究人员通常更关注于加性遗传效应而忽略显性遗传效应。高山美利奴羊常年生活在高海拔寒旱山区，该群体可作为研究羊毛品质和高原低氧适应性的理想试验群体，虽然红细胞不属于本群体主选的重要性状，但如红细胞计数、血细胞比容和平均血红蛋白浓度等红细胞指标却与高原低氧适应性密切相关。以498只高山美利奴羊为目标群体，使用高密度SNP微阵列（630K）测序数据构建基因组关系矩阵，分别估算了高山美利奴羊的共9种羊毛品质和红细胞性状的加性遗传方差和显性遗传方差；采用两种线性模型：仅包含遗传效应的加性GBLUP模型（Model with additive effect GBLUP，MAG）与包含加性和显性遗传效应的加-显性GBLUP模型（Model with additive and dominance effect GBLUP，MADG）；采用k-folds多重交叉验证的方法比较了两种模型的GEBV预测准确性，旨在探讨加性和显性遗传效应对基因组预测准确性的影响以及高山美利奴羊基因组选择的优化方法。

一、高山美利奴羊羊毛品质和红细胞性状表型数据

对羊毛品质性状和4个红细胞性状整理分析结果见表5-1。羊毛性状，变异系数（C.V）的范围从0.11（毛丛长度）到0.26（束纤维断裂伸长率），标准误（S.E）的范围从0.12（毛纤维直径）到0.41（束纤维断裂强度）；红细胞性状，变异系数（C.V）的范围从19.93（平均细胞血红蛋白）到29.84（血细胞比容），标准误（S.E）的范围从0.03（血细胞比容）到4.66（平均血红蛋白浓度）。表型数据的统计结果说明各性状数据离散程度小，离群异常值少，可进行后续分析。

表5-1　羊毛品质和红细胞性状表型值的描述性统计

性状	缩写	均值 ± S.D	C.V（%）	S.E	数量
毛丛长度（mm）	SL	83.47 ± 9.39	0.11	0.42	494
净毛率（%）	CFWR	66.04 ± 6.39	0.10	0.33	494
毛纤维直径（mm）	FD	21.40 ± 2.15	0.10	0.12	491
束纤维断裂强度（N/ktex）	SS	33.42 ± 8.00	0.24	0.41	491
束纤维断裂伸长率（%）	FER	19.52 ± 5.05	0.26	0.19	493
红细胞计数（10^{12}/L）	RBC	7.66 ± 1.69	22.08	0.13	496
血细胞比容（%）	HCT	0.27 ± 0.08	29.84	0.03	492
平均血红蛋白量（pg）	MCH	13.24 ± 2.64	19.93	0.08	494
平均血红蛋白浓度（g/L）	MCHC	377.47 ± 103.77	27.49	4.66	489

注：S.D，标准差；C.V，变异系数；S.E，标准误。

二、遗传方差估计

表5-2列出了MAG模型和MADG模型估计的遗传方差分量。MAG模型中，羊毛性状加性方差所占总表型方差的比例从低到高依次为：束纤维断裂伸长率（7%）、束纤维断裂强度（34%）、毛纤维直径（37%）、净毛率（40%）和毛丛长度（50%）；红细胞性状加性方差所占总表型方差的比例从低到高依次为：红细胞计数（13%）、平均血红蛋白量（23%）、血细胞比容（24%）和平均血红蛋白浓度（28%）。MADG模型中，羊毛性状显性方差所占总表型方差的比例从低到高依次为：毛丛长度（0%）、

毛纤维直径（0%）、净毛率（4%）、束纤维断裂强度（10%）和束纤维断裂伸长率（73%）；红细胞性状显性方差所占总表型方差的比例从低到高依次为：平均血红蛋白量（0%）、平均血红蛋白浓度（0%）、血细胞比容（25%）和红细胞计数（28%）。根据方差组分估计的结果可知，显性方差占比排名前三的性状分别为束纤维断裂伸长率、红细胞计数和血细胞比容，它们的占比均大于20%。

表5-2　基于MAG和MADG模型估计的加性和显性方差组分

性状	MAG			MADG			
	σ_a^2	σ_e^2	$\frac{\sigma_a^2}{\sigma_a^2+\sigma_e^2}$	σ_a^2	σ_d^2	σ_e^2	$\frac{\sigma_d^2}{\sigma_a^2+\sigma_d^2+\sigma_e^2}$
SL	40.956 8	41.788 6	0.495 0	30.248 2	0.000 0	48.805 6	0.000 0
CFWR	11.935 0	17.787 3	0.401 5	11.406 1	1.254 4	17.053 1	0.042 2
FD	1.535 7	2.614 5	0.370 0	4.105 2	0.000 0	4.434 4	0.000 0
SS	18.025 1	35.340 0	0.337 8	15.495 5	5.363 0	32.443 2	0.100 6
FER	1.337 6	18.095 8	0.068 8	0.000 0	22.291 7	8.052 2	0.734 6
RBC	0.345 4	2.249 0	0.133 1	0.056 2	0.725 4	1.810 2	0.279 9
HCT	0.001 5	0.004 8	0.242 6	0.000 8	0.001 6	0.004 0	0.249 9
MCH	1.340 5	4.476 0	0.230 5	2.025 3	0.000 0	5.591 6	0.000 0
MCHC	2 867.166 7	7 395.216 8	0.279 4	4 388.676 8	0.000 0	8 854.817 6	0.000 0

注：SL，毛丛长度；CFWR，净毛率；FD，毛纤维直径；SS，束纤维断裂强度；FER，束纤维断裂伸长率；RBC，红细胞计数；HCT，血细胞比容；MCH，平均血红蛋白量；MCHC，平均血红蛋白浓度；下表同。

三、加性和加-显性模型的预测准确性对比分析

表5-3　9种性状基于不同模型的估计准确性

性状	估计准确性[1]	
	MAG	MADG
SL	0.25（0.02）	0.25（0.02）
CFWR	0.17（0.03）	0.15（0.03）
FD	0.20（0.02）	0.20（0.02）
SS	0.11（0.03）	0.10（0.04）
FER	0.03（0.02）	0.01（0.03）

（续表）

性状	估计准确性[1]	
	MAG	MADG
RBC	0.04（0.02）	0.02（0.04）
HCT	0.08（0.02）	0.06（0.03）
MCH	0.16（0.03）	0.15（0.03）
MCHC	0.12（0.02）	0.12（0.02）

注：[1]标准误（S.E）在括号中显示。

表5-3比较了两种GBLUP模型的基因组预测能力，即GEBV的估计准确性，MAG模型中，羊毛性状的预测准确性从低到高依次为：束纤维断裂伸长率（0.03）、束纤维断裂强度（0.11）、净毛率（0.17）、毛纤维直径（0.20）、毛丛长度（0.25）；红细胞性状的预测准确性从低到高依次为：红细胞计数（0.04）、血细胞比容（0.08）、平均血红蛋白浓度（0.12）、平均血红蛋白量（0.16）。在MADG模型中，羊毛性状的预测准确性从低到高依次为：束纤维断裂伸长率（0.01）、束纤维断裂强度（0.10）、净毛率（0.15）、毛纤维直径（0.20）、毛丛长度（0.25）；红细胞性状的预测准确性从低到高依次为：红细胞计数（0.02）、血细胞比容（0.06）、平均血红蛋白浓度（0.12）、平均血红蛋白量（0.15）；在涉及的性状中，束纤维断裂伸长率、红细胞计数和血细胞比容的预测准确性很低（<0.1），而其他性状则具有较低至中等准确性（0.11～0.25）。表5-3的结果说明，无论遗传力水平高低，MAG模型在所有性状中准确性都高于MADG模型，详见图5-1。

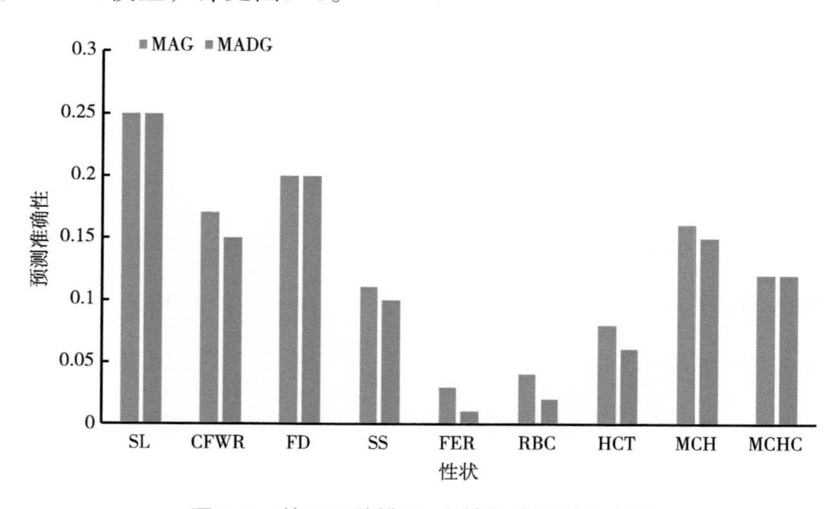

图5-1　基于两种模型9个性状的预测准确性

注：不同的颜色代表不同的模型。

第二节　不同因素对高山美利奴羊羊毛品质GEBV估计准确性的影响

统计模型、标记密度和性状遗传力水平对基因组预测的准确性至关重要，为了充分发挥基因组选择的潜力来优化畜禽群体的选育和提高效果，除对模拟数据的分析外，还需把这些因素整合到真实数据中，以更清楚和直观地了解它们对基因组预测准确性的影响。为研究标记密度和遗传力水平在两类模型中对GEBV估计准确性的影响及之间的相互作用，从而为不同性状选择适合的GEBV估计方法。本研究拟通过两类标记效应分布假设不同的经典模型对高山美利奴羊6个羊毛品质性状进行基因组预测，包括贝叶斯选择法（Bayes-Alphabet，包括BayesA、BayesB、BayesCπ、Bayesion LASSO）和基因组最佳线性无偏预测法（GBLUP），基于不同标记密度的SNP微阵列分型数据，采用5重交叉验证对预测准确性进行评估。

一、高山美利奴羊羊毛品质性状表型数据

共挑选了6个羊毛品质性状，数据的描述性统计结果见表5-4。标准误（S.E）的范围从0.07（毛纤维直径）到0.46（毛丛长度），标准差（S.D）的范围从2.11（毛纤维直径）到13.16（毛丛长度）；由表型值描述性统计结果可知，各性状统计值离散程度小，且离群异常值少。

表5-4　羊毛性状表型值的描述性统计

性状	缩写	S.E	均值 ± S.D	样本量（只）
净毛率（%）	CFWR	0.25	63.58 ± 7.10	817
束纤维断裂强度（N/ktex）	SS	0.28	33.81 ± 7.98	813
束纤维断裂伸长率（%）	FER	0.18	19.67 ± 5.07	811
毛纤维直径（mm）	FD	0.07	20.81 ± 2.11	811
纤维直径变异系数	FD_CV	0.11	20.22 ± 3.26	816
毛丛长度（mm）	SL	0.46	90.63 ± 13.16	812

注：S.E，标准误；S.D，标准差。

二、遗传方差和遗传力的估计

遗传力的估计结果在表5-5中显示。分别基于L-Datasets和H-Datasets，对6个羊毛品质性状进行了表型方差和加性方差的估计，计算出每个性状的遗传力（Narrow-Sense heritability）。对于L-Datasets，遗传力的范围从0.37（羊毛延伸率）到0.70（毛丛长度）；对于H-Datasets，遗传力的范围从0.29（羊毛延伸率）到0.68（毛丛长度）。从表5-5中可以发现，高标记密度数据集和低标记密度数据集，其遗传力水平的估计结果都是毛丛长度最高，束纤维断裂伸长率最低；6种性状在L-Datasets中估计的遗传力略高于H-Datasets。

表5-5　不同数据集的遗传方差估计结果

性状	数据类型	σ_a^2	遗传力	σ_e^2
净毛率	L-Datasets	26.47	0.56	20.77
	H-Datasets	23.04	0.46	27.0
束纤维断裂强度	L-Datasets	28.64	0.46	33.46
	H-Datasets	23.20	0.35	42.53
束纤维断裂伸长率	L-Datasets	9.04	0.37	16.75
	H-Datasets	7.57	0.29	18.77
毛纤维直径	L-Datasets	1.91	0.45	2.26
	H-Datasets	2.04	0.44	2.46
毛纤维直径变异系数	L-Datasets	5.46	0.56	4.13
	H-Datasets	5.75	0.55	4.65
毛丛长度	L-Datasets	89.63	0.70	37.73
	H-Datasets	106.99	0.68	50.64

注：遗传力，加性遗传方差占总表型方差的比例。

三、不同因素对GEBV估计准确性的比较分析

表5-6显示了5种模型的基因组预测准确性结果。L-Datasets中，毛丛长度的估计准确性是最高的，该性状在BayesA、BayesCπ和Bayession LASSO模型中的准确性均达到了0.59，在BayesB和GBLUP模型中均达到0.60；束纤维断裂伸长率的估计准确性最低，5种模型中的准确性均低于0.35，其中BayesA模型的估计准确性仅为0.28，GBLUP模型的估计准确性为0.34；束纤维断裂强度的估计准确性也偏低，5种模型准确性均低

于0.36，其中Bayession LASSO的估计准确性仅为0.29，在GBLUP中，估计准确性为0.35；L-Datasets中，毛丛长度的估计准确性也为最高，在BayesA、BayesB和Bayession LASSO模型中的估计准确性均达到0.58，在GBLUP模型中的估计准确性为0.57；束纤维断裂强度预测准确性最低，5种模型的预测结果均小于等于0.35，其中BayesB的预测准确性为0.32；束纤维断裂伸长率预测准确性也偏低，在BayesA中的准确性仅为0.31，GBLUP模型中的准确性为0.36。表5-6的统计结果显示，对中等遗传力水平的性状（束纤维断裂强度和束纤维断裂伸长率），无论采用哪种模型，结果均表现出标记密度越大，准确性越高的规律。5种模型在高、低标记密度中的准确性对比结果参照图5-2与图5-3。

表5-6　不同数据集的遗传方差估计结果

特质	预测准确性										
	模型	BA		BB		BC		BL		GB	
	数据集	L	H	L	H	L	H	L	H	L	H
净毛率		0.47 （0.01）	0.47 （0.03）	0.48 （0.02）	0.49 （0.02）	0.52 （0.01）	0.50 （0.03）	0.51 （0.02）	0.51 （0.03）	0.52 （0.01）	0.53 （0.02）
束纤维断裂强度		0.33 （0.01）	0.34 （0.01）	0.31 （0.02）	0.32 （0.03）	0.32 （0.02）	0.33 （0.02）	0.29 （0.02）	0.33 （0.04）	0.35 （0.03）	0.35 （0.02）
束纤维断裂伸长率		0.28 （0.01）	0.31 （0.03）	0.30 （0.03）	0.32 （0.02）	0.32 （0.01）	0.33 （0.03）	0.32 （0.01）	0.34 （0.02）	0.34 （0.01）	0.36 （0.01）
毛纤维直径		0.49 （0.01）	0.48 （0.04）	0.44 （0.02）	0.45 （0.06）	0.44 （0.02）	0.44 （0.04）	0.56 （0.01）	0.53 （0.01）	0.52 （0.02）	0.53 （0.01）
毛纤维直径变异系数		0.45 （0.02）	0.45 （0.03）	0.52 （0.01）	0.53 （0.00）	0.47 （0.02）	0.47 （0.02）	0.50 （0.02）	0.51 （0.01）	0.51 （0.01）	0.52 （0.02）
毛丛长度		0.59 （0.02）	0.58 （0.01）	0.60 （0.01）	0.58 （0.01）	0.59 （0.01）	0.53 （0.02）	0.59 （0.02）	0.58 （0.02）	0.60 （0.03）	0.57 （0.02）

注：标准误（S.E）在括号中显示；BA，BayesA的简称；BB，BayesB的简称；BC，BayesCπ的简称；BL，Bayession LASSO的简称；GB，基因组最佳线性无偏预测，GBLUP的简称。

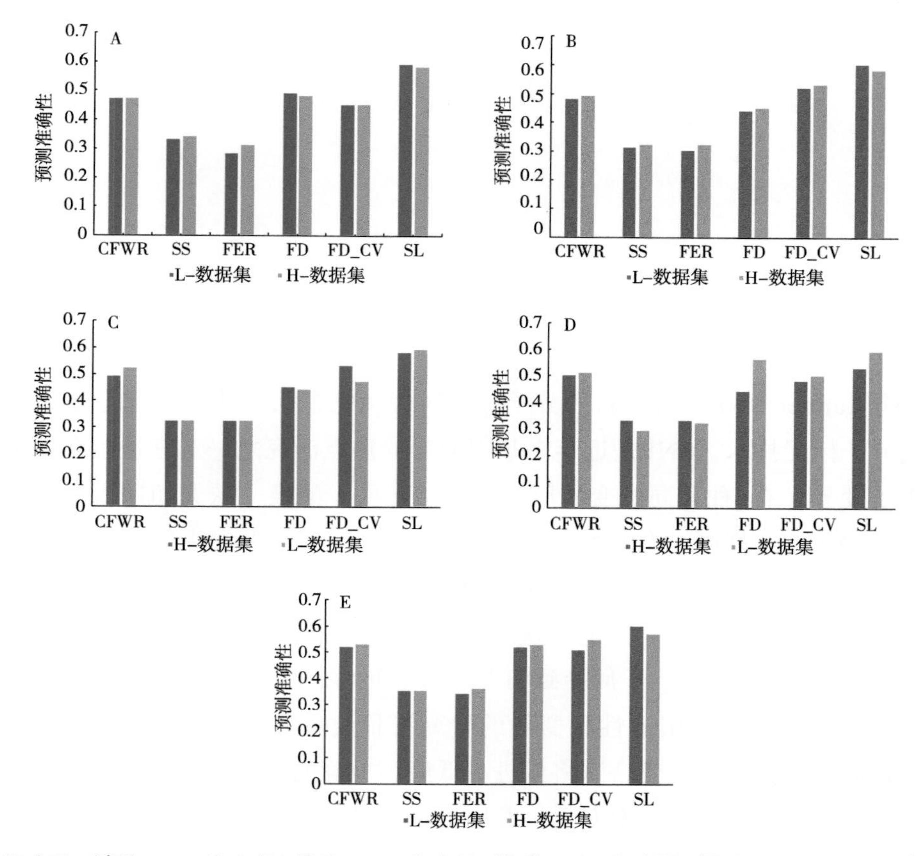

A，贝叶斯A模型；B，贝叶斯B模型；C，贝叶斯C模型；D，贝叶斯D模型；E，贝叶斯E模型。

图5-2　基于不同标记密度的基因组预测准确性

注：不同的颜色代表不同的标记密度。

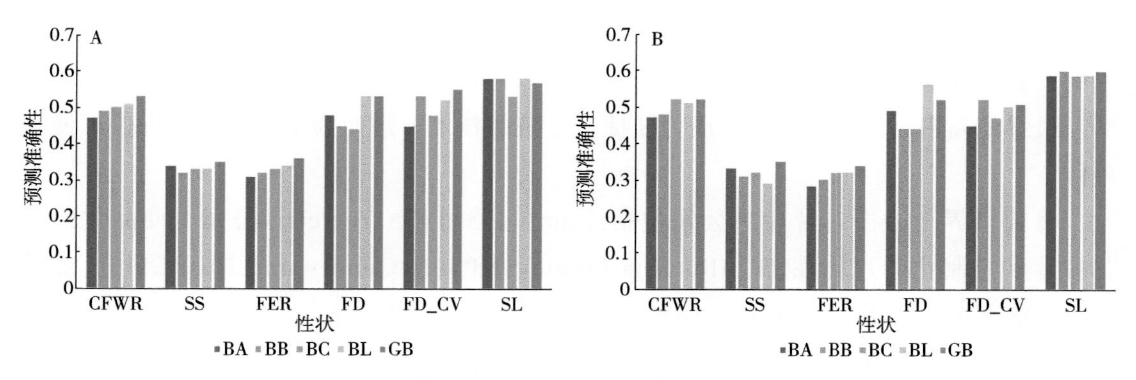

A，H数据集的5个模型；B，L数据集的5个模型。

图5-3　相同标记密度下不同模型的基因组预测准确性

注：不同的颜色代表不同的模型。

第三节　高山美利奴羊定制芯片设计

一、SNP芯片

1. 固相芯片

1996年Lander SNP开启了新的分子标记时代，它是第二代分子标记之后发展而来的第三代分子标记技术。SNP是近年来基因突变的热点研究之一。它是指在单个的核苷酸上发生了变异，有4种不同的变异形式，包括转换、颠换、缺失和插入。从理论上来看，每一个SNP位点都可以有4种不同的变异形式，但实际上发生的只有两种，即转换和颠换，二者之比为2∶1。SNP在CG序列上出现最为频繁，而且多是C转换为T，原因是CG中的C常为甲基化的，自发地脱氨后即成为胸腺嘧啶。一般而言，SNP是指变异频率大于1%的单核苷酸变异。任何导致氨基酸改变的序列差异都将可能引起某一性状的表型变异。真正由于突变引起性状变异的研究将日益重要，如果了解了突变产生的结果，那么仅需要检测这些突变，这将促进更低廉和准确的SNP芯片的应用研究。

在高通量SNP标记检测技术方面，发展迅速，且趋于商业化。在过去的十几年里，测序技术和生物芯片技术迅猛发展，高通量SNP标记检测技术正是这两项高通量技术的有机结合，其随着测序和芯片技术的发展而发展。目前新一代的测序技术涉及DNA测序、Small RNA测序、转录组测序、数字化表达谱测序、DNA甲基化、目标区域捕获测序、宏基因组测序等，这些技术体系覆盖了基因组科学的各个重点研究领域。随着新一代技术的发展，SNP芯片的成本也将随之迅速降低，一方面取决于SNP芯片制作技术的革新，降低芯片制作成本；另一方面，可以通过优化检测技术，提高芯片的利用效率。最终使高密度SNP检测技术成为便捷、经济的技术，进而为基因组选择提供了便利条件。

目前世界上主要芯片生产公司包括Illumina公司和Affymetrix公司，商品化的绵羊芯片和定制化芯片均在售。Illumina Ovine SNP50K Genotyping BeadChip（绵羊SNP 50K基因分型芯片）是Illumina公司通过iSelect项目与国际羊基因组协会合作开发的国际上第一款绵羊SNP基因分型芯片。BeadChip计划是与来自AgResearch、Baylor UCSC、CSIRO和美国农业部的杰出的绵羊研究人员合作开发的，作为国际绵羊基因组学联盟的一部分。它包含超过54 241个针对SNPs的均匀间隔的探针，平均每46kb有一个标记，覆盖整个基因组。这些标记中有超过18 000个是通过用Illumina基因组分析仪进行建库测序发现的。通过BAC端测序确定了600个SNPs，并通过Illumina Golden Gate

基因型分析鉴定，对23个品种的超过403只动物进行了验证。剩下的SNPs来自绵羊基因组草案。此芯片整合了多个羊品种基因差异，性价比高，为全基因组关联研究提供了足够的SNP密度及其他应用，如全基因组选择、基因型值的确定、数量性状位点的识别和比较遗传学研究。BeadChip计划进一步降低了实验的可变性，允许研究人员同时对12个样本进行检测。该试验的单管样品制备不需要PCR，显著减少了劳动量和潜在的样本处理错误。Illumina Ovine HD BeadChip是由国际绵羊基因组联盟（ISGC）设计、Illumina公司生产的一款绵羊芯片，它是在Ovine SNP 50K BeadChip基础上扩增，包含了60多万个基因组变异，几乎涵盖了来自Ovine SNP 50K BeadChip的所有内容。这种高密度的芯片将极大地增强识别可测量性状的关键基因的能力。该阵列还包括3万个公认的功能性突变。New Sheep HD BeadChip是由国家"青年千人计划"、西北农林科技大学教授、博导姜雨老师课题组设计研发，Affymetrix公司加工完成的一款绵羊芯片。包含大约630K探针位点，其中涵盖了绵羊50K芯片、高频错义突变和繁殖等生产性状的相关位点。

相对于低密度芯片来说，从位点数来看，高密度芯片在位点密度上有明显优势，将来用于GWAS和QTL也会有更高的分辨率；而对于其他方面，无论在均匀性、功能位点覆盖度以及位点频率分布上都有明显优势。高标记密度能精确定位引起性状内变异的突变位置，也为识别SNPs给予了更大的机会，且在不同动物中甚至不同品种中用全基因组选择评定时，可预测这些突变型的基因型值。

2. 液相芯片

近几十年来，分子检测技术日新月异，各种分子标记技术和检测设备不停地更新换代，经历了从凝胶电泳、荧光检测、固相芯片到液相芯片的发展过程。随着高成本的固相芯片和随机测序式基因型检测（Genotyping by sequencing，GBS）发展到成本低、对检测平台要求较低、基于靶向测序基因型检测（Genotyping by target sequencing，GBTS）的液相芯片。该技术具有检测效率高、成本低、适应性广、应用灵活等特点，适合于动物、植物和微生物等所有生物遗传变异和基因型的检测，有望成为各种生物可以共享的技术和平台，并广泛应用于种质资源评价、遗传图谱构建、基因定位和克隆、分子标记辅助选择、品种权保护、种子质量监控、生物检测和安全评价等领域。与GBS和固相芯片相比，GBTS技术具有平台广适性、标记灵活性、检测高效性、信息可加性、支撑便捷性和应用广谱性等特点。

GBTS技术是从浩瀚的基因组DNA中，挑选特定的靶向位点，进行测序和基因型检测。由于GBTS技术能够通过不同平台在不同实验室稳定地获得相同的SNP标记，为检测数据的累积、共享、比较和整合提供了简单可靠的技术平台。这种靶向的简化基因组测序大大减少了DNA测序量，简化了生物信息分析和数据处理，提高了对各种基因型检测平台的适应性。目前，中国已经开发出具有自主知识产权、不受其他专利技术制约、不依赖于特定检测设备的GBTS技术体系，并广泛应用于不同物种的分子和基因型检测。根据所涉及的标记数量，GBTS由2个独特但又相互交叉的技术体系组成：GenoPlexs和GenoBaits。前者基于多重PCR，而后者基于液相探针杂交。2种技术均可实现对基因组任意位置、任意长度的非高度重复区的精准捕获，可同时检测SSR、SNP、InDel等多种类型的基因型变异。GBTS是通过测序获取的不同等位变异的Reads来判断纯合和杂合。GBTS技术的基本流程包括：通过甲基化敏感内切酶介导的简化基因组技术或重测序技术鉴定出多态SNP位点；利用标记技术，开发40—50K SNP 的原始GBTS标记或基于mSNP的240—270K SNP标记；经过优化和精选，最后形成高效、低成本的 GenoBaits或GenoPlexs标记。

GenoPlexs是依靠 PCR 对于靶向位点的定点扩增。对多个待测SNP位点设计特异扩增引物，在第一轮PCR中抑制引物干扰和非特异扩增，使数以千计的靶向引物能够在一管PCR反应中实现高度均一化的扩增，从而大量富集目标片段。随后，在第二轮PCR中，加上测序接头和文库条形码，最终获得测序所需的文库。最后通过大规模并行测序（massively parallel sequencing，MPS）揭示目标位点的标记基因型GenoBaits工作原理是基于目标探针与靶向序列互补结合进行定点捕获。首先，对要测试的材料进行gDNA文库构建。同时根据DNA互补原理，在每个待测位点设计覆盖目标SNP的探针，采用生物素（Biotin）标记对目标探针进行修饰。然后，在液态中利用生物素修饰的探针与基因组目标区域杂交形成双链。随后利用链霉亲和素包被的磁珠对携有生物素修饰的探针进行分子吸附，从而捕获与探针杂交的靶点。最后，对捕获的靶点序列进行洗脱、靶点扩增和测序，最终获得目标SNP的基因型。

二、SNP芯片技术在细毛羊育种中的应用

目前基于不同家养动物的商业SNP芯片技术均已经成功地实现。动物遗传学研究广泛使用全基因组测序或高密度SNP芯片产生的全基因组SNPs。它并不仅限于传统的基因组研究，而且越来越多地用于研究有重要经济价值的动物性状，并逐步应用于动物遗传育种方案。

细羊毛性状主要有质量性状和数量性状两个方面，质量性状主要包括平均纤维直径（Mean fiber diameter）、纤维直径变异系数（Fiber diameter coefficient of variance）、纤维直径离散（Fiber diameter dispersion）、弯曲数（Crimp number）、自然长度（Staple length）、密度（Density）、弯曲（Crimp）、弯曲评分（Crimp score）、细度（Fiber fineness）和油汗（Oil）等；数量性状衡量标准主要包括净毛率（Clean fleece weight rate）、剪毛量（Yield）或污毛重（Greasy fleece weight）和束

纤维断裂强度（Staple strength）等。测量性状主要依靠主观鉴定和客观检测，其中客观检测包括平均纤维直径、纤维直径变异系数、纤维直径离散、弯曲数、自然长度、净毛率、剪毛量、污毛重和束纤维断裂强度；主观鉴定包括密度、弯曲、弯曲评分、细度和油汗等。

细羊毛性状多为数量性状，数量遗传学和生物分子技术证实了数量性状除了受到微效多基因的控制，也会受一个或多个主效基因的影响，即主效和微效基因共同控制着性状，同时还会受到环境因素的影响。然而到目前为止，对控制细毛羊羊毛性状形成的分子机制尚未明确，各性状之间存在复杂的关系并受多种因素影响，若不能明确其分子机理，将影响以不同方向选育提高为目的的细毛羊育种工作。因此，细毛羊育种工作的重点在于关注羊毛性状，挖掘调控羊毛性状的关键基因或突变位点。

1. 羊毛纤维直径、变异系数、纤维长度和卷曲相关研究

2014年，研究者基于SNP 50K芯片对765个中国美利奴羊（军垦型）的基因型进行了全基因组关联分析研究，研究中涉及了5个重要的羊毛经济性状：纤维直径、纤维直径变异系数、细度离散、纤维长度和卷曲。在中国美利奴羊全基因组范围内发现了28个差异显著的SNPs，大约43%的显著SNP标记位于已知或可预测的基因中，其中包括*YWHAZ*、*KRTCAP3*、*TSPEAR*、*PIK3R4*、*KIF16B*、*PTPN3*、*GPRC5A*、*DDX47*、*TCF9*、*TPTE2*、*EPHA5*和*NBEA*基因。该结果不仅证实了先前已有报道的结果，而且还提供了一套与羊毛性状相关的候选基因的SNP标记。

2. 羊毛生长发育相关研究

为检测影响周岁细毛羊羊毛长度、剪毛量及其他羊毛性状相关的基因组区域，利用Ovine SNP 50K BeadChip芯片对365只中国美利奴（新疆型）个体进行基因分型，并采用single-locus回归方法进行全基因组关联分析。通过基因组水平的Permutations校正，检测到2个与羊毛长度及3个与产毛量显著关联的SNPs。这些SNPs分别邻近5个已知基因（距离9.16～143.32kb）。其中*F1B1N*，*HSD17B11*及*PIASI* 这3个基因参与羊毛生长和发育相关的生物学过程，且均包含于已知羊毛性状相关的QTL区域内，为所检测到的关联结果提供进一步证据。对这些目标区域的进一步研究有助于揭示细毛羊羊毛长度和产量等性状的遗传机制。

3. 羊毛弯曲频率相关研究

为鉴别影响细羊毛弯曲频率性状的基因组区域，有研究人员利用Ovine SNP 50K BeadChip芯片对235只中国美利奴（新疆型）个体进行基因分型，基于Case/Control设计对弯曲频率性状进行全基因组关联分析。通过基因组水平的Permutations校正，检测到18个与细羊毛弯曲频率性状显著关联的SNPs。5个SNPs定位于已知基因内（内含

子），13个SNPs分别邻近已知基因（距离1.8～841.39kb）。多数候选基因/SNP均为首次检测到与羊毛性状相关，其中*PML*、*LAMC2*、*PDGF*、*CDC42SE2*及*DiRas3*基因参与了人、小鼠毛发生长发育相关的生物学过程。鉴别出与羊毛弯曲频率性状关联的候选基因/SNP及对这些目标区域的进一步研究有助于揭示细毛羊羊毛弯曲性状的遗传机理。

4. 毛色相关研究

在绵羊身上，毛色是重要性状之一，对生物学、经济和社会都具有非常重要的意义。然而，绵羊皮毛颜色的遗传机制至今还没有被完全解析清楚。国外研究人员选取了由99只5种毛色组成的芬兰绵羊群体（白色54只、灰色14只、棕色16只、黑色14只和黑白相间1只），分为白色对黑白相间、灰色对黑白相间和白色对非白色3组，进行全基因组关联研究。通过基因分型，在47 303个SNPs中鉴定出了35个SNPs与皮毛颜色具有相关性，并覆盖在5个色素沉积相关的已知基因上，即*TYRP1*、*KIT*、*MC1R*、*ASIP*和*MITF*。其中有18个在白色对非白色群体之间的进一步测试中被证实存在关联性。但35个SNPs中没有一个在分析非白颜色群体中是显著的。通过测定，*ASIP*基因中的s66432.1有显著相关，在所有颜色群体中*P*值为4.2×10^{-11}，在白色对非白色群体中*P*值为2.3×10^{-11}。这种皮毛颜色与连锁不平衡的变化与其他显著变化都围绕着*ASIP*基因。在*ASIP*基因周围检测到的信号被认为是由于白色与非白色等位基因的差异引起的。此外，基因组扫描选择白色色素沉积皮毛的群体证实了一个强烈显著地选择信号覆盖到*ASIP*基因，它是一种常染色体基因，直接与调节黑色素生成的途径相关。与*ASIP*一起的其他两个新发现的基因*TYRPI*和*MITF*，它们在芬兰绵羊群体中与SNP相关，该结果为丰富绵羊皮毛颜色遗传机制和育种提供了新的参考。

利用Ovine SNP 50K BeadChip芯片，对42个Manchega和Rasa Aragonesa绵羊群体中分离出纯黑和纯白色色素沉积的皮毛个体进行基因分型。之前已有研究分析表明在Manchegas群体中色素沉积性状与*MC1R*基因的等位基因存在相关性，为全基因组关联分析设定了一个预先期望。在49 034个SNPs进行关联分析之前，使用多种方法来识别和量化黑色和白色动物之间的群体结构。在对亚结构进行校正后，全基因组发现最强烈相关的SNP（s26449）也是最接近*MC1R*基因的。以上这些研究不仅解释了毛色的遗传机理，也为选育不同毛色的绵羊奠定了基础。

5. 羊毛相关疾病研究

腐毛症和绵羊的相互身体攻击是澳大利亚羊毛工业的主要问题，这样导致了管理成本的增加，羊毛产量和质量下降，从而造成巨大损失。腐毛症除了对羊毛质量产生直接影响，也是诱导丽蝇攻击美利奴羊皮肤从而导致发生蝇蛆病的主要因素。为了研究对腐毛症抗性的遗传因素，有研究人员构建了一个包含近12 000个探针的Ovine-cDNA微阵列，包括6 125个皮肤表达序列标签，以及从抗腐毛症和易感美利奴羊个体皮肤中提取的5 760个克隆。这个微阵列平台用于分析6种耐受和6种易感美利奴羊的皮肤样本之间的基因表达变化，在动物诱导患病之前、期间和之后进行采样。采用混合模型对数据进行处理后发现155个基因有差异表达。实时荧光定量PCR对10个差异表达基因进行验证。结果表明，大多数差异表达基因来源于腐毛症消减文库，超过一定数量的基因与防御细菌和表皮发育相关，表明这些过程在调节美利奴羊对腐毛症的反应中所起的作用。关注这些基因的研究有助于了解皮肤的物理屏障功能，包括角蛋白、胶原蛋白、腓骨蛋白和脂质蛋白，以确定与腐毛症相关的SNPs。最终确定了*FBLN1*和*FABP4*两个基因是美利奴羊对腐毛症产生抗性的关键基因。在其他群体中验证这些标记对标记辅助选择是至关重要的，最终通过标记辅助选择可增加美利奴羊腐毛症的天然抗性。

6. 角型相关研究

羊角因其攻击性，为畜牧管理带来很多不利影响，因此不同于鹿角和羚羊角，绵羊角型更倾向于无角品种的选育。经过长期的人工选择，在世界众多品种里，多角性状作为一种稀有性状仅存在于少数几个品种中。绵羊第一个GWAS研究是利用Ovine SNP 50K芯片对角的形状和大小进行的，该研究在与羊角关联极显著的SNP附近鉴定到候选基因*RXFP2*。该基因不仅是已知决定人和小鼠性别的一个主要基因，而且是影响角大小的一个QTL，可以解释角大小76%的加性遗传变异。近期，研究者通过对分布于山东省泗水裘皮羊2角和4角性状进行GWAS，首次发现控制多角性状的候选功能基因位于绵羊2号染色体132～133.1Mb区域，此基因区域包含*HOXD*基因家族、*EVX2*、*KIAA1715*等基因，这些基因在人类和小鼠的同源基因与多并指（趾）和脊椎骨数量等性状有关。几乎同期，澳大利亚两个研究团队发现了一致的候选基因组区域。利用Ovine HD SNP芯片对来自两个品种的125个2角和4角的个体进行了GWAS，采用Case-control的设计分析了570 712个SNPs，发现在绵羊2号染色体上具有强关联信号，并推测遗传结构基础上的4个角的产生可能涉及一个单一的基因，结果最密切相关的标记基因为*MTX2*和*HOXD*基因家族。此外，该研究表明，眼睑异常可能与两角动物的正常生长发育相关联。利用606 006个SNPs标记对43个达马拉绵羊进行全基因组关联分析。结果显示，绵羊2号染色体存在多个重要的SNPs区域，位于不同于10号染色体上的绵羊无角突变的位置。虽然常见的多角突变位置尚未确定，但是发现与多角相关的基因区域跨越9个与附属器官的胚胎发育至关重要的*HOXD*基因。研究大角羊（*Ovis canadensis*）中三种性选择的形态特征（角长、角基围和体重）的遗传基础，结果发现这三种性状都是可遗传的，遗传力为0.15～0.23。对76个个体使用SNP芯片进行全基因组关联分析发现377个SNPs，其中一个位点与体重相关（oar991647990）。表明这种缺失与SNP有很强关联性，这些性状很可能是多基因控制的。这些结果可在有性选择的偶蹄目动物中描述与健康相关的性状的遗传结构。

7. 抗低氧相关研究

全球气候变化造成极端环境频现，对物种生存产生了深远影响。然而，人们对在驯化后的短时间内，在极端环境下适应极端环境的全基因组模式知之甚少。绵羊已经很好地适应了多种多样的农业生态区，包括某些极端环境（如高原和沙漠）。从77个本地绵羊中生成了全基因组序列，75个样本平均有效的测序深度为5 ×，2个样本为42 ×。对高海拔地区（>4 000m）与低海拔地区（<100m）、中海拔地区（>1 500m）和低海拔区域（<1 300m）、沙漠（平均年降水量<10mm）与高度潮湿的地区（平均年降水量>600mm）、干旱地区（平均年降水量<400mm）与湿润区（平均年降水量>400mm）进行比较基因组研究，通过Pathway和GO分析发现了一组新的候选基因，揭示绵羊在截然不同的环境中以及在高海拔和干旱环境下的水再吸收与缺氧应激相关。此外，还确定了与能量代谢和体型变化相关的候选基因。这项研究对绵羊和其他动物快速适应极端环境的基因组提供了新见解，并为未来在应对气候变化方面的牲畜育种研究提供了宝贵资源。

藏羊已经在青藏高原生活了数千年，然而羊等家畜适应这种极端环境的过程和结果尚未得到阐明。对中国不同地区的高地和低地的7个羊品种用SNP芯片进行单核苷酸多态性分型检测。FST和XP-EHH方法被用来确定在这些高地和低地品种之间被选择的区域，并确定了236个基因，主要涉及血管生成、能量生成和红细胞生成的基因选择。特别是一些候选基因与高海拔缺氧有关，包括*EPAS1*、*CRYAA*、*LONP1*、*NF1*、*DPP4*、*SOD1*、*PPARG*和*SOCS2*。*EPAS1*在缺氧适应中起着至关重要的作用。因此，对*EPAS1*的外显子序列进行研究并确定了12个突变。分析了其他高地羊的血液相关表型与*EPAS1*基因型之间的关系，发现在*EPAS1* 3′ 未翻译区域相对保守的位点上，纯合子突变与增加平均微粒血红蛋白浓度和平均微粒体积有关。研究结果提供了高地羊基因多样性的证据，并指出了潜在的高海拔缺氧适应机制，*EPAS1*在适应中起到很重要的作用。

8. 体重相关研究

采用Illumina公司开发的Ovine SNP 50K Bead Chip中密度商业化羊芯片，对研究群体的11个肉用性状（初生重、断奶重、六月龄重、眼肌面积、背膘厚度、断奶前日增重、断奶后日增重、日增重、体高、胸围和管围）进行全基因组关联分析。对研究个体和基因型分别进行质量控制后，最后共有319个个体和48 198个SNPs用于关联分析。统计分析基于TASSLE软件和混合线性模型（Mixed linear model，MLM）进行计算，同时考虑试验群体中的群体分层和个体间亲缘关系。分析结果表明，在全基因组范围内共检测到36个单核苷酸多态位点与7个肉用性状（断奶重、六月龄重、断奶前日增重、断奶后日增重、日增重、胸围和管围）显著相关，其中10个SNPs位点达到全基因组显著水平，并全部与断奶后日增重相关。本研究最重要的发现是检测并推断影响断奶后日增重的5个关键候选基因：s58995.1位于*MEF2B*和*RFXANK*基因内；OAR3_84073899.1、OAR3_115712045.1和OAR9_91721507.1 3个位点分别位于*CAMKMT*、*TRHDE*和*RIPK2*基因内。此外，*GRM1*、*POL*、*MBD5*、*UBR2*、*RPL7*和*SMC2*也被认为是影响断奶后日增重的重要候选基因。其余达到染色体显著水平的SNPs位点有25个，分别与断奶重、六月龄重、断奶前日增重、日增重、胸围和管围这6个性状相关。通过基因注释，获得25个可能与绵羊肉用性状相关的潜在候选基因，分别是*NLGN1*、*EPB41L3*、*C1ORF87*、*CHMP5*、*LRPPRC*、*TGIF1*、*STT3A*、*ADAMTS2*、*TRPS1*、*SRP68*、*HYDIN*、*LSM3*、*MYO10*、*CCDC15*、*MSL1*、*NTN1*、*ZWINT*、*PLA2G6*、*PFKFB4*、*TRDN*、*OXSM*、*RARB*、*LRRC2*、*ADK*和*SHISA9*。

三、细毛羊专用芯片设计

1. 芯片结构

SNP芯片已在家畜育种中广泛应用于重要经济性状的候选基因挖掘和全基因组选择。但已有的SNP芯片设计位点来源只包含极个别美利奴羊个体的位点信息，并不适用于细毛羊全基因组选择育种工作。本研究利用采集到的具有典型代表性的5个我国细毛羊品种（中国美利奴羊、苏博美利奴羊、高山美利奴羊、敖汉细毛羊和青海细毛羊）620只个体的血液，基于Illumina技术测序平台，利用双末端测序（Paired-End）的方法，完成了全基因组重测序。基于620个细毛羊重测序样本，每个个体20 679 206个SNPs，分别筛选10K（10 383SNPs）、50K（52 627SNPs）和100K（104 314SNPs）3个不同密度的SNP位点集进行液相芯片设计。对所挑选的10K、50K、100K位点和其他课题组设计的位点分别计算遗传力及预测准确性进行比较分析，并将所挑选的位点集对羊毛性状进行GWAS分析，结果发现50K SNP位点集与WGS所有位点的结果表现相当；结合位点密度分布，说明挑选的位点在基因组上分布均匀且信息量足够，因此最终确定使用50K SNP位点集进行液相芯片设计。基于液相探针捕获技术GenoBaits技术对50K SNP位点集进行评估，经位点评估后设计出探针目标区段个数为46 178个，探针设计区段覆盖率为87.74%，共设计DNA探针84 035个。该细毛羊50K液相芯片适用于且可实现细毛羊全基因组选择。

2. 重要位点集的整合与筛选

本次芯片设计的目的在于高山美利奴羊全基因组选择及在细毛羊领域的推广应用，重点在于更快更优地针对细毛羊羊毛（纤维直径、长度、净毛量、束强等）、体重、产羔率、抗逆（抗病和抗低氧）和角型等性状进行早期选育提高，因此将与这些性状相关的SNP位点尽可能多地设计入芯片中。运用全基因组关联分析、搜集整理公共数据库和整合已报道的参考文献等方式获得这些重要位点的集合。

与羊毛性状相关的位点：我们采用Illumina HiSeq X10平台对高山美利奴羊、中国美利奴羊、敖汉细毛羊和青海细毛羊共计460只细毛羊进行了重测序。对成年羊8个羊毛表型，包括纤维直径（FD）、纤维直径变异系数（FDCV）、纤维直径标准差（FDSD）、侧部毛长（SL）、剪毛量（GFW）、净毛率（CWR）、纤维断裂强度（SS）和纤维伸长率（SE）进行了全基因组关联研究，以挖掘影响这8个羊毛性状的候选基因。最终经过滤筛选获得57个SNPs和30个候选基因与成年羊羊毛性状有关，其中有7个SNPs和6个基因与羊毛细度指标（FD、FDCV和FDSD）有关，10个SNPs和7个基因与毛长有关，13个SNPs和7个基因与羊毛生产指标（GFW和CWR）有关，27个SNPs和10个基因与纤维伸长率有关。

与体重相关的位点：我们对460只细毛羊的出生重、断奶重、周岁重和成年体重进行全基因组关联分析。结果共发现113个单核苷酸多态性达到了4个体重性状的全基因组显著性水平，有效地注释了30个基因，包括*AADACL3*、*VGF*、*NPC1*和*SERPINA12*。这些SNPs注释的基因显著丰富了78个基因GO和25条Pathway，并被发现主要参与骨骼肌的发育和脂质代谢。这些基因可以作为绵羊体重的候选基因，为中国细毛羊的生产和基因组选择提供了有用的信息。

与高海拔低氧适应性相关的位点：我们对501只高山美利奴羊的6种红细胞性状进行全基因组关联分析，红细胞计数（RBC）、血红蛋白（HGB）、血细胞比容（HCT）、平均血红蛋白（MCH）、平均血红蛋白浓度（MCHC）和RBC体积分布宽度变异系数（RWD-CV）。通过单标记GWAS检测到与6个红细胞性状相关的42个重要单核苷酸多态性（SNP），并通过单倍型分析检测到34个与5个红细胞性状相关的重要单倍型。

与抗病性相关的位点：MHC区域的高质量SNP。哺乳动物免疫系统最重要的遗传成分是一组被称为主要组织相容性复合体（MHC）的紧密连锁基因，它在针对病原体的免疫应答中起着重要作用。MHC识别来自病原体的短肽并将它们呈递给T细胞以引发病原体的破坏。例如，在家养绵羊中，MHC变体似乎在防止强线虫入侵方面起主要作用，这是最常见的胃肠道寄生虫。并且在家养绵羊中，它们与天然寄生虫感染的水平相关。由于MHC变异性与免疫系统对更多种病原体的反应能力之间存在这种联系，表明具有低MHC多样性的物种或种群可能特别容易受到传染病的影响。因此获得个体在MHC区域的SNP分型，对于判定个体品种的MHC多样性及对MHC区域更多功能的学术研究都是十分有利的。

其他重要性状相关的位点：通过已发表的绵羊功能相关研究成果中筛选重要基

因区域的关键变异，如①多羔：*BMPR1B*、*BMP15*等；②角型：*RXFP2*、*EEF1A1*；③肥臀：*MSTN*；④产奶：*Socs2*；⑤卷曲：*IRF2BP2*、*EIF2S2*等；⑥毛色：*MITF*；⑦繁殖：*KISS1*、*PRL*、*NOCA1*、*GDF9*、*IGF-1*、*GTF2A1*、*PAPPA2*、*TSHR*和*PGR*等。

将上述位点作为重要位点集列为优先级最高的位点，首先纳入最终的位点列表。将基因组按5Kb为窗口划分，以上述重要位点集为基础，在基因组上不包含已选位点的窗口内，添加填充位点，最终获得所有位点的结果。

3. 细毛羊1K功能标记的研发设计

基于前期细毛羊重要经济性状相关功能基因发掘的研究基础，将与羊毛性状相关的功能标记988个，与体重性状相关的功能标记672个，并整合了文献和OMIA中报道过的与细毛羊重要经济性状相关的功能标记301个，共计1 961个功能标记用于细毛羊1K功能标记的研发设计。经过滤筛选获得19 875个位点用于探针设计，成功设计探针并筛选保留1 188个位点，探针设计覆盖度为63.36%。利用细毛羊1K功能标记对409个高山美利奴羊进行测试分析，测序获得Clean Bases 82 796 415 340bp，有效率在91.58～96.74%，所有Clean Reads中共有505 741 155条比对到参考序列上，样本比对率在90.33%～86.85%，说明细毛羊1K功能标记适用于且可实现小规模群体细毛羊的分子标记辅助选择。对每个目标SNP位点的基因型分型信息进行提取并统计样本缺失和突变情况，结果发现有37个功能位点存在位点缺失情况，其中15号染色体上的位点11596539在409个样本中完全缺失，缺失率为100%，其余36个功能位点缺失率在0.24%～45.97%。

四、高山美利奴羊定制芯片应用前景及意义

利用高山美利奴羊定制芯片可检测出本品种所特有的位点，对品种资源的研究与保护有着重要的意义。高山美利奴羊定制芯片用于实现细毛羊基因组选择，以期搭建细毛羊分子育种技术体系，阐明相关调控机制，打破制约细毛羊分子育种的瓶颈，为细毛羊常规与分子集合育种提供可靠、快速的技术手段，创制携带优良基因的细毛羊新品种，将原本漫长的育种进程大大缩短。

第六章 高山美利奴羊群体遗传分析

在绵羊驯化的历程中，野生绵羊沿不同路径扩散至亚洲和欧洲。为适应当地环境和满足优质羊毛用于纺织的需求，绵羊皮肤毛囊结构发生了明显变化，出现了次级毛囊数量增多，羊毛纤维变细且离散度变小的粗毛型绵羊。粗毛型绵羊主要分布在温带，同时为适应高寒、沙漠等极端气候且兼有粗毛和细毛，如Soay羊、藏羊、伊朗Moghani羊等。此后又经过长期地人工选择和培育，最终选育出了长毛型绵羊、中毛型绵羊和细毛型绵羊等不同羊毛类型的绵羊品种。尤其是在15世纪西班牙培育出了优质细毛型美利奴羊后，世界各地通过引进该品种，相继培育出了多种美利奴细毛型绵羊品种，如澳洲美利奴羊、中国美利奴羊和高山美利奴羊等。这些人工选择或自然选择在细毛羊品种培育的过程中，基因组中势必会留下可被识别的选择印迹。

第一节　全球不同羊毛类型绵羊群体进化分析

一、样品采集、基因分型和质控

试验样本选自新疆巩乃斯核心育种场的中国美利奴羊（8只）、甘肃省绵羊繁育技术推广中心的高山美利奴羊（8只）、内蒙古赤峰市敖汉旗的敖汉细毛羊（8只）和青海省三角城的青海细毛羊（8只）共32只细毛羊血样。采用天根DNA提取试剂盒提取全血DNA后用Nanodrop检测DNA的纯度（OD 260/280比值）。经检测合格的DNA样本，送至测序公司进行重测序。DNA样本通过末端修复，3′端加尾，添加接头和PCR扩增等步骤进行测序文库制备。将合格文库送至Illumina HiSeq X平台进行测序。测序下机数据（Raw data）经过以下严格的过滤条件后获得高质量数据（Clean data）：①去除接头序列的片段；②去除N含量超过片段长度10%的单端测序片段的配对片段；③当含有低质量碱基数（≤5）超过片段长度50%的单端测序片段时，去除该对片段。

接下来利用BWA软件（版本：0.7.12）将Clean data与绵羊参考基因组Oar 4.0版本进行序列比对，以获得各样本的变异信息。使用Samtools软件（版本：0.1.19）检测所有样本SNP信息。高质量的SNP数据，经由以下SNP过滤和筛选条件获得。SNP过滤标准为：①覆盖深度2以上；②缺失率小于10%；③MAF值大于5%。其他羊毛类型绵羊的基因组分型数据来自ISGC（国际绵羊基因组学协会）绵羊HapMap计划（http://www.sheephapmap.org）、NRSP（https://www.animalgenome.org/sheep/community/）、WIDDE（http://widde.toulouse.inra.fr/）和OSF（https://www.ontariosheep.org/）数据库50k芯片数据共计444只。所有选择信号分析样本组成如表6-1所示。由于数据库中的50K芯片数据大都采用绵羊3.0参考基因组。本研究通过使用相关生信工具，将不同基因型数据集统一转换为绵羊4.0参考基因组的基因分型数据。所有样本基因型文件合并后，使用plink软件进行基因型数据质控，质控标准为：①提取1～26号常染色体基因型信息作为分析数据，参数为--chr 1-26；②最小等位基因频率大于0.01，参数为--maf 0.01；③剔除缺失率在10%以上的位点，--geno 0.1。

32只中国细毛羊样本经重测序后，共获得3 426.212Gb的原始数据，测序质量较高，平均Q20为95.40%，平均Q30为90.94%。单个样本最低下机数据为91G，最高为127G。单个样本最低GC含量为44.35%，最高为47.31%。GC分布正常，表明样本建库测序成功。经序列比对后，平均比对率为98.87%，平均测序深度为33X。经多样本SNP检测和过滤后，共获得18 898 476个高质量SNPs。然后将经重测序获得的基因型数据，与来自ISGC数据库的50K芯片数据进行合并，经质控后共获得37 010个SNPs用于后续选择信号分析。

表6-1 不同羊毛类型绵羊选择信号分析样本统计信息

毛型	样本数量（只）	品种数（个）	主要品种
细毛型	93	9	澳洲美利奴羊、中国美利奴羊和高山美利奴羊等
中毛型	104	7	爱尔兰萨福克、澳大利亚陶赛特和德国特克塞尔等
长毛型	91	3	边区莱斯特羊、新西兰罗姆尼羊和库普沃斯羊
粗毛型	76	11	西班牙丘拉羊、拉特萨羊和奥贾拉达羊等
无绒毛型	112	5	亚洲摩弗伦羊、非洲杜泊羊和圣塔内斯羊等
总计	476	35	

二、群体进化分析

1. 主成分分析（图6-1）

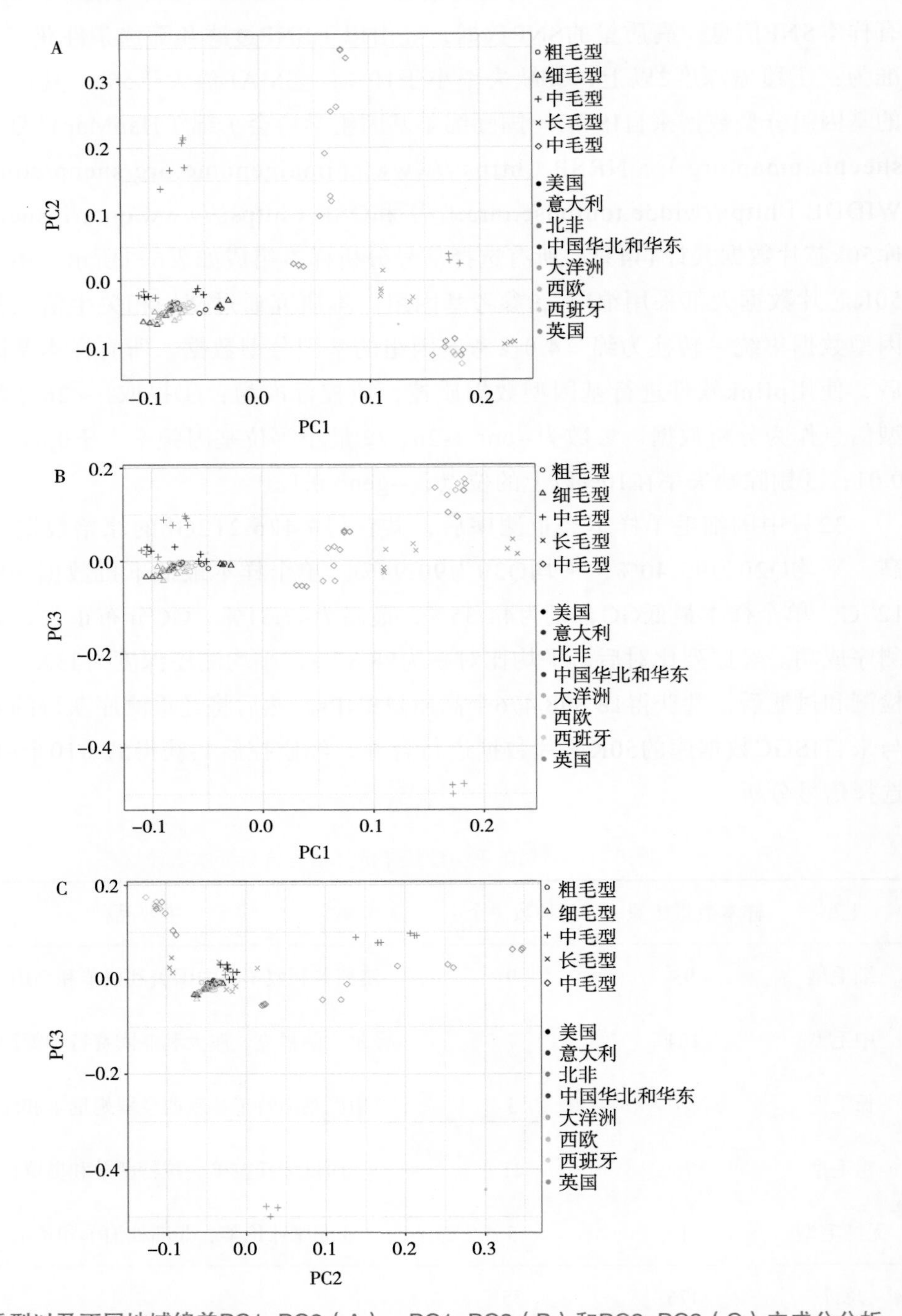

图6-1　5种毛型以及不同地域绵羊PC1-PC2（A）、PC1-PC3（B）和PC2-PC3（C）主成分分析

通过主成分分析（PCA）来揭示不同毛型和不同地域绵羊品种之间的遗传背景关系，PCA图中采用不同的符号代表不同的毛型，不同的颜色代表所属地域。由PC1可以看到长毛型和中毛型绵羊群体的PC1>0，粗毛型和细毛型绵羊群体的PC1<0。5种毛型绵羊PCA结果如图6-1所示，通过PC1可以将长毛型和中毛型群体与粗毛型、细毛型绵羊群体能够明显分隔开来。通过PC1结果图发现英国地区的无绒毛型绵羊品种，与世界其他地区的无绒毛型绵羊品种发生了明显的分离。通过PC1和PC2发现欧洲不同地域和不同品种的粗毛型绵羊和细毛型绵羊群体相对集中聚到一起。结合PC1、PC2和PC3图可以看到欧洲粗毛型绵羊群体与细毛型绵羊群体未出现分离，表明这两种羊毛类型绵羊群体遗传关系相对较近。

2. 进化树分析

为了进一步了解不同羊毛类型绵羊群体间的遗传进化关系，构建了不同绵羊群体间的邻接关系系统发育树。从系统发育树（图6-2）的结果来看，粗毛型绵羊群体除来自意大利的3只粗毛羊外，其他粗毛羊群体聚到一个大的分支之下。细毛型绵羊群体中除来自美洲的3只细毛羊，其他细毛型绵羊群体能够聚集到一个大的分支之下，表明大部分细毛型绵羊品种形成历史进程中存在一定的基因交流。无绒毛型绵羊群体中除来自英国地区的3只无绒毛型绵羊外，其他无绒毛型绵羊群体能够聚集到同一个大的分支之下，表明不同无绒毛型绵羊品种形成的过程中存在一定的基因交流。中毛型绵羊群体与长毛型绵羊群体从进化树的关系来看，遗传距离相对较近。以上不同羊毛类型绵羊群体的进化关系与PCA分析的结果较为一致，也保证了本研究中不同羊毛类型群体遗传关系结果的可靠性。

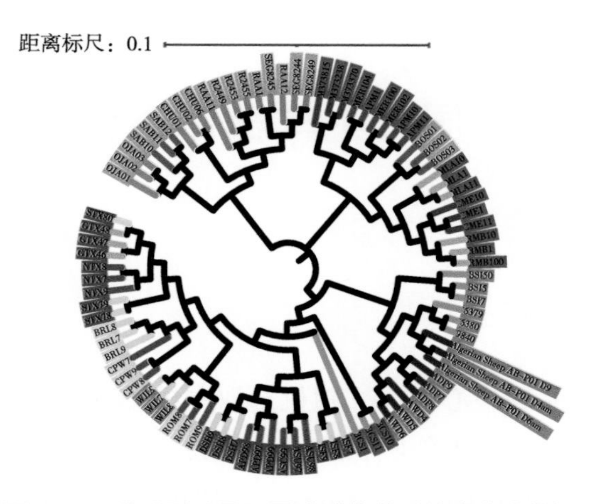

图6-2　5种毛型以及不同地域绵羊系统发育进化树

注：标签背景颜色代表不同的毛型：红色，无绒毛羊；橘黄色，粗毛羊；绿色，细毛羊；紫色，中毛羊；淡蓝色，长毛羊。线条颜色代表不同的地域：红色，西班牙；绿色，意大利；蓝色，中国；紫色，大洋洲；灰色，西南欧；亮绿色，美洲；深紫色，北非；黄色，英国。

3. 群体结构分析

通过采用Admixture软件对不同毛型的绵羊群体进行群体结构分析，研究结果表明，当K=9时，可以很明显地看到不同绵羊群体之间的基因交流情况（图6-3）。其中，粗毛型绵羊和细毛型绵羊群体紫色祖先在这两个群体之间基因占比较高，从而造成粗毛型绵羊与细毛型绵羊之间的遗传进化关系较为接近，该结果与PCA和NJ-tree分析结果较为一致。需要指出的是，当K=9时，中国美利奴羊从其他细毛型绵羊品种中完全分离开来，而其他细毛型绵羊品种中都含有一部分的棕色血缘，表明这部分的棕色血缘可能决定了细毛型绵羊的羊毛特性。从STRUCTURE结果图来看，除粗毛型和细毛型外，其他毛型的绵羊群体祖先来源更为丰富，但每个品种的血缘组成数量相对较少。

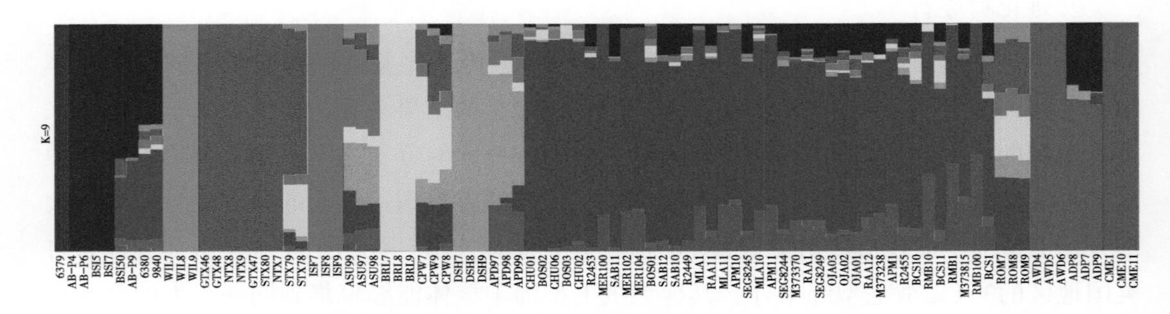

图6-3　K=9时5种毛型30个品种绵羊STRUCTURE图

注：样本字体颜色代表不同的毛型：深红色，无绒毛羊；浅棕色，中毛羊；墨绿色，长毛型羊；亮绿色，粗毛羊；深蓝色，细毛羊。

第二节　中国细毛羊群体遗传背景分析

一、试验动物和样品采集

在我国不同细毛羊品种核心群内，随机选取中国美利奴羊（新疆地区）、青海细毛羊（青海地区）、高山美利奴羊（甘肃地区）和敖汉细毛羊（内蒙古地区）各30只，共计120只成年细毛羊作为研究对象（表6-2）。使用含有EDTA抗凝管采集颈静脉血样（5mL），采样全程采用低温保存（-18℃）。

表6-2　样品采集信息统计

群体	地理位置	数量（只）	样本类型
中国美利奴羊（CMS）	新疆维吾尔自治区巴州和静县	30	血液
青海细毛羊（QHS）	青海省刚察县	30	血液
高山美利奴羊（AMS）	甘肃省肃南裕固族自治县	30	血液
敖汉细毛羊（AHS）	内蒙古自治区赤峰市敖汉旗	30	血液

二、基因型分型与质控

采用天根DNA提取试剂盒提取全血DNA后，用Nanodrop检测DNA的纯度（OD260/280比值）。经检测合格的DNA样本，送至测序公司进行重测序。DNA样本通过末端修复，3′端加尾，添加接头和PCR扩增等步骤进行测序文库制备。接下来，将合格文库送至Illumina HiSeq X平台进行测序。测序下机数据（Raw data）经过以下严格的过滤条件后获得高质量数据（Clean data）：①去除接头序列的片段；②去除N含量超过片段长度10%的单端测序片段的配对片段；③当含有低质量碱基数（≤5）超过片段长度50%的单端测序片段时，去除该对片段。

接下来利用BWA软件（版本：0.7.12）将Clean data与绵羊参考基因组Oar 4.0版本进行序列比对，以获得各样本的变异信息。使用Samtools软件（版本：0.1.19）检测所有样本SNP信息。高质量的SNP数据，经由以下SNP过滤和筛选条件获得。SNP过滤标准为：①覆盖深度2以上；②缺失率小于10%；③MAF值大于5%。高质量SNP数据获取后，使用plink软件（版本：1.9）再次质控后，用于群体遗传背景分析，其质控标准为：①提取1～26号常染色体基因型信息作为分析数据，参数为--chr 1-26；②最小等位基因频率大于0.01，参数为--maf 0.01；③剔除缺失率在10%以上的位点，--geno 0.1。

三、群体遗传多样性分析

本研究基于群体杂合度和群体纯合区域，对4种细毛羊品种进行群体遗传多样性分析，其中4个细毛羊品种的遗传变异情况见表6-3。基因型总个数的取值范围在612 055～756 742，AMS与CMS相差不大，较为接近，QHS数量最小。观测杂合度（Ho）范围值在0.255～0.332。4个品种间观察杂合度较为一致，群体均值为0.301左右。4个细毛羊品种期望杂合度在0.182～0.326，其中AMS、CMS和QHS较为接近，群体均值为0.288左右。AHS观察期望杂合度群体均值最低为0.277。从4个细毛羊品种整体来看，群体的观察杂合度高于期望杂合度，表明4个细毛羊群体有外缘血引入。

表6-3　4个细毛羊品种遗传变异情况统计

品种	数量（只）	$N_{(NM)}$			Ho			He		
		均值	最小	最大	均值	最小	最大	均值	最小	最大
AHS	30	693 007 ± 28 410	612 055	742 398	0.302 ± 0.016	0.255	0.332	0.277 ± 0.031	0.182	0.326
AMS	30	711 433 ± 14 530	689 586	756 742	0.301 ± 0.006	0.289	0.312	0.287 ± 0.006	0.287	0.288
CMS	30	715 536 ± 12 318	689 069	732 376	0.300 ± 0.010	0.265	0.315	0.288 ± 0.000	0.287	0.288
QHS	30	682 071 ± 36 717	616 449	732 288	0.302 ± 0.008	0.288	0.316	0.287 ± 0.001	0.286	0.288

注：$N_{(NM)}$，非缺失常染色体基因型数目；Ho，观察杂合度；He，期望杂合度。

从对4个细毛羊品种群体的纯合区域进行检测的结果（表6-4）来看，4个品种的ROH长度均值较为接近，为148kb左右，其中AHS最长的ROH为2.39Mb，QHS最长的ROH为876kb，相差近3倍。从ROH的数量来看，CMS的ROH数量最多，为63 404个，QHS的ROH数量最少，为47 472个，AMS与AHS较为接近。基于ROH对4个细毛羊群体的近交系数进行计算（图6-4），发现4个群体的近交系数在0.038～0.212，其中QHS的平均近交系数最低为0.094，CMS的平均近交系数最高为0.129，AMS与AHS的平均近交系数较为接近，为0.115左右。此外我们对4个品种不同个体染色体的近交系数也做了分析，结果详见图6-4，CMS、AHS和QHS 3个群体的染色体近交系数平均最高的染色体均为13号染色体，AMS染色体均值近交系数最高的为10号染色体。

表6-4　4个细毛羊品种ROH和基因组近交系数F_{ROH}统计

品种	数量（只）	ROH数量	ROH长度（bp）			F_{ROH}近交系数		
			均值	最小	最大	均值	最小	最大
高山美利奴羊	30	56 404	148 755 ± 72 241	100 000	2 392 819	0.114 ± 0.023	0.085	0.212
敖汉细毛羊	30	57 136	149 165 ± 66 578	100 000	2 025 246	0.116 ± 0.032	0.051	0.197
中国美利奴羊	30	63 404	149 449 ± 57 932	100 000	1 132 442	0.129 ± 0.020	0.095	0.185
青海细毛羊	30	47 472	145 126 ± 52 762	100 000	876 259	0.094 ± 0.035	0.038	0.143

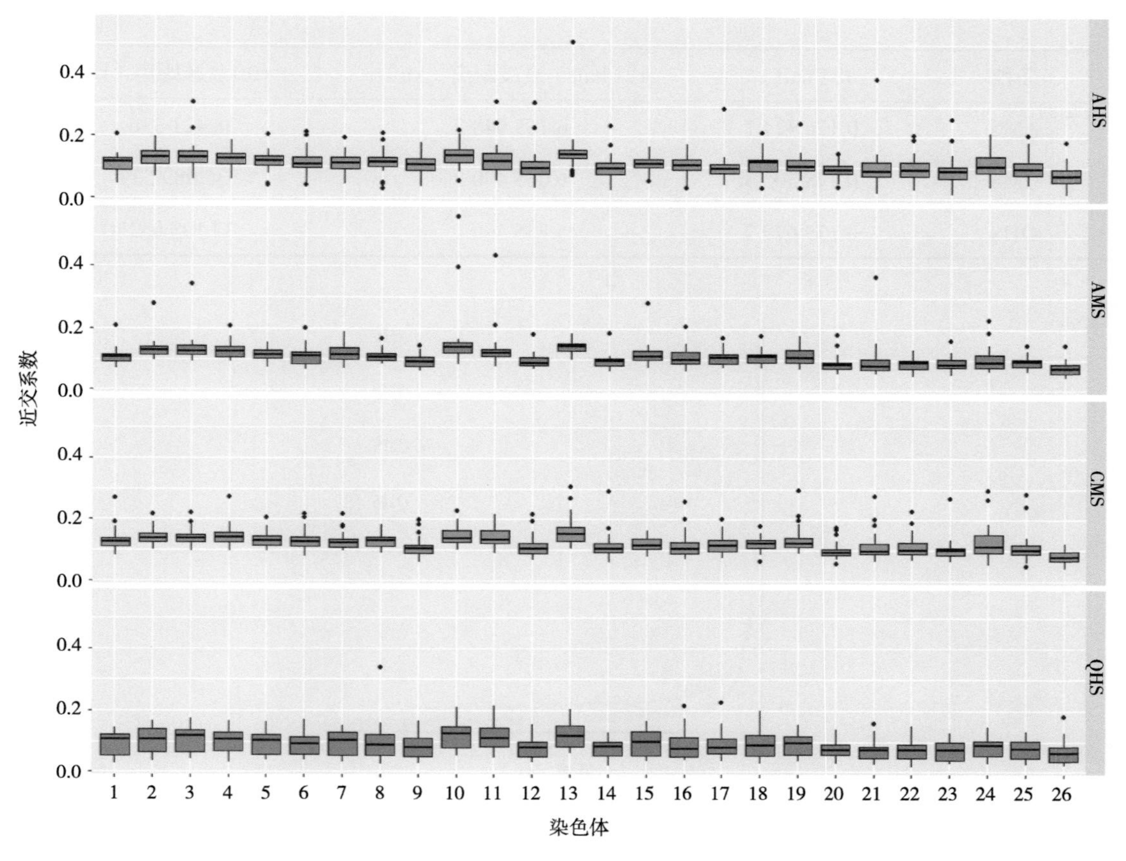

图6-4　4个细毛羊品种群体内个体在不同染色体上的近交系数箱线图

四、4个细毛羊品种LD衰减分析

从4个细毛羊品种LD衰减结果来看（表6-5，图6-5），LD随着标记间距离的增加而减小，不同细毛羊品种之间的LD下降程度不同，其中AHS的LD下降最为缓慢。AHS的r^2（half）值高于其他3个品种，为0.186，其相对应的衰减距离为6.65kb。AMS、CMS和QHS 3个品种的r^2值较为接近，为0.176左右，衰减距离在6.06kb上下。当r^2=0.1时，AHS的衰减距离最长为55.26kb，而AMS、CMS和QHS的衰减距离较为接近，在37kb上下。标记间距相同的情况下，不同品种的LD有所差异。从LD结果来看，AHS的LD最高，CMS的LD最低。

表6-5　4个细毛羊品种的LD衰减统计

品种	r^2（half）	r^2（half）衰减距离（kb）	r^2=0.1衰减距离（kb）
AHS	0.186 484 2	6.650 666 9	55.256 417 7

（续表）

品种	r^2（half）	r^2（half）衰减距离（kb）	r^2=0.1衰减距离（kb）
AMS	0.176 424 1	6.165 048 7	38.421 330 1
CMS	0.178 305 3	6.065 490 7	35.989 539
QHS	0.175 679 7	5.855 790 1	37.198 052 4

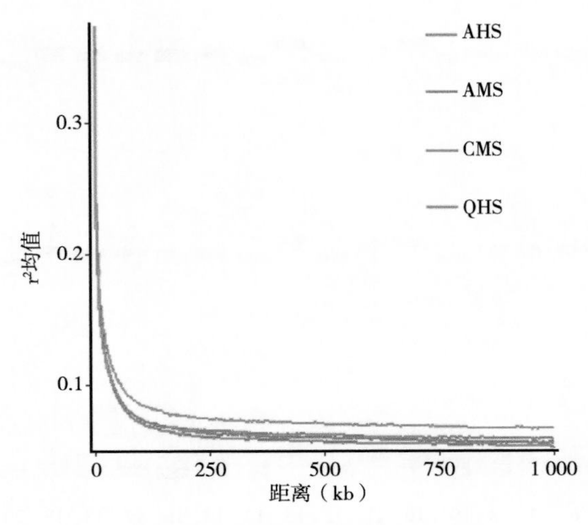

图6-5　4个细毛羊品种LD衰减图

五、4个细毛羊品种群体遗传背景分析

考虑到LD对群体关系分析时的影响，本研究在做群体关系分析时，所采用的SNPs为去掉（r^2>0.2）的位点，共计823 131个SNPs。从群体主成分分析、进化树和群体结构3个角度来对4个细毛羊品种进行群体关系分析。

1. 主成分分析

基于前3个主成分数据对CMS、AMS、AHS和QHS 4个细毛羊群体进行绘图。分析结果如图6-6所示，PC1可以将AHS与其他3个群体分开，AHS在PC1正值这一侧，其他3个品种在PC1负值这一侧。由PC2可以将CMS与AMS和QHS两个群分开，AMS归于PC2负值这一侧，QHS与AMS归于PC2正值这一侧。AMS与QHS两个群体聚在一起，表明这两个群体血缘关系较近。通过PC3的引入，可以将AMS与QHS两个群体分开，AMS位于PC3负值这一侧，QHS位于PC3正值这一侧。由前3个主成分我们可以判断出这4种细毛羊群体间，AHS与其他3个品种血缘相对较远，而QHS与AMS血缘相对较近，这一结果与以上4种细毛羊的培育历程以及它们所处的地理位置相吻合。

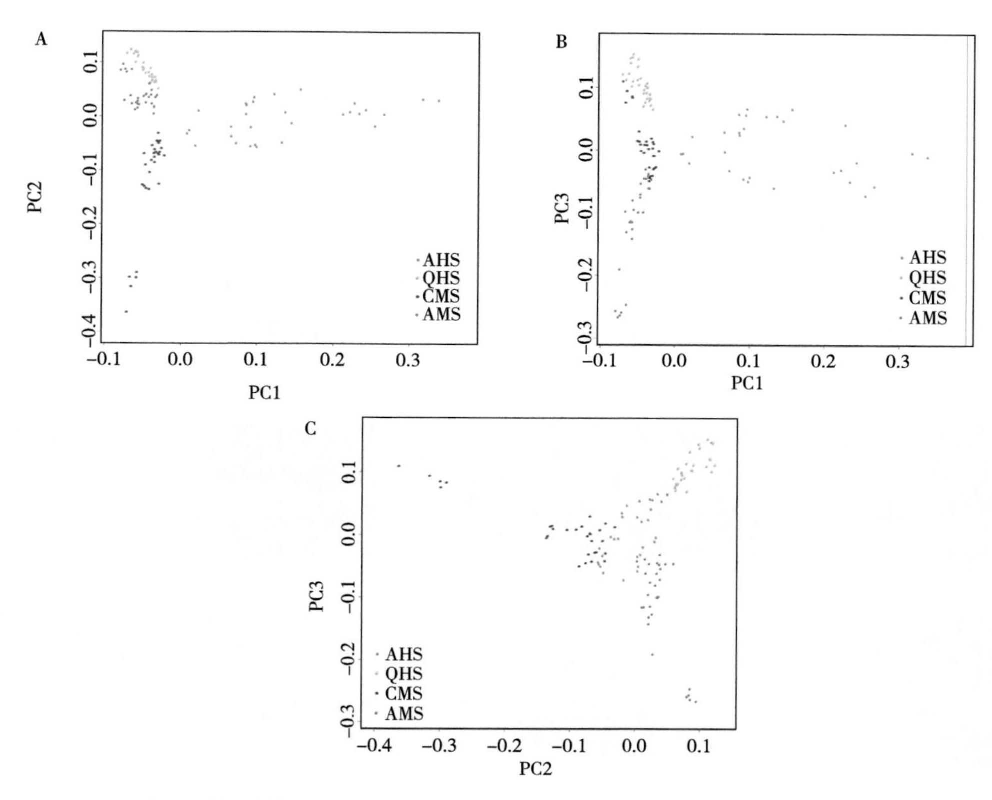

图6-6　4种细毛羊群体PC1-PC2（A）、PC1-PC3（B）和PC2-PC3（C）主成分分析

2. 进化树分析

120个个体的邻接树结果如图6-7所示，来自不同群体的细毛羊分为4个组聚在一起，与每个品种的个体来源没有冲突。AMS与QHS两组群体遗传距离较近，CMS与AHS两组群体遗传距离较近。与PCA分析结果较为一致。

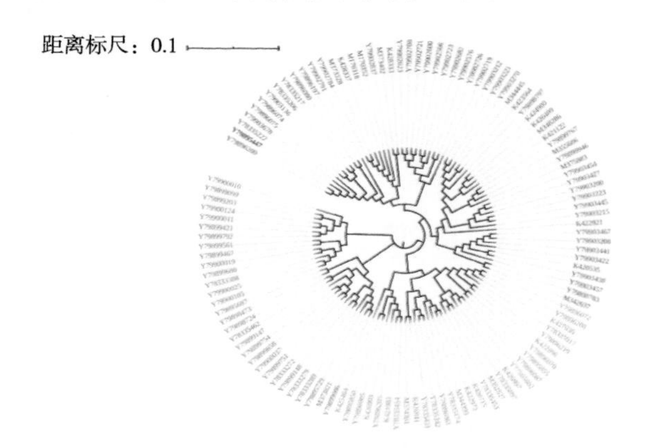

图6-7　4种细毛羊群体邻接树

注：样本字体颜色代表不同细毛羊品种：红色，高山美利奴羊；橙色，青海细毛羊；绿色，敖汉细毛羊；蓝色，中国美利奴羊。

3. 群体结构分析

为了了解中国细毛羊群体分离程度，本研究利用Admixture软件对4个细毛羊品种之间共同祖先的比例进行评估。STRUCTURE结果如图6-8所示，当K=2时，AHS首先从群体中分出来；当K=3时，CMS和QHS从群体中分离了出来。从图中可以看出，当K=4时，AMS也从群体中分离出来了，发现每个品种群体中有一部分个体的颜色组成是纯色的，说明4个品种之间各有其独自的祖先来源，群体中也有一部分个体含有其他品种血缘占比。从分化的趋势来看，4个细毛羊品种的STRUCTURE结果与PCA和进化树的结果相一致。

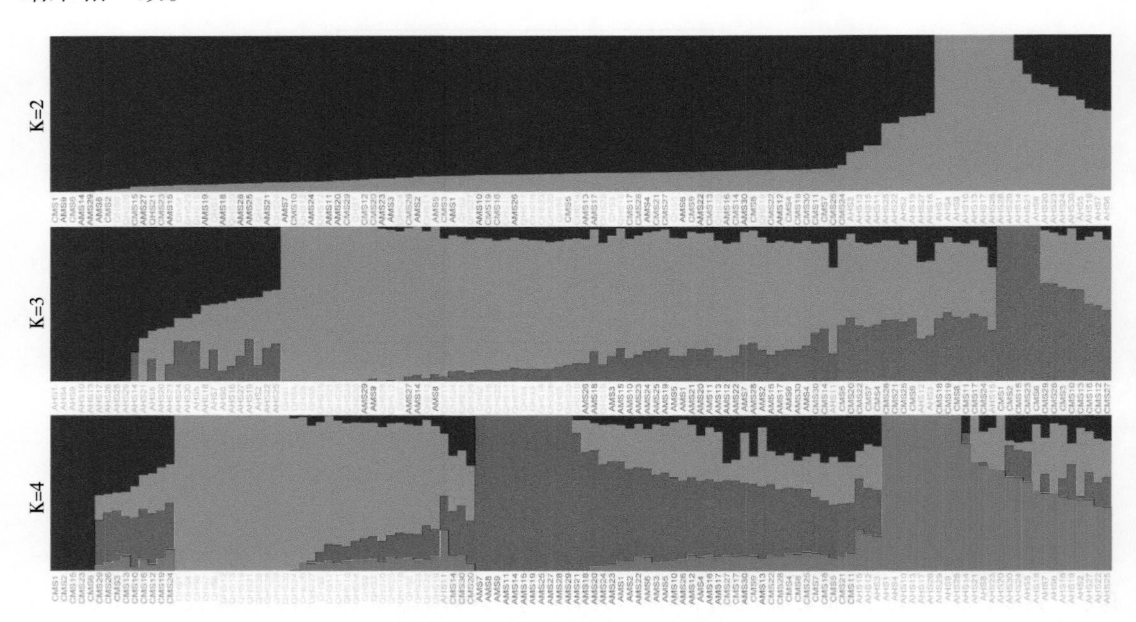

图6-8 4种细毛羊群体的群体结构

注：浅棕色，AHS；绿色，CMS；深褐色，AMS；浅蓝色，QHS。

第三节 中国细毛羊基因组渐渗分析

一、高山美利奴羊群体遗传结构

本研究选择中国不同生态栖息地的具有不同遗传和地理起源的4种细毛羊种群（高山美利奴羊，AMS；中国美利奴羊，CMS；敖汉细毛羊，AHS；澳洲美利奴羊，

ZMS）为代表，结合大型基因组数据集和细毛羊的培育历程，将这些数据与公开获得的其祖先群体藏羊（TS）、蒙古羊（MS）、哈萨克羊（KMS）和澳洲美利奴羊的完整基因组序列数据整合在一起，构建中国细毛羊种群遗传结构图谱，挖掘细毛羊产毛性状和适应性有关的候选基因。

结合AMS、CMS、AHS、ZMS、TS、MS和KMS基因组数据集，利用Samtools软件对7个品种的SNP进行检测。检测完成后按照群体分成不同的变异文件并进行SNP过滤，得到单个群体的SNP文件，利用SNP的位置信息进行特有和共有SNP的统计。7个品种共有4 734 693个SNPs，AMS特有的SNP数目最多（图6-9）。

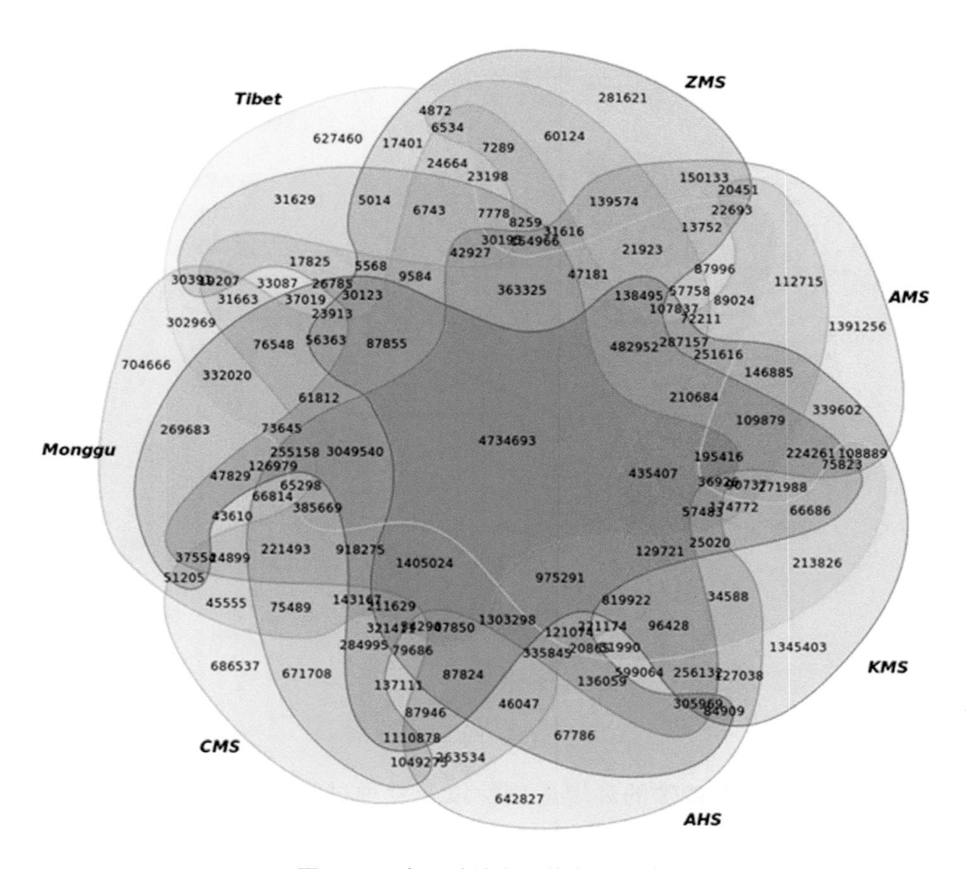

图6-9　7个品种特有和共有SNP的韦恩图

为了进一步了解中国细毛羊群体之间的遗传关系，基于全基因组SNP进行了主成分分析（PCA）和Neighbor-joining（NJ）系统发育树构建。PCA清晰地展示了每个地理区域的群体都聚集在一起，观察到AMS和CMS与AHS之间未明显划分（图6-10）。通过NJ法构建的系统发育树中，发现AMS、CMS和ZMS亲缘关系较近（图6-11）。

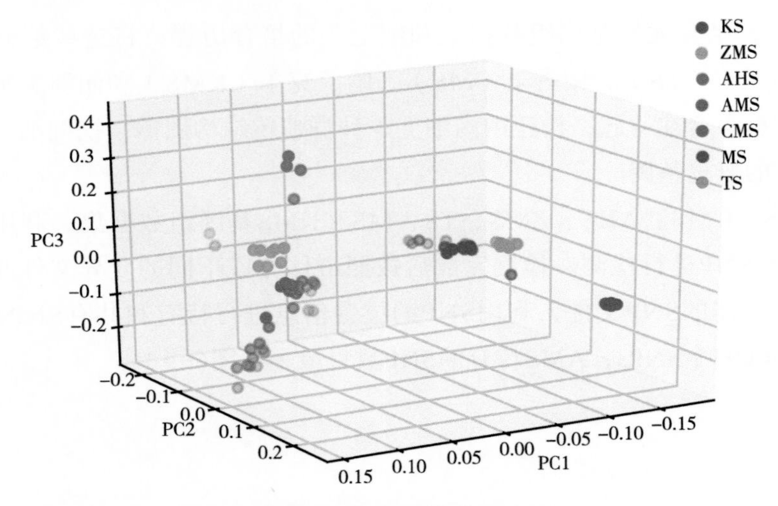

图6-10　7个品种主成分分析

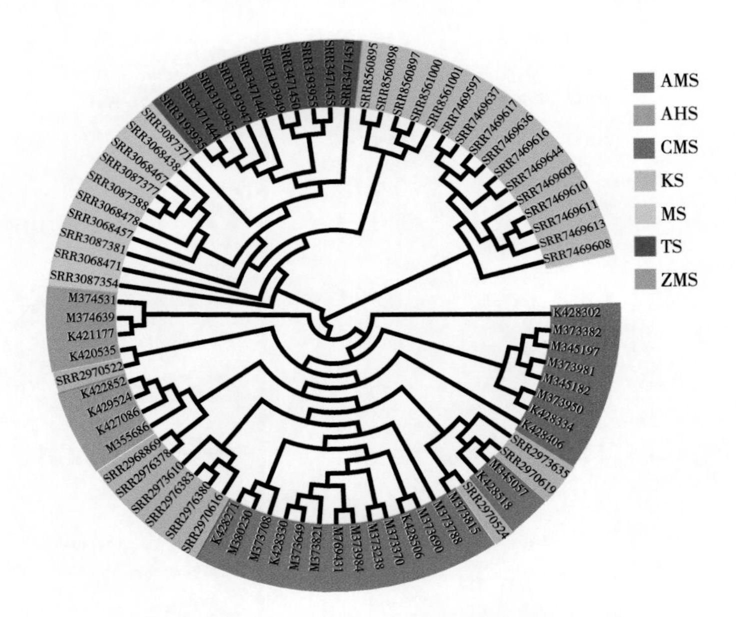

图6-11　7个品种系统发育树构建

为了研究高山美利奴羊特殊的环境适应性以及育种过程中保留的分子印记，考虑到品种之间可能的基因交流，进一步使用Frappe软件进行了种群结构分析，以K个祖先种群为基础估计了个体祖先和混合比例。当K=2时，发现生活在低海拔（AHS）和中高海拔（CMS和AMS）的品种之间存在划分；当K=3时，发现生活在中海拔（中国美利奴羊）和高海拔（高山美利奴羊和青海细毛羊）的两个品种之间的划分；当K=4时，高山美利奴羊和青海细毛羊分离，尽管CMS品种发生了轻微的青海细毛羊基因入侵；当K=6时，观察到4个地理上被标记的祖先成分（图6-12）；当K=8时，观察到4个细毛羊品种之间遗传混合的清晰特征，以及中国细毛羊品种从东部到北部的基因渗入。

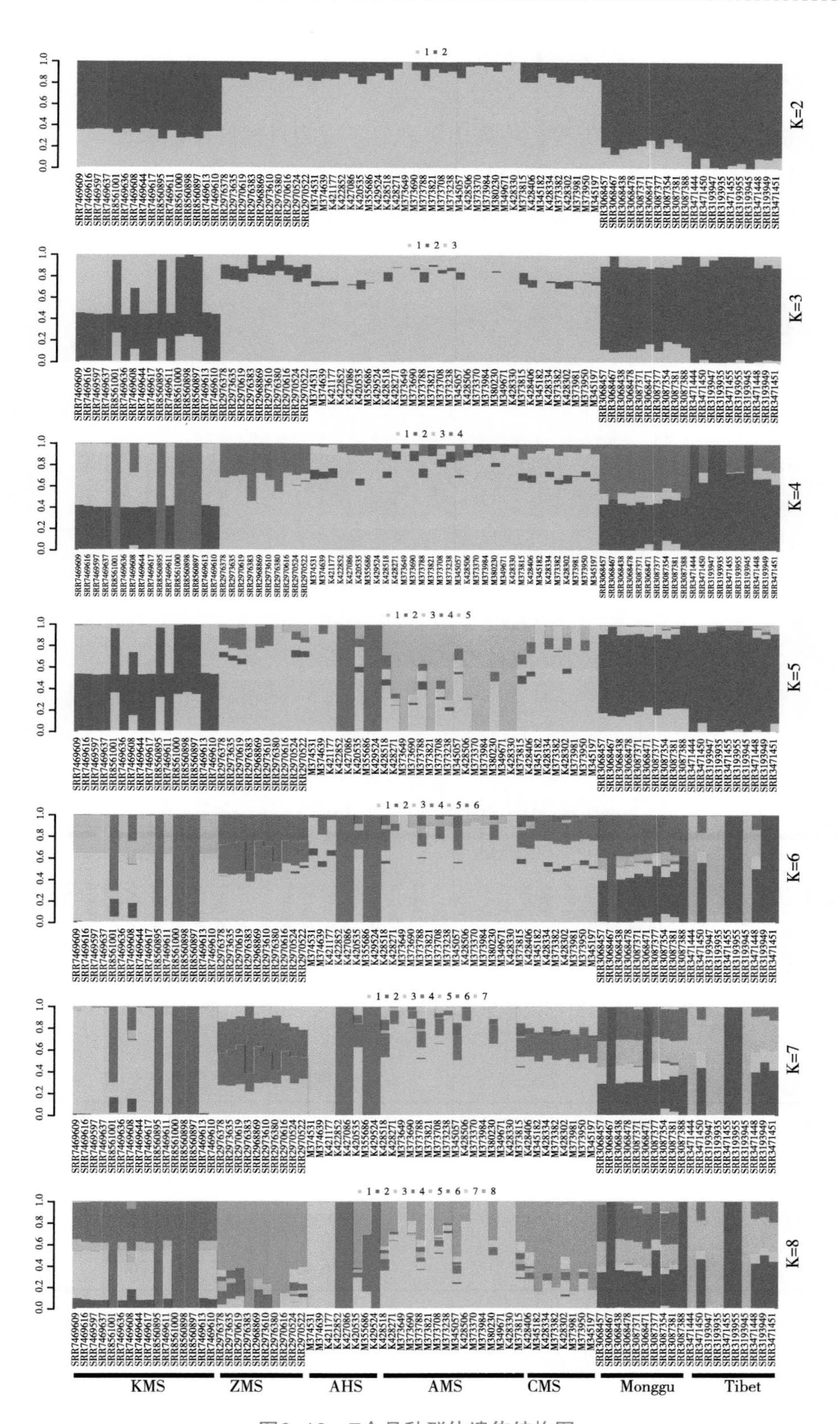

图6-12　7个品种群体遗传结构图

二、高山美利奴羊群体渐渗分析

根据高山美利奴羊培育历程，将高山美利奴羊视为目标群体，蒙古羊、藏羊和澳洲美利奴羊作为其祖先群体，采用RFMix软件进行渐渗分析（图6-13）。结果表明，高山美利奴羊与蒙古羊、藏羊和澳洲美利奴羊渗入片段数分别为666个、407个和2 102个（表6-4）。

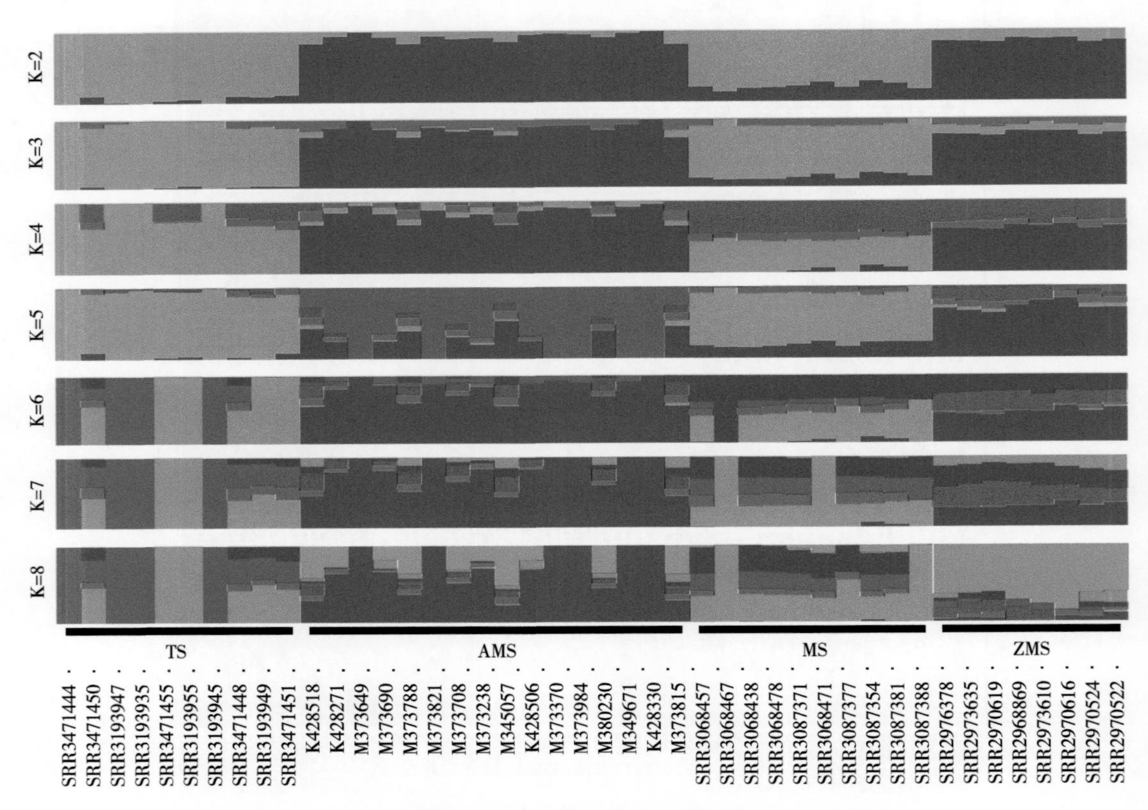

图6-13 高山美利奴羊与蒙古羊、藏羊和澳洲美利奴羊基因渗入

表6-6 高山美利奴羊与蒙古羊、藏羊和澳洲美利奴羊基因渗入片段

分析组	祖先组	片段个数	片段总长（bp）	平均值（bp）	占比（%）
高山美利奴羊	蒙古羊	666	1 463 298	2 197.144	0.091 045
	藏羊	407	899 337	2 209.673	0.055 956
	澳洲美利奴羊	2 102	4 016 435	1 910.768	0.249 899

第七章 高山美利奴羊重要经济性状候选基因挖掘研究

第一节 高山美利奴羊生产性状关联的QTL研究

数量性状是指表型呈现连续变化的性状，容易受环境影响，控制数量性状的基因在基因组中的位置称为数量性状基因座（QTL）。数量性状一般由一组效应大小不同、数量不同的基因控制，效应大的基因为易于察觉其效应的主效基因，效应小的基因为不易察觉的微效基因。许多重要的生产性状都是数量性状。QTL定位是根据标记基因型与数量性状表型的关系，应用一定的统计学方法，在遗传连锁图谱上标定有关的QTL位置（以重组率表示），并估计其效应。随着动物基因组计划的深入开展和分子生物学技术的发展，许多控制动物经济性状的主效基因陆续被发现，并且已在畜牧生产中产生了巨大的经济和社会效益。本研究以高山美利奴羊7个公羊家系110只半同胞为参考群体，基于Illumina技术测序平台，利用双末端测序（Paired-End）技术，完成WGS测序，并对测序数据进行遗传图谱及QTL分析。

一、SNP标记开发

测序共产生2 505.396Gb原始数据，过滤后获得2 449.341Gb，其中7个亲本的测序量均高于60Gb，110个子代测序量均高于15Gb。将测序数据与绵羊参考基因组进行比对，比对率在95.13%～96.11%，对参考基因组（排除N区）的平均覆盖深度在6.3～20.8X，4X覆盖度（至少有4个碱基的覆盖）在55%以上。

已知有7个父本而没有母本，故现有的流程和方法不能很好地实现该项目。因此，结合文献和其他信息，选择7个父本同一个SNP位点基因型完全一样的位点作为亲本标记（不区分杂合和纯合位点），依据这样的方法共获得33 282 477个标记。

利用已经获得的亲本标记以及F_1代QTL分析方法，同时遍历每种基因型，来推断母本基因型，具体推断依据为表7-1所列举出的基因型。当父本标记为纯合型时，子代有不会多于两种的基因型，因此当子代有一种或者两种基因型时认为该位点的标记为nnxnp。当父本标记为杂合型时，子代会有两种情况，母本为杂合型时，子代会有两种基因型，故当子代有一种或者两种基因型时我们认为该位点的标记为lmxll；母本为杂合型时，子代会有3种基因型，故当子代有一种或者两种或者3种基因型时认为该位点的标记为hkxhk。依据上面的方法，对亲本的标记进行分类。

表7-1　父本、母本和子代基因型组成

F_1代标记类型	父本标记类型	母本标记类型	子代标记类型
nnxnp	nn	np	Nn，np
hkxhk	hk	hk	Hh，hk，kk
lmxll	lm	ll	Lm，ll

对分型后的子代标记进行筛选，具体筛选步骤如下：

（1）异常碱基检查

子代分型结果中，可能会出现少数亲本中没有出现的碱基型。例如，某SNP位点，亲本基因型分别为“AA”和“TT”，若子代中出现“A或T”以外的其他碱基（G或C），则该碱基被认为是异常碱基。异常碱基的出现可能受参考基因组组装质量、亲本测序数据质量、基因分型准确性等因素影响，也有可能是子代群体中出现的变异。对于子代中出现而亲本中不存在的异常碱基，将其视为缺失，用空白表示。经检查，未发现有异常碱基，说明基因分型准确性较好。

（2）完整度过滤

筛选基因型至少覆盖所有子代84%以上个体的标记（该标准根据实际标记数据量进行适当调整）。即对于单个多态性标记位点，100个子代中至少有84个个体有确定基因型，并对基因型完整性覆盖情况差的标记进行过滤。

（3）偏分离标记过滤

偏分离标记普遍存在，并且会影响图谱构建结果及QTL定位，借鉴多数文献对偏分离处理方法，采用卡方检验，对候选标记进行偏分离过滤，偏分离设定的阈值P为0.01。经过偏分离分析，最终剩余有效标记共14 942个将进入连锁性分析（表7-2）。

表7-2 标记类型统计

F_1代标记类型	父本标记类型	母本标记类型	子代标记类型	标记数目
nnxnp	nn	np	nn，np	684
hkxhk	hk	hk	hh，hk，kk	11 268
lmxll	lm	ll	lm，ll	2 990
总计				14 942

二、遗传图谱构建

对筛选后得到的高质量遗传标记，采用Joinmap 4.1软件构建遗传图谱：

①连锁群划分，LOD值设置为2～50，已知羊的基因组有26+XY条染色体，因此依据每个连锁群标记数目保留了27个标记数目较多的连锁群，作为后续分析的基础连锁群。

②对每个连锁群采用最大拟然算法（Maximum Likelyhood，ML）进行排序。

③采用Kosambi函数计算标记间的遗传距离。

去掉严重不能连锁的标记（即去掉一些连锁距离为0的标记），最终获得SNP标记1 871个。通过获得的SNP标记构建高山美利奴羊遗传图谱，平均遗传距离1.44cM，标记间最大遗传距离35.62cM，最短连锁群长度为19.62cM，最长连锁群长度为237.19cM，平均连锁群长度为99.920 7cM。

三、QTL定位

通过确定每个表型的LOD值阈值，使用MapQTL软件中的Interval mapping算法进行QTL定位，依据前面置换检验获得的阈值确定每个表型对应的QTL区段，发现高山美利奴羊12个生产性状定位于46个QTL（表7-3）。研究结果对于高山美利奴羊生产性状相关基因的进一步挖掘与利用具有重要意义。

表7-3 高山美利奴羊生产性状QTL定位

表型	染色体	位置	LOD	左侧标记	右侧标记	起始位置	终止位置
直径离散CV	22	16 135.89	3.01	22.6	22.62	15，598，680	15，542，435
	25	505.996	2.55	25.29	25.32	42，507，844	42，509，138

（续表）

表型	染色体	位置	LOD	左侧标记	右侧标记	起始位置	终止位置
周岁毛纤维直径	7	990.84	3.49	7.72	7.77	44，301，352	18，287，814
	8	1 705.566	3.77	8.89	8.91	18，805，219	38，565，313
	8	296.075	2.96	8.70	8.90	39，588，661	79，796，600
	8	578.657	3.58	8.17	8.19	40，672，706	40，671，547
	8	594.559	2.83	8.19	8.21	40，671，547	40，671，822
	27	0	2.94	—	27.20	—	69，797，431
周岁剪毛量	4	6 623.697	2.77	4.64	—	7，370，557	—
	5	707.084	2.69	5.78	5.82	20，064，883	20，078，039
	8	493.75	2.89	8.14	8.16	44，259，151	44，267，528
	18	0	2.76	—	18.20	—	24，097，075
	18	47.844	4.96	18.40	18.60	24，106，337	22，455，974
周岁体侧毛长	22	16 197.91	2.74	22.62	22.64	15，542，435	24，323，420
断奶毛长	3	335.839	3.75	3.10	3.27	6，289，392	152，729，930
	8	35.863	3.30	8.10	8.30	2，201，359	23，093，694
	13	218.317	2.93	13.28	13.40	49，088，316	49，082，835
初生重	8	1 705.566	2.94	8.89	8.91	18，805，219	38，565，313
断奶重	4	6 623.697	2.53	4.64	—	7，370，557	—
	5	762.906	2.52	5.70	5.92	20，047，729	20，049，518
	18	36.687	2.52	18.30	18.50	24，096，846	22，453，810
	23	266.112	2.90	23.13	23.29	3，565，931	3，567，876
	23	289.093	2.59	23.30	23.32	3，567，942	3，568，243
	24	763.746	2.66	24.43	24.45	29，651，503	29，648，496
周岁体重	3	1 256.262	3.16	3.76	3.91	146，177，093	146，015，327
	4	6 623.697	3.81	4.64	—	7，370，557	—
	8	1 280.701	2.77	8.74	8.76	19，322，860	20，289，498
	8	1 403.228	2.90	8.77	8.79	56，789，708	56，789，294
	25	17.002	3.40	—	25.90	—	6，347，021

（续表）

表型	染色体	位置	LOD	左侧标记	右侧标记	起始位置	终止位置
净毛量	8	1 103.696	3.10	8.64	8.66	88，585，964	88，586，865
	8	1 122.386	2.51	8.67	8.69	88，586，209	88，586，236
净毛率	4	6 623.697	3.43	4.64	—	—	7，370，557
束纤维断裂强度	17	760.836	3.45	17.55	17.70	22，379，474	23，888，250
	19	145.807	2.83	19.40	19.60	19，606，956	54，490，705
	20	51.435	2.66	—	—	—	—
	24	741.399	3.49	24.41	24.43	29，651，503	29，654，089
	27	262.046	3.53	27.10	27.13	3，590，882	3，592，530
	4	6 623.697	3.35	4.64	—	7，370，557	—
	7	1 193.374	3.03	7.77	7.84	17，930，890	18，287，814
束纤维断裂伸长率	11	1 570.878	2.98	11.11	11.125	12，046，107	12，052，582
	11	1 956.564	3.14	11.14	—	12，041，290	—
	14	488.524	2.71	14.11	14.13	54，095，630	56，885，239
	14	618.899	2.82	14.19	14.21	54，093，756	62，119，967
	24	701.012	3.17	24.34	24.39	29，657，258	39，921，959
	24	751.614	3.00	24.42	24.44	14，815，771	29，651，589
	25	591.848	2.71	25.32	25.42	42，509，138	42，511，762

第二节　中国细毛羊拷贝数变异研究

拷贝数变异（CNV）不仅在人类基因组中广泛存在，同样在动物基因组中也可以检测到。拷贝数变异是遗传变异的重要来源，在畜禽表型多样性、重要经济性状和物种进化等方面发挥重要作用。与SNP相比，CNV可以扰乱基因表达剂量，对表型具有更大的影响。以前主要通过比较基因组杂交芯片（aCGH）和高密度SNP芯片进行大规模CNV检测，但是这些方法存在一定的缺陷，比如覆盖度低、分辨率低、对一些新的或稀有的CNV无法检测。随着测序成本的下降，新一代测序技术克服了芯片的缺陷，并在基因组CNV检测中显现出很大优势。目前在绵羊CNV的研究中基本上以肉羊品种为主，几乎没有细毛羊CNV的研究报道。本研究随机选择了32只中国培育的细毛羊（24月龄），包含16只高山美利奴羊（8只有角，AMS_horn；8只无角，AMS_no）、8只中国美利奴羊（有角，CMS）和8只敖汉细毛羊（无角，AHS）。通过重测序对32个个体进行全基因组CNV筛选并对鉴定出的CNV区域（CNVR）进行功能富集分析，为绵羊基因组研究提供了有价值的遗传变异资源。

一、中国细毛羊全基因组CNVs和CNVRs检测分析

在这项研究中，通过重测序技术获得了32只中国本土化细毛羊的高质量NGS数据。使用基于Read depth方法的CNVnator软件，从32只细毛羊中总共检测到1 747 604个CNV事件（包含49 851个Duplication事件和1 697 753个Deletion事件），平均每只羊含有54 612.63个CNV（表7-4）。与以前基于SNP芯片和aCGH的CNV检测方法相比，NGS在CNV数目和大小方面具有很多优势。NGS检测CNV的灵敏度更高，还可以更加准确地识别CNV的边界。这些所识别的CNV大小从0.20kb到5 023.60kb不等，平均大小为4.30kb（表7-4）。其中69.44%的CNV位于0～2kb区间，19.49%的CNV位于2～4kb区间，11.07%的CNV长度大于4kb。

表7-4　32只细毛羊中鉴定出的CNVs和CNVRs概述

组别	品种	数量（个）	重复（个）	缺失（个）	两者均有（个）	长度（Mb）	平均（kb）	CNVRs在染色体的百分比（%）
CNVs	AMS_no	427 844	12 657	415 187	—	1 874.08	4.38	—
	AMS_horn	428 669	12 545	416 124	—	1 868.48	4.36	—
	CMS	444 221	12 429	431 792	—	1 881.06	4.23	—
	AHS	446 870	12 220	434 650	—	1 883.50	4.21	—
CNVRs	AMS_no	5 233	705	4 518	10	13.50	2.58	0.52
	AMS_horn	5 297	725	4 567	5	14.03	2.65	0.54
	CMS	5 394	694	4 689	11	14.14	2.62	0.55
	AHS	5 441	698	4 735	8	14.39	2.64	0.56

注：CNVs，拷贝数变异；CNVRs，拷贝数变异区域。

通过合并重叠的CNVs后，共得到7 228个CNV区域（CNVR），这远远大于基于

SNP 50K芯片和SNP 600K芯片所报告的绵羊CNVR数量（表7-4）。这种差异是不足为奇的，因为SNP芯片的基因组覆盖率较差，进而导致基于SNP芯片检测到的CNVR长度更长。这些CNVRs的平均长度为2.62kb，其中包括18 509个“Deletion”事件，2 822个“Duplication”事件，34个“Both”事件，并且染色体长度与CNVRs的数量显示出强烈的正线性关系（R^2=0.87，表7-4和图7-1）。“Deletion”远远多于“Duplication”，同样在其他物种的研究中也发现了类似的失衡现象。造成这种失衡现象可能是由于CNV调用算法对“Deletion”事件具有更高的敏感性，因为鉴定基因组的“missing”片段比扩增具有有限序列读数的片段更容易。本研究中检测到的CNVR占绵羊参考基因组的2.17%，介于马、猪、牛和鸡中所报道的范围（0.8%～5.12%）。但是也有个别物种中鉴定到的CNVR高达10%以上，可能与所研究动物的遗传背景不同有关。

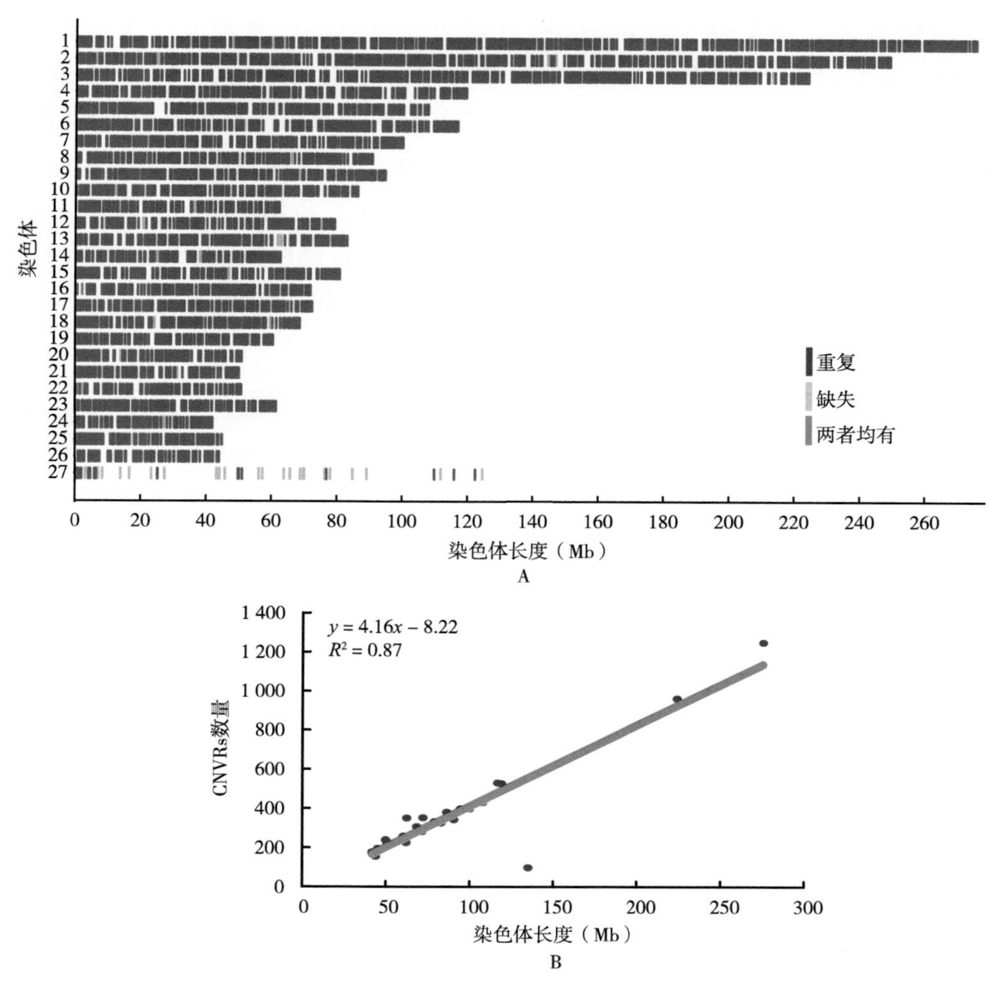

A，中国细毛羊CNVR图谱；B，CNVR与染色体长度之间的相关性。

图7-1　中国细毛羊基因组中CNVR分布

二、中国细毛羊全基因组CNV与已报道的绵羊CNV研究进行比较分析

考虑到CNVR的检出率受多种因素影响，将本研究的结果与已报道的6项绵羊CNV研究进行比较分析（表7-5）。在这些研究中，发现各项研究所鉴定出的CNVR存在一定的差异，CNVRs的个数介于111～3 488，CNVR长度介于10.56～120.53Mb。这可能与绵羊品种、样本数量、CNV检测平台和CNV调用算法的差异有关。值得注意的是，本研究中所鉴定出的CNVRs与其他研究中鉴定出的CNVRs重叠率较高（27.93%～55.46%），而与Fontanesi和Jenkins鉴定出的CNVRs重叠率较低（4.39%～12.59%）。实际上，与本研究重叠率较高的4项研究均选择中国地方绵羊品种或中国培育的绵羊品种作为研究对象，而重叠率较低的2项研究均选择国外一些地方绵羊品种。同样使用Illumina Ovine SNP BeadChip检测绵羊CNV，发现随着芯片上探针数的增加（SNP50K→SNP600K），与本研究中重叠CNVRs的个数也呈现出增加的趋势。不同的CNV调用算法也会对CNVR研究产生实质性影响。目前检测CNV最常用的软件有PennCNV、CNVcaller和CNVnator。PennCNV软件目前广泛用于Illumina芯片，特别是对于高密度SNP数据。而CNVcaller和CNVnator是基于重测序Reads深度检测CNV。每种软件都有其独特的优点和缺点，这可能会影响CNV检测的准确性。

表7-5　本研究与6项绵羊CNV研究比较

资料来源	测序平台	样本数（只）	CNVR计数	CNVR长度（Mb）	与本研究重叠的CNVR数目	重叠百分比（%）
Fontanesi et al.（2011）	aCGH	11	135	10.56	17	12.59
Liu et al.（2013）	SNP50	327	238	60.35	132	55.46
Ma et al.（2015）	SNP50	160	111	13.76	31	27.93
Jenkins et al.（2016）	aCGH	30	3 488	66.27	153	4.39
Zhu et al.（2016）	SNP600	110	490	81.04	219	44.69
Ma et al.（2017）	SNP600	48	1 296	120.53	424	32.72
本研究	Illumina HiSeq4000	32	7 228	56.06	—	—

三、中国细毛羊基因组中携带CNVRs的基因功能富集分析

为了进一步了解这些CNVRs的功能，对携带CNVRs的基因进行功能富集分析（图7-3）。总共显著富集到119个GO条目，包含48个生物学过程、5个细胞组成和66个分

子功能。这些GO条目涉及感官知觉系统、代谢过程和生长发育过程等（图7-2A）。同样在人、牛、猪、马、狗和小鼠相关CNV的研究中也显著富集到了感官知觉相关的GO条目。与黄牛相比，牦牛感官知觉相关的基因家族大幅度扩张。牦牛一般生活在高寒牧区，在春冬两季严重缺乏饲草料，发达的感官知觉相关基因可以使其更好地获取食物。本研究中选择的3个细毛羊品种也均以放牧为主，饲草料缺乏、高寒和干旱等环境压力驱使感官知觉相关基因迅速扩张，以利于更好地适应环境。富集到的许多物质代谢相关GO条目，同样与我们选择的细毛羊所处的环境相关。细毛羊处于恶劣的环境中，物种代谢机制对于其生产和繁殖至关重要。此外，在AMS_no组特有的携带CNVRs的基因中富集到了Wnt相关信号通路。在人和小鼠上的研究表明，在毛囊由休止期向生长期转变的过程中，Wnt信号通路对毛囊发育过程和毛发生长发挥着至关重要的作用。本研究中选择的3个绵羊品种均以产毛为主，而且AMS的羊毛质量优于CMS和AHS。Wnt信号通路可能在AMS的毛囊发育过程中发挥重要作用。

KEGG pathway分析发现这些共有的CNVRs富集在18个信号通路中，例如Jak-STAT、Rap1、Calcium 、Hippo和Estrogen信号通路等（图7-2B）。Jak-STAT信号通路是毛囊发育过程中的重要通路之一，Jak-STAT可以促进MAPK来影响毛囊发育。皮肤是雌激素在非生殖器官中最大的靶器官，雌激素可明显改变毛囊的周期反应。雌激素可以使毛发的生长期延长，休止期缩短，进而促进毛发快速再生。此外，对4组细毛羊特有的CNVRs也进行了功能富集分析，发现大量携带CNVRs的基因参与脂肪代谢、氨基酸代谢、微量元素代谢和响应刺激等过程。微量元素和维生素缺乏可以通过影响毛囊发育而影响羊毛生长。

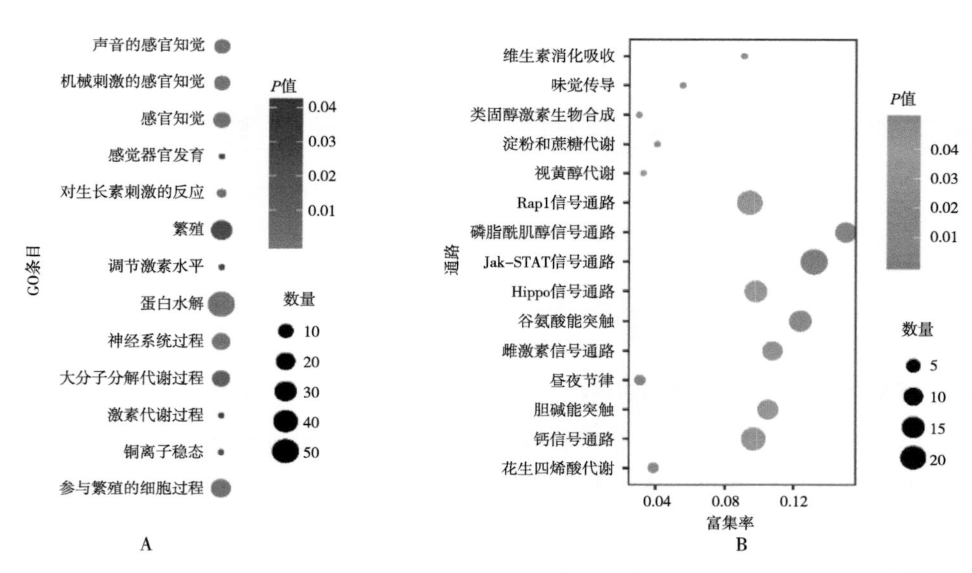

图7-2　中国细毛羊基因组中携带CNVRs的基因GO（A）和KEGG（B）富集分析

四、基于不同角型的中国细毛羊CNV选择清除分析

为了揭示CNV在细毛羊角型驯化过程中起到的遗传学作用，将32只细毛羊划分为有角（AMS_horn和CMS）和无角（AMS_no和AHS）2组并进行CNVRs选择清除分析。有角和无角细毛羊在很多染色体上存在遗传分化，最显著的位点位于10号染色体上，该位点基因为*RXFP2*（图7-3）。*RXFP2*是已经证实的与绵羊角型相关的候选基因。一些与绵羊身体特征相关的基因，在驯化过程中受到了定向的人工选择。而这些选择压力，很有可能使得CNV在绵羊群体中积累，进而成为产生优良性状的遗传基础。

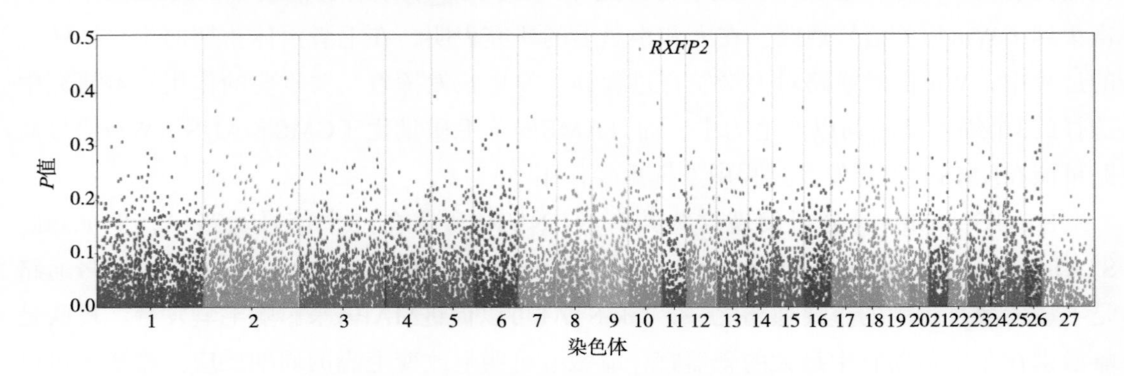

图7-3 不同角型中国细毛羊CNVR选择清除分析

总之，这项研究基于重测序技术绘制了第一张中国本土细毛羊CNV图谱，为已发表的绵羊CNV提供了重要补充，这将有助于未来对绵羊感兴趣的性状进行基因组结构变异的研究。

第三节 不同羊毛类型绵羊全基因组选择信号分析

一、全基因组选择信号分析

本研究基于群体分化的选择指数（FST，Fixation index）单位点和滑动窗口相结合的方法，以及基于基因组杂合度即核苷酸多态性θ_π比率的组合方法，对不同羊毛类型绵羊群体间进行选择信号分析。考虑到在基因组上可以观察到选择作用造成的不同长度的扩展单倍型纯合（EHH，Extended haplotype homozygousity），采用基于连锁不平衡理论的综合单倍型纯合度评分（iHS，Intergrated haplotype homozygosity score）和群体间

扩展单倍型纯合度（XP-EHH，Cross-population extended haplotype homozygosity）进行群体内和群体间扩展单倍型的检测。通过对细毛羊群体受到选择作用的位点检测之后，获得相关SNP信息，从NCBI数据库中下载Ovis_aries_4.0（https://www.ncbi.nlm.nih.gov/assembly/GCF_000298735.2）基因组文件（GCA_000298735.2_Oar_v4.0_genomic.fna.gz）和注释文件（GCA_000298735.2_Oar_v4.0_genomic.gbff.gz），利用Annovar软件构建绵羊Ovis_aries_4.0参考基因注释数据库。以受选择的SNP位点为中心，上下游各50kb的区间，进行基因注释。最后再结合细毛型绵羊品种的特点及相关文献数据库，寻找与羊毛有关的受选择基因。通过在线富集工具DAVID 6.8（https://david.ncifcrf.gov/summary.jsp）对受选择的候选基因，进行GO（gene ontology）和KEGG（Kyoto Encyclopedia of Genes and Genomes）功能富集分析。

1. 细毛型绵羊与其他毛型绵羊FST-θ_π检测方法注释结果

将细毛型绵羊群体与其他4种毛型群体之间进行FST-θ_π联合选择信号检测结果中，细毛型绵羊群体受到选择的SNP位点进行韦恩分析，结果如图7-4所示。结果表明在4个不同组之间，有8个SNPs位点在细毛型绵羊群体中同时受到了选择。在3个分组之间细毛型绵羊群体受到选择的位点共有53个位点。在两个分组之间细毛型绵羊群体受到选择的位点共有184个位点。所有共有位点中分布在6号染色体上的数量最多，有65个。

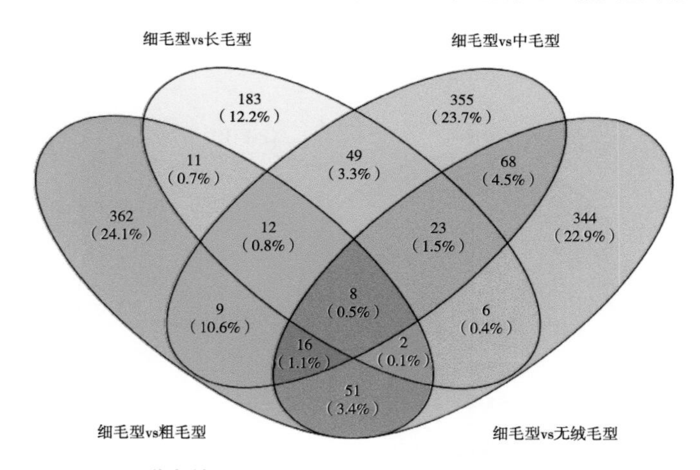

图7-4　4组FST-θ_π联合检测方法结果中细毛型绵羊群体受选择SNP位点韦恩图

进一步对细毛型绵羊群体中受到选择的SNP位点进行基因注释，整理出不同组之间细毛型绵羊受到选择的共有基因，以及细毛羊群体在不同组中候选基因韦恩图（图7-5）。在4个不同组之间，有6个注释到的基因（*TRNAC-GCA*、*SNCA*、*PPARGC1A*、*LOC101113788*、*LOC101108077*和*LOC101108337*）在细毛型绵羊群体中同时受到了选择。在3个分组之间细毛型绵羊群体受到选择的基因共有33个基因。在两个分组之间细毛型绵羊群体受到选择的基因共有112个。

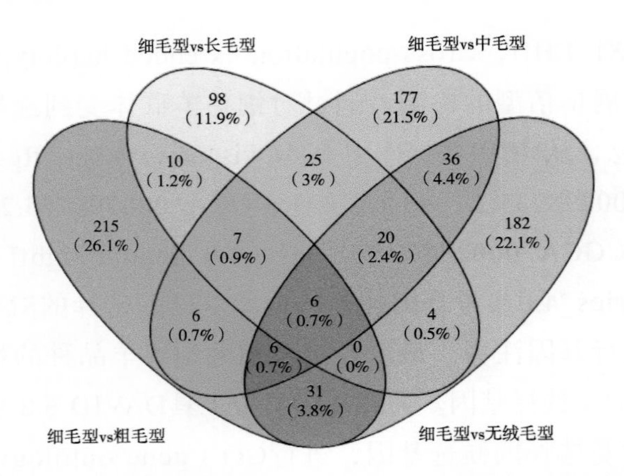

图7-5　4组FST-θ_{π}联合检测方法结果中细毛型绵羊群体受选择候选基因韦恩图

2. 细毛型绵羊iHS以及与其他4种毛型绵羊群体间的XP-EHH注释结果

为了更好地通过单倍型的方法挖掘与细毛羊羊毛性状相关的基因，将细毛羊iHS挖掘到的候选SNP位点与所有XP-EHH结果中至少有两组的细毛羊共同受到选择的候选SNP位点求交集，共发现68个共有候选SNPs位点（图7-6）。对该68个候选位点±50kb范围内进行基因注释，共注释到了38个基因，其中33个位点位于基因内，12个位点位于6号染色体上的CCSER1基因内。存在3个位点分别位于*HERC3*、*ABHD2*和*SLC35F3*的3′ UTR区域。还有一个候选位点位于*LOC106991209*基因的ncRNA外显子区域。

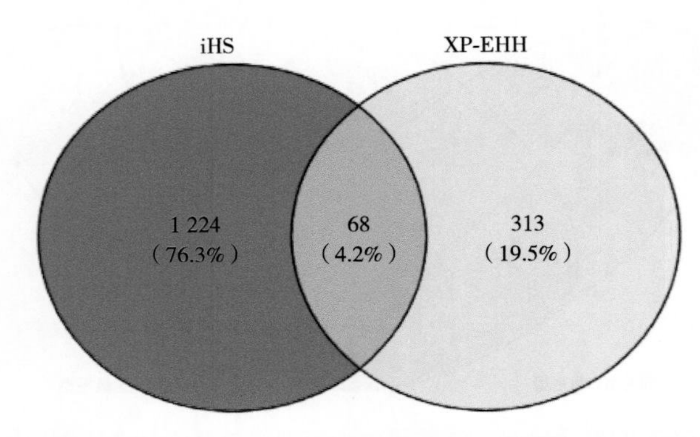

图7-6　iHS和XP-EHH结果中细毛羊群体受到选择的SNP位点韦恩图

在4种毛型绵羊群体之间的XP-EHH方法结果中，细毛型绵羊受到选择的SNP位点进行了韦恩分析（图7-7）。结果发现在4个不同组之间，有2个SNPs位点在细毛型绵羊群体中共同受到了选择。在3个分组之间细毛型绵羊群体受到选择的共有位点有59个位点。在两两分组之间细毛型绵羊群体受到选择的共有位点有320个位点。通过对以上381个候选位点±50kb范围内进行基因注释，共注释到了227个基因，其中4个SNPs位点分别位于*TCEB3*、*LCORL*、*DVL2*和*WSB2*基因的外显子区域内，6号染色体上的1个SNP

位点位于*LOC106991209*基因的ncRNA外显子区域，3个位点分别位于*BBOF1*、*PSMD3*和*PRSS50*的上游区域，2个位点分别位于*LOC101105876*和*CORO1A*的下游区域。最后所有位点中分布在6号染色体上的数量最多，有100个位点，我们对6号染色体上的位点进行注释，共注释到了36个基因，其中*CCSER1*和*RNASE10*基因中位点较多。

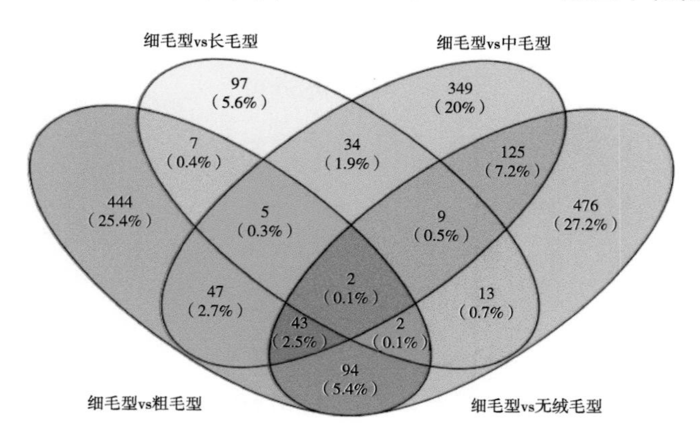

图7-7　4组XP-EHH检测结果中细毛型绵羊群体受选择SNP位点韦恩图

3．4种检测方法在细毛型绵羊群体中受到选择位点注释结果

为挖掘更多可靠SNP位点，进一步将对不同方法在细毛型绵羊受到选择的候选SNP位点进行韦恩分析，从而了解在不同方法中筛选出的候选重叠位点的情况。如图7-8所示，共有27个位点在4种方法中同时受到选择。共有124个候选位点在两种方法中同时受到选择。其中6号染色体上分布的候选位点最多有55个。我们对在4种方法中共有的27个候选位点进行基因注释，共注释到了20个基因，由表7-6可见，候选基因在6号染色体分布较多，有9个基因，分别为*CCSER1*、*RNASE10*、*SNCA*、*PKD2*、*SPP1*、*FAM184B*、*LCORL*、*LOC105608050*和*TRNASTOP-UCA*。

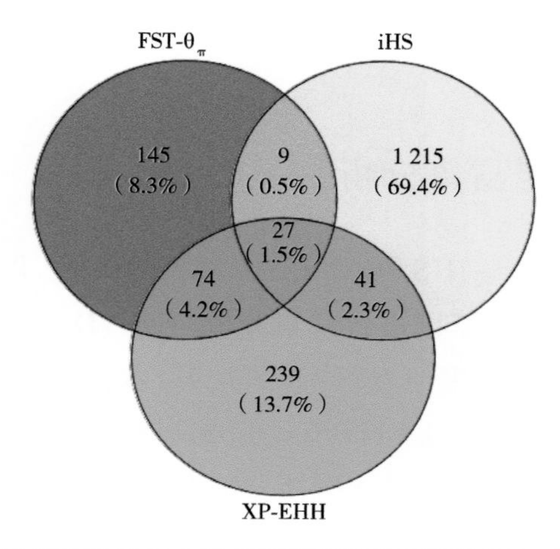

图7-8　4种检测方法结果中细毛型绵羊群体受到选择SNP位点韦恩图

表7-6　细毛型绵羊群在4种检测方法结果中共同受到选择SNP位点和候选基因信息

染色体	位置	参考碱基	次等位基因	候选基因	物理距离（bp）
3	140321803	G	A	*ARID2*	基因内
6	33487272	C	T	*CCSER1*	基因内
6	33531764	A	T	*CCSER1*	基因内
6	34461204	G	A	*RNASE10*	基因间（32 296）
6	34821936	G	A	*SNCA*	基因内
6	34851127	C	T	*SNCA*	基因内
6	34896844	G	A	*SNCA*	基因内
6	36502071	C	T	*PKD2*	基因内
6	36583171	G	A	*SPP1*	基因内
6	37126564	C	T	*FAM184B*	基因内
6	37177538	G	A	*FAM184B*	基因内
6	37400993	G	T	*LCORL*	基因内
6	37536930	C	T	*LOC105608050*	基因间（8 253）
6	38408895	G	A	*TRNASTOP-UCA*	基因间（9 067）
11	26583000	C	A	*YBX2*	基因间
11	29208427	G	A	*TMEM220*，*LOC101114033*	基因间（2 903，42 472）
25	6380207	G	T	*LOC105604910*	基因间（46 345）
25	6748890	C	T	*SLC35F3*	UTR3（rna47 224：c.*955C>T）
25	8655140	G	A	*NID1*	基因间（18 697）

二、候选基因功能富集分析

本研究在获得的FST-θ_π、iHS和XP-EHH 3种结果中，取至少两种结果中细毛型绵羊群体受到选择的83个候选基因进行富集分析。通过DAVID在线富集工具，进行了GO和KEGG富集分析。富集结果如表7-7和图7-9所示，显示共有14条GO条目（BP：9，CC：2，MF：3）和4条KEGG条目*P*值≤0.05。其中生物学过程中经典Wnt（GO：0090263）通路与毛囊发育紧密相关，所涉及的3个显著富集基因为*COL1A1*、*SRC*和*DVL2*。

表7-7　细毛型绵羊群体中受选择的候选基因GO和KEGG富集分析结果

通路编号	通路名称	数量	*P*值
GO：0050731	肽基酪氨酸磷酸化的正调控	3	0.02
GO：0090263	经典Wnt信号通路的正调控	3	0.02
GO：0071498	细胞对流体剪切力的应答	2	0.03
GO：2000394	片状伪足形态发生的正调控	2	0.03
GO：0001649	成骨细胞分化	3	0.05
GO：0048169	长期神经元突触可塑性的调节	2	0.05
GO：0021510	脊髓发育	2	0.05
GO：0071902	蛋白丝氨酸/苏氨酸激酶活性的正调节	2	0.05
GO：0070555	对白细胞介素-1的反应	2	0.05
GO：0005615	细胞外间隙	9	0.002
GO：0098794	突触后	2	0.05
GO：0016874	连接酶活性	3	0.01
GO：0003677	DNA结合	6	0.04
GO：0005509	钙离子结合	6	0.04
oas05152	结核	4	0.03
oas04510	黏着力	4	0.03
oas04512	ECM-受体相互作用	3	0.04
oas05203	病毒致癌作用	4	0.04

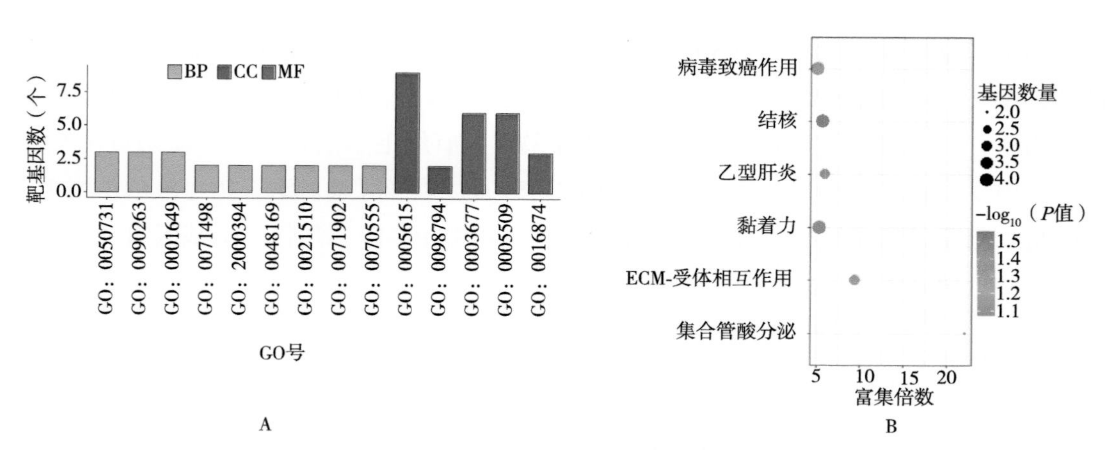

图7-9　候选基因GO富集柱状图（A）和KEGG富集气泡图（B）

注：BP，生物学过程；CC，细胞组分；MF，分子功能。

第八章 中国细毛羊重要经济性状全基因组关联分析

第一节　中国细毛羊体重性状的全基因组关联研究

体重是细毛羊生产中最为重要的一项生长发育指标，直接或间接影响其肉用、毛用和繁殖性能。生产上一般以初生重、断奶重、周岁重以及成年重等指标来反映细毛羊的体重增长和发育状况。体重增长受遗传基础和饲养管理两方面因素的影响，体重遗传力属于中等偏上，其中初生重和断奶重遗传力为0.30～0.35，周岁重遗传力为0.40～0.45，成年重遗传力为0.39。遗传力越高的性状，选择效果越准确，体重则是选种的主要指标之一。因此，揭示细毛羊体重的复杂分子机制并挖掘影响该性状的重要功能基因，对细毛羊生产和育种至关重要。本研究随机选择了460只中国具有典型代表性的4个细毛羊品种，其中包含220只高山美利奴羊（75只公羊和145只母羊，AMS）、120只中国美利奴羊（60只公羊和60只母羊，CMS）、60只敖汉细毛羊（30只公羊和30只母羊，AHS）和60只青海细毛羊（30只公羊和30只母羊，QHS）。这些细毛羊长期以放牧为主，冬季进行适当补饲。使用电子秤采集所有细毛羊的初生重、断奶重（3.5月龄）、周岁重和成年重（30月龄），称重的同时通过颈静脉采血法采集血液5mL用于全基因组重测序。测序结果经过过滤和比对后，进行SNP鉴定、注释、全基因组关联分析和生物信息学分析。

一、中国细毛羊4个体重性状群体结构分析

使用混合线性模型模拟群体结构、亲缘关系和家系结构，是目前最有效地降低群体分层的方法。因此，本研究中以群体遗传结构作为固定效应，个体亲缘关系作为随机

效应，以校正群体结构和个体亲缘关系的影响。从4个体重性状的Q-Q图中可以看出，观测值和期望值之间没有出现群体分层现象，但与性状有显著关联的SNP。本研究中显著关联的SNP的*P*值小于10^{-6}，这些SNP是极有可能真实、有效存在的（图8-1）。

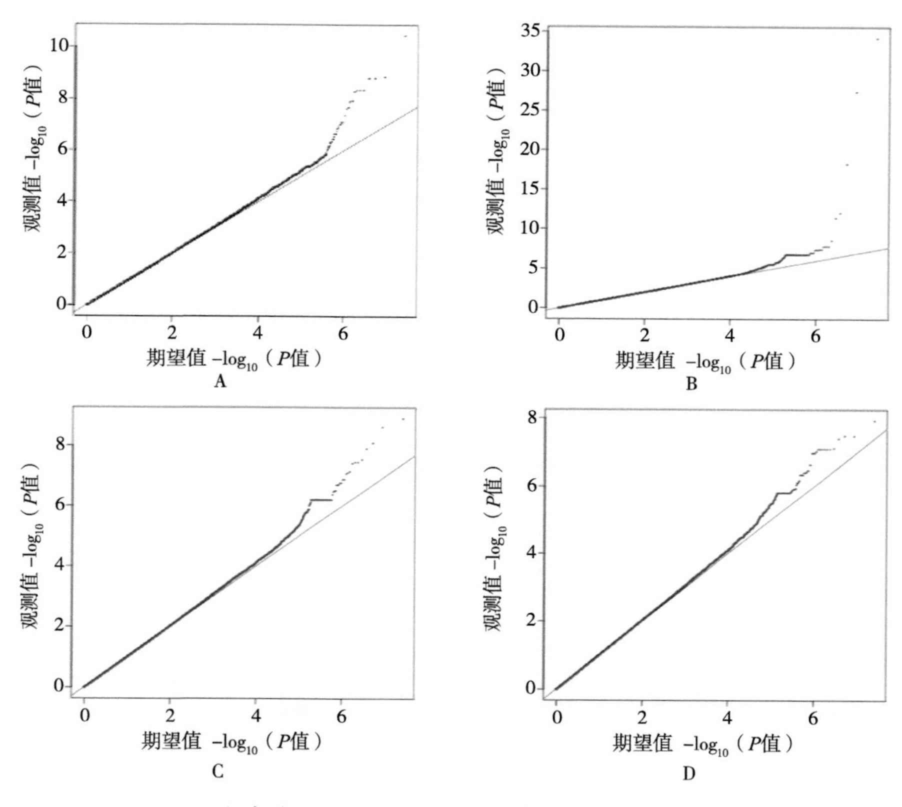

A，初生重；B，断奶重；C，周岁重；D，成年重。

图8-1　4个细毛羊品种的体重性状Q-Q图

二、中国细毛羊体重的全基因组关联分析

利用GEMMA软件，基于混合线性模型$y=X\alpha+Z\beta+W\mu+e$（y为表型性状；X为固定效应的指示矩阵，α为固定效应的估计参数；Z为SNP的指示矩阵，β为SNP的效应；W为随机效应的指示矩阵，μ为预测的随机个体；e是随机残差）对460只细毛羊的初生重（图8-2A）、断奶重（图8-2B）、周岁重（图8-2C）和成年重（图8-2D）进行全基因组关联分析。GWAS结果显示，在4个体重性状中共有113个SNPs达到基因组显著水平。除了性染色体，4个体重性状的常染色体上显著关联的基因均不相同。猜测不同阶段细毛羊体重由不同基因控制，且同一阶段的体重受多个基因调控。细毛羊体重属于数量性状，受到基因型和环境的共同作用。数量性状的多基因假说进一步证明了体重受微

效多基因调控。同样，在鸡体重的GWAS研究中也发现体重性状受微效多基因调控。基因的表达具有选择性，受时间、空间和环境因素的影响。除了极少数基因在任何外部环境下均维持稳定表达（比如β-肌动蛋白基因等）外，大多数基因是否表达、表达水平高低都是根据外部环境的变化而受到调节的。环境因素一方面包括物质层面的，比如营养状况。另一方面是精神层面的，比如应激。这些环境因素会改变机体内分泌系统，进而改变基因的表达情况。我们选择的细毛羊均以放牧为主，不同季节的牧草营养水平不同，进而会影响其基因表达情况。在其他研究中也发现，饲料营养水平不同会改变基因的表达情况。其次，放牧细毛羊受到夏天炎热和冬天寒冷的刺激，同样会改变基因的表达情况。

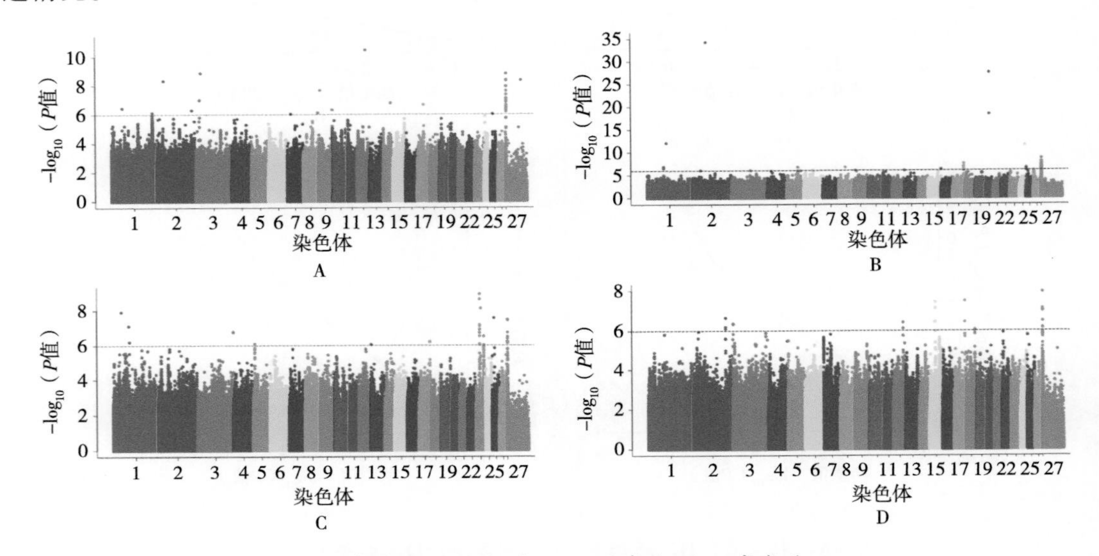

A，初生重；B，断奶重；C，周岁重；D，成年重。

图8-2　4个细毛羊品种的体重曼哈顿图

对于初生重性状，在OAR1、OAR2、OAR3、OAR7、OAR9、OAR12、OAR14、OAR17、OAR25和OAR27上共检测到29个显著关联的SNPs，有效注释到8个基因（表8-1）。对于断奶重性状，在OAR1、OAR2、OAR3、OAR5、OAR8、OAR16、OAR17、OAR20、OAR24、OAR25和OAR27上共检测到38个显著关联的SNPs，有效注释到10个基因（表8-1）。对于周岁重性状，在OAR1、OAR3、OAR5、OAR13、OAR17、OAR23、OAR25和OAR27上共检测到31个显著关联的SNPs，有效注释到12个基因（表8-1）。对于成年重性状，在OAR2、OAR3、OAR12、OAR15、OAR17、OAR18和OAR27上共检测到15个显著关联的SNPs，有效注释到6个基因（表8-1）。体重增长与肌肉、脂肪以及骨的增长密切相关。在这些显著关联的SNP中也确定了一些与肌肉、脂肪以及骨的生长发育相关的候选基因。在初生重性状中，位于12号染色体的*AADACL3*基因参与脂肪代谢。在断奶重性状中，位于24号染色体的*VGF*基因参与调控动物食物摄入量和体重。例如，敲除小鼠*VGF*基因导致其体重减轻、体内脂肪减少和能量过度消耗。在周岁重性状中，位于23号染色体的*NPC1*基因参与动物能量代谢稳态，对体重和脂肪代谢具有重要的调控作用。在成年重性状中，位于18号染色体的*SERPINA12*基因与动物体组成和脂质分布密切相关，可以作为脂质代谢的标记物。

表8-1　GWAS识别的显著SNP与候选基因

性状	染色体	位置（bp）	最小等位基因频率	$-\log_{10}$（*P*值）	距离（bp）	基因	变异位置
初生体重	ch1	253，212，365	0.10	6.111 011 551	−19 101	*SLCO2A1*	基因间
	ch9	14，382，214	0.49	7.664 224 268	−2 084	*LY6K*	基因间
	ch9	90，030，866	0.15	6.323 004 957	−26 215	*RALYL*	基因间
	ch12	52，839，429	0.50	10.456 753 18	0	*AADACL3*	内含子
	ch17	39，807，635	0.06	6.655 874 87	0	*C17H4orf45*	内含子
	ch25	13，791，395	0.48	6.006 388 368	−17 811	*BICC1*	基因间
	ch27	6，893，599	0.16	8.797 304 666	10 577	*GPR143*	基因间
	ch27	7，049，963	0.15	8.355 957 873	0	*SHROOM2*	内含子
断奶体重	ch1	101，447，761	0.21	6.814 810 126	7 370	*C1H1orf68*	基因间
	ch1	118，783，826	0.50	12.064 785 76	−16 239	*CLIC6*	基因间
	ch3	118，519，704	0.07	6.007 008 521	0	*TMTC2*	内含子
	ch20	26，410，829	0.50	27.433 880 12	−16 968	*STK19*	基因间
	ch20	26，410，829	0.50	27.433 880 12	−25 619	*DXO*	基因间
	ch20	26，410，829	0.50	27.433 880 12	−27 940	*SKIV2L*	基因间
	ch24	35，415，932	0.49	11.416 510 58	−19 192	*NAT16*	基因间
	ch24	35，415，932	0.49	11.416 510 58	−28 975	*VGF*	基因间
	ch27	6，892，015	0.21	8.574 556 919	8 993	*GPR143*	基因间
	ch27	6，892，015	0.21	8.574 556 919	−87 231	*SHROOM2*	基因间
周岁体重	ch1	51，280，492	0.50	7.908 829 16	−29 110	*RABGGTB*	基因间
	ch1	96，929，132	0.50	7.121 270 413	29 522	*TRNAQ-CUG*	内含子
	ch1	96，929，132	0.50	7.121 270 413	27 565	*TRNAN-GUU*	内含子
	ch1	101，447，761	0.21	6.206 583 675	7 370	*C1H1orf68*	基因间
	ch5	13，636，592	0.11	6.080 914 687	17 967	*ZNF557*	基因间

（续表）

性状	染色体	位置（bp）	最小等位基因频率	$-\log_{10}$（P值）	距离（bp）	基因	变异位置
周岁体重	ch13	1，884，594	0.35	6.049 430 267	0	*PLCB4*	内含子
	ch23	33，324，859	0.50	8.093 591 468	0	*NPC1*	内含子
	ch23	33，324，859	0.50	8.093 591 468	−16 422	*C23H18orf8*	内含子
	ch23	52，260，021	0.12	6.009 205 597	0	*DCC*	内含子
	ch25	12，802，212	0.50	7.554 054 255	−22 550	*ZNF25*	基因间
	ch27	7，053，187	0.19	7.464 649 666	170 165	*GPR143*	内含子
	ch27	7，053，187	0.19	7.464 649 666	0	*SHROOM2*	内含子
成年体重	ch2	206，466，290	0.06	6.642 091 631	0	*PARD3B*	内含子
	ch3	4，796，131	0.09	6.343 821 37	0	*MED27*	内含子
	ch18	57，956，306	0.11	6.049 410 169	24 508	*SERPINA14*	基因间
	ch18	57，956，306	0.11	6.049 410 169	−4 231	*SERPINA12*	基因间
	ch27	6，743，376	0.05	7.929 222 061	0	*TBL1X*	内含子
	ch27	6，997，506	0.19	6.124 895 773	0	*SHROOM2*	内含子

三、中国细毛羊体重相关候选基因富集分析

为了进一步了解这些显著关联的SNPs功能，我们对SNPs注释到的基因进行功能富集分析。总共显著富集到78个GO terms（$P<0.05$），包含25个生物学过程、13个细胞组成和40个分子功能（图8-3A）。这些GO terms主要涉及微管运动、细胞骨架和应激反应等。动物肌肉发育是一个长期复杂的过程，主要依赖于肌纤维的增殖和肥大。肌动蛋白在肌管转变成肌纤维的过程中发挥重要作用。同样，许多显著富集到的微管和细胞骨架蛋白相关GO terms也是肌肉发育所必需的。

KEGG pathway分析发现这些显著关联的SNP对应的基因被显著富集在25个通路中（$P<0.05$），进一步分析发现这些通路与免疫功能、骨骼肌发育和脂质代谢相关（图8-3B）。在成年体重性状中显著富集到了Wnt信号通路，其属于分泌性糖蛋白家族，参与多种前体细胞的增殖和分化。Wnt信号通路是胚胎期和出生后骨骼肌稳态维持中不可或缺的。在胚胎期骨骼肌发育过程中，Wnt信号通路主要通过调控生肌调节因子家族

（MRFs）来诱导肌肉的发生。在出生后骨骼肌发育过程中，经典的Wnt信号通路主要调节骨骼肌卫星细胞的分化，而非经典的Wnt信号通路主要介导骨骼肌卫星细胞的自我更新和肌纤维的生长。骨骼的生长发育也与体重密切相关，而且骨骼发育优先于骨骼肌发育。同样，Wnt信号通路在骨骼的发育过程中也发挥重要作用。除了Wnt信号通路，Jak-STAT信号通路对卫星细胞的作用在近年来也逐渐被揭示。Jak1/STAT1/STAT3途径促使激活的卫星细胞增殖，防止过早分化成肌管。而Jak2/STAT2/STAT3途径介导*MyoD*和*MEF2*正调节卫星细胞分化。我们还显著富集到了一些与脂质代谢相关的信号通路，例如脂肪消化、吸收和甘油代谢，这可能与我们选择的细毛羊所处的环境相关。本研究中选择的4个细毛羊品种均以放牧为主，春冬季节饲草料严重缺乏。细毛羊处于恶劣的环境中，脂质代谢机制对于其生产和繁殖至关重要。此外，这种恶劣的环境对细毛羊的健康也会产生巨大影响，以至于我们发现这些显著富集的通路中包括一些与机体免疫相关的信号通路，例如Toll样受体信号通路。

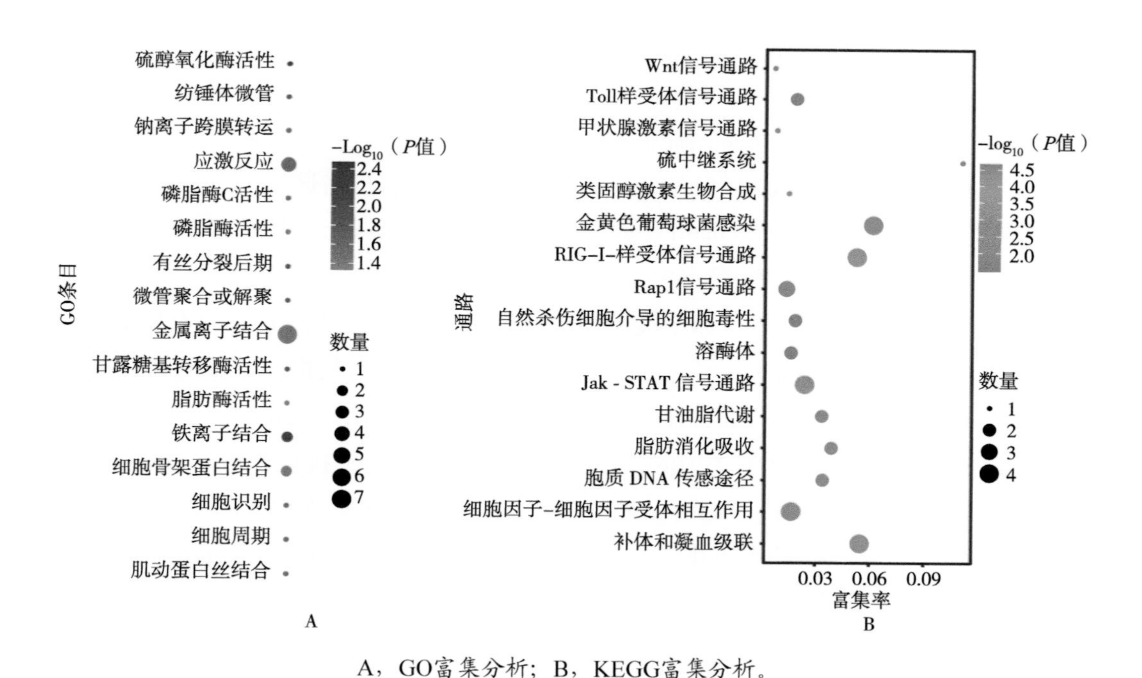

A，GO富集分析；B，KEGG富集分析。

图8–3　4个细毛羊品种的体重相关候选基因GO和KEGG富集分析

总之，这项研究结果确定了中国细毛羊体重性状相关的基因组区域和生物学途径。这些候选基因主要参与骨骼肌发育和脂质代谢等。此外，这些基因可以作为后续功能验证的良好候选者，以揭示细毛羊体重遗传变异的生物学机制。

第二节　中国细毛羊成年羊毛性状全基因组关联分析

羊毛质量和产量直接影响细毛羊的经济价值。而羊毛生长过程又受到遗传、营养、品种、年龄等因素的影响，其中遗传因素在决定羊毛性状形成中起决定性作用。因此，挖掘细毛羊羊毛性状形成的分子遗传标记和候选基因，对细毛羊育种工作至关重要。本节基于Illumina HiSeq X重测序技术平台，对高山美利奴羊（AMS）、中国美利奴羊（CMS）、敖汉细毛羊（AHS）和青海细毛羊（QHS）共计460只细毛羊的8个成年羊毛性状（纤维直径，纤维直径变异系数，纤维直径标准差，侧部毛长，剪毛量，净毛率，纤维断裂强度和纤维伸长率）进行全基因组关联研究，以挖掘影响羊毛性状的分子标记和候选基因，以供细毛羊羊毛性状的全基因组选择参考。

一、羊毛表型数据和测序数据

羊毛基因型数据来自中国4个细毛羊品种的577只成年细毛羊。其中，甘肃省皇城镇，选取了337只AMS（公82只，母255只）；新疆维吾尔自治区巩乃斯牧场，选取了120只中国美利奴羊（公60只，母60只）；内蒙古自治区赤峰市，选取了60只AHS（公30只，母30只）；青海省三角城，选取了60只QHS（公30只，母30只）。

羊毛样品取自略高于绵羊身体中线的肩胛骨后缘。毛样送到国家农业农村部动物毛皮质量监督检验中心（中国・兰州），检测以下7个羊毛表型数据：纤维直径（执行标准：GB/T 10685—2007），纤维直径变异系数（执行标准：GB/T 10685—2007），纤维直径标准偏差（执行标准：GB/T 10685—2007），侧部毛长（执行标准：GB/T 6976—2007），净毛率（执行标准：GB/T 6978—2007），纤维断裂强度（执行标准：GB/T 13835.5—2009）和纤维伸长率（执行标准：GB/T 13835.5—2009）。剪毛量数据取自细毛羊成年鉴定和周岁鉴定现场。

为了使得各羊毛表型数据近似于正态分布，本研究通过使用3σ方法去除极端表型值。表8-2列出了12个羊毛表型性状和样本量的描述性统计数据。成年平均纤维直径（20.87μm）高于周岁平均纤维直径（19.07μm），表明周岁羊毛纤维直径相对更细一些。而成年侧部毛长（9.68cm）却低于周岁侧部毛长（10.46cm）。在剪毛量方面，成年剪毛量（6.72kg）高于周岁剪毛量（5.21kg）。在净毛率方面，成年净毛率（58.61%）高于周岁净毛率（56.86%）。各羊毛性状用于全基因组关联分析的样本量范围为385～575只，其中成年侧部毛长性状的样本量最低为385只，周岁羊毛纤维直径性状的样本量为575只。测序结果见表8-3，测序过程中共生成了10.73Tb的原始数据，平均每个样本18.59Gb。经测序质量条件过滤后，获得了10.64Tb的干净数据，每个样本平均18.44Gb。从测序质量评估来看，所有样品的Q20值平均为96.84%，Q30值平均为92.47%。GC含量的分布范围为41.58%～47.31%。对序列比对情况进行统计，所有样品平均过滤后片段数为155 467 935.3个，平均比对片段数为153 924 178.4个，平均比对率为99.04%，最高比对率为99.41%，最低为97.44%。所有样本的平均测序深度为8.37X，其中样本最高测序深度达到40.22X，最低测序深度为5.98X。SNP位点经检测和质控后，有12 561 225个SNPs位点用于460只样本的成年羊毛性状全基因组关联分析，9 181 115个SNP位点用于577只样本的周岁羊毛性状全基因组关联分析。质控后常染色体上的1Mb窗口内SNPs密度分布详见图8-4。

表8-2　12个羊毛性状表型数据描述性统计

性状	平均值	最小值	最大值	样本量（只）
成年平均纤维直径（μm）	20.87 ± 2.00	16.2	26	460
成年纤维直径变异系数（%）	19.21 ± 2.86	12.7	27.8	459
成年纤维直径标准差（μm）	3.99 ± 0.66	2.5	6	456
成年侧部毛长（cm）	9.68 ± 1.15	5	13	385
成年剪毛量（kg）	6.72 ± 2.64	2.99	12.8	428
成年净毛率（%）	58.61 ± 8.98	31.17	76.15	458
成年纤维断裂强度（N/ktex）	30.97 ± 8.59	7.39	53.64	460
成年纤维断裂伸长率（%）	21.94 ± 6.55	8.54	45.01	453
周岁平均纤维直径（μm）	19.07 ± 1.81	14.5	24.1	575
周岁毛长（cm）	10.46 ± 1.07	7	14	574
周岁剪毛量（kg）	5.21 ± 1.36	2.5	9.26	537
周岁净毛率（%）	56.86 ± 6.90	36.46	73.72	507

表8-3　样本测序数据描述性统计

测序指标	平均值	标准差	最小值	最大值
原始数据（bp）	18 591 949 275	6 303 190 191	14 728 471 200	82 841 293 200
过滤后数据（bp）	18 438 337 304	5 473 532 187	14 702 523 300	69 085 359 900
有效率（%）	99.54	1.55	77.17	99.94
错误率（%）	0.03	0.005	0.02	0.04

（续表）

测序指标	平均值	标准差	最小值	最大值
Q20（%）	96.84	0.97	93.75	97.98
Q30（%）	92.47	2.64	85.83	96.30
GC含量（%）	44.20	0.48	41.58	47.31

表8-4 样本序列比对描述性统计

比对指标	平均数	标准差	最小值	最大值
过滤后片段数（个）	155 467 935.3	68 700 335.48	93 593 916	847 659 464
比对片段数（个）	153 924 178.4	67 912 473.92	92 754 586	837 279 744
比对率	0.99	0.001	0.97	0.99
测序深度（X）	8.37	3.00	5.98	40.22

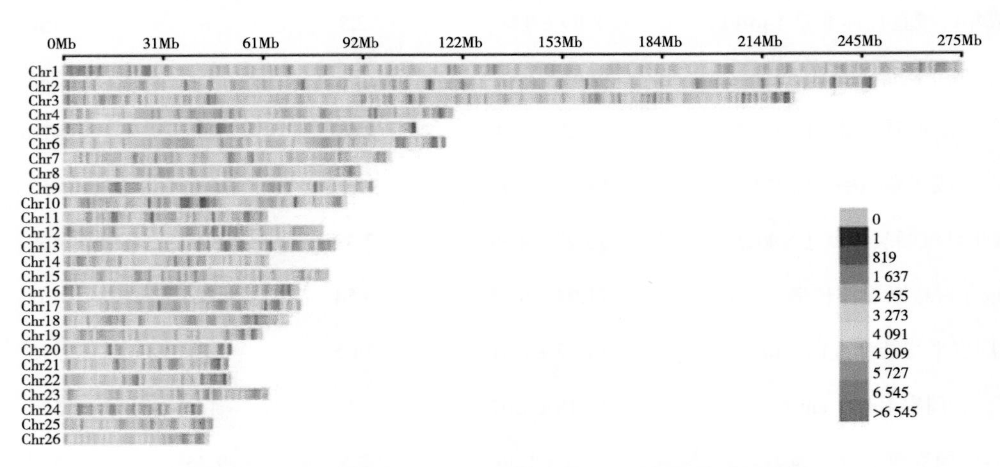

图8-4 质控后常染色体上1Mb窗口内SNPs位点数量分布

二、羊毛性状遗传参数估计

采用HIBLUP软件中的AI-REML方法，对12个羊毛性状遗传参数进行评估。通过计算加性效应和剩余残差，求得羊毛性状的遗传力。表8-5详细地统计了细毛羊各羊毛性状的估计遗传参数。各羊毛性状的遗传力范围为0.44～0.77，属于中高遗传力。其中，遗传力最高的是成年剪毛量，为0.77，最低的是成年侧部毛长，为0.44。周岁平均纤维直径性状的遗传力（0.75）高于成年平均纤维直径性状（0.64），周岁侧部毛长性状的遗传力（0.62）也高于成年侧部毛长（0.44）。而成年剪毛量（0.77）和净毛率性状（0.60）的遗传率均高于周岁剪毛量（0.68）和净毛率（0.56）。

表8-5　12个羊毛性状遗传参数评估

性状	加性遗传组分	剩余残差组分	遗传力
成年平均纤维直径（μm）	1.95 ± 0.45	1.11 ± 0.40	0.64 ± 0.13
成年纤维直径变异系数（%）	2.66 ± 1.20	3.27 ± 1.13	0.45 ± 0.19
成年纤维直径标准差（μm）	0.21 ± 0.06	0.11 ± 0.05	0.65 ± 0.17
成年侧部毛长（cm）	0.51 ± 0.25	0.65 ± 0.23	0.44 ± 0.20
成年剪毛量（kg）	1.75 ± 0.30	0.53 ± 0.25	0.77 ± 0.11
成年净毛率（%）	21.81 ± 5.77	14.50 ± 5.20	0.60 ± 0.15
成年纤维断裂强度（N/ktex）	31.53 ± 10.74	22.43 ± 9.77	0.58 ± 0.19
成年纤维断裂伸长率（%）	22.44 ± 6.48	13.77 ± 5.83	0.62 ± 0.16
周岁平均纤维直径（μm）	1.73 ± 0.38	0.59 ± 0.30	0.75 ± 0.13
周岁侧部毛长（cm）	0.70 ± 0.17	0.42 ± 0.15	0.62 ± 0.14
周岁剪毛量（kg）	0.58 ± 0.14	0.28 ± 0.12	0.68 ± 0.14
周岁净毛率（%）	15.91 ± 4.29	12.71 ± 3.76	0.56 ± 0.13

三、羊毛性状全基因组关联分析

本研究采用一般线性模型（GLM）、混合线性模型（MLM）和多位点混合线性模型（FarmCPU），对8个成年羊毛性状进行了全基因关联分析。3种关联模型中，由于一般线性模型容易造成大量假阳性位点，因此我们仅将一般线性模型作为背景参考，只统计另外两种模型的结果。本研究中基因型数据是采用重测序手段获取的，SNP位点数量较多，采用Bonferroni方法确定阈值线会过于严格，因此本研究采用两个阈值线，显著阈值线（*P*值= 0.05/N，*P*值= 3.98E-09）和经验阈值线（*P*值= 5E-07），来确定与羊毛性状相关联的SNP位点。

成年羊毛平均纤维直径关联结果曼哈顿图和Q-Q图详见图8-5和图8-6。在显著阈值线（*P*值= 3.98E-09）以上，FarmCPU模型关联到了9个SNPs位点，显著SNP位点经基因注释，共注释到了7个候选基因。其中有2个SNPs位点分别位于OAR11上的*RNF43*和OAR16上的*SLIT3*基因的内含子区域。在经验阈值线（*P*值= 5E-07）以上：MLM模型关联到了54个SNPs位点，其中4个位点位于OAR17上的*ZNF280*基因的外显子区域，16个位点位于OAR17上的*LOC101108519*基因的ncRNA内含子区域；FarmCPU模型共关联到8个SNPs位点，其中2个位点分别位于OAR3和OAR5上的*TMTC2*和*CCDC124*基因的内含子区域。

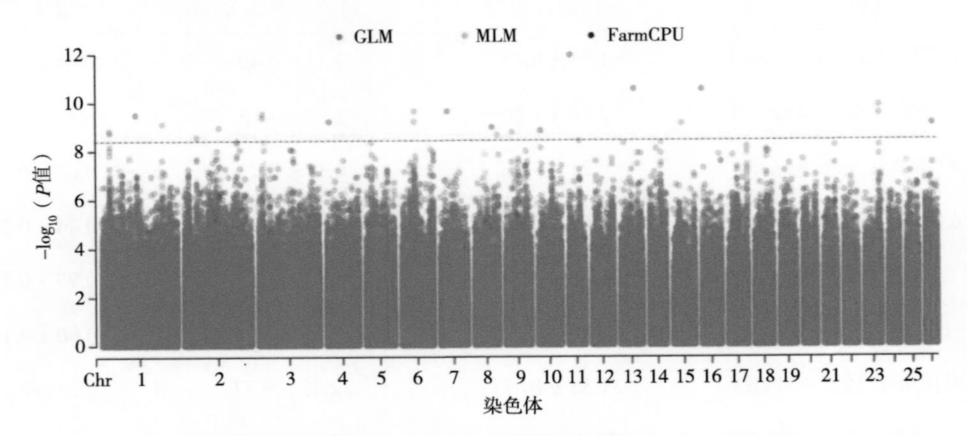

图8-5 成年羊毛平均纤维直径全基因组关联分析的曼哈顿图

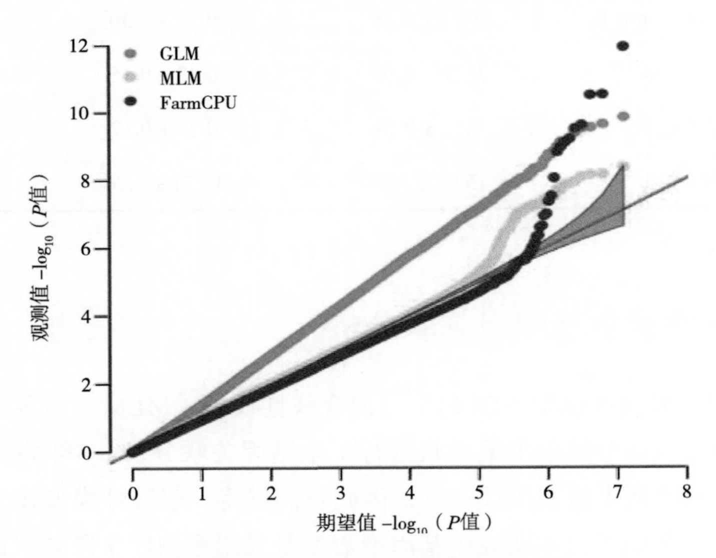

图8-6 成年羊毛平均纤维直径Q-Q图

成年羊毛纤维标准差性状关联结果曼哈顿图和Q-Q图详见图8-7和图8-8。在显著阈值线（*P*值= 3.98E-09）以上：MLM模型关联到了1个SNP位点，但没有注释到候选基因。在经验阈值线（*P*值= 5E-07）以上：MLM模型关联到了20个SNPs位点，其中9个位点位于候选基因的内含子区域，3个位点位于OAR17上的*LOC101108519*基因的ncRNA内含子区域；FarmCPU模型共关联到36个SNPs位点，其中12个位点候选基因的内含子区域，1个位点位于OAR21上的*LOC105603972*的ncRNA的内含子区域。

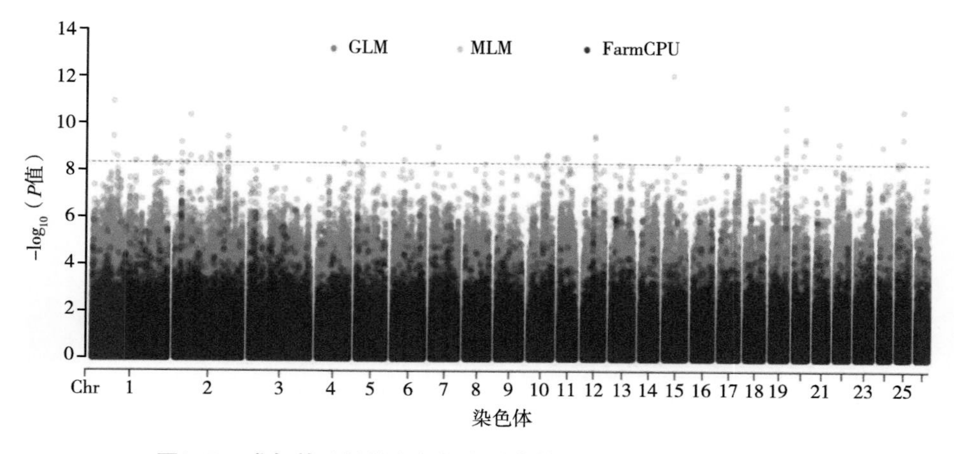

图8-7 成年羊毛纤维直径标准差全基因组关联分析曼哈顿图

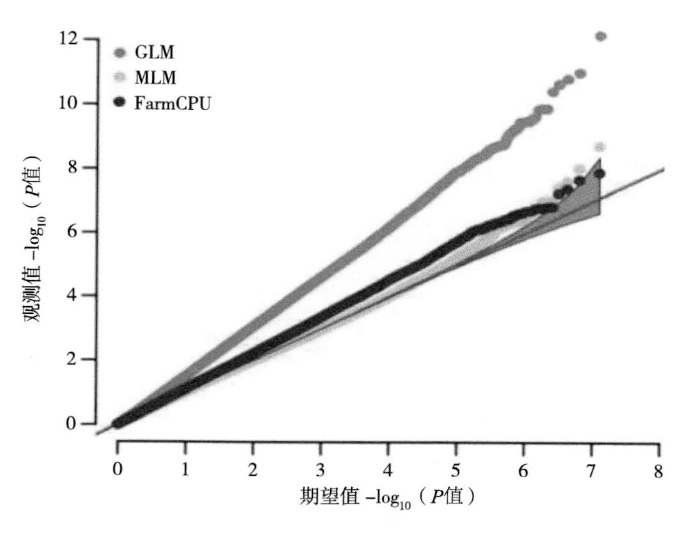

图8-8 成年羊毛纤维直径标准差Q-Q图

成年羊毛纤维变异系数性状关联结果的曼哈顿图和Q-Q图详见图8-9和图8-10。在显著阈值线（*P*值= 3.98E-09）以上：MLM模型关联到了146个SNPs位点，其中5个位点位于OAR17上的*ZNF280B*的外显子区域，3个位点位于OAR25上的*LOC105611500*的外显子区域，1个位点位于OAR1上的*LOC105605056*的外显子区域，14个位点位于7个候选基因的内含子区域。在经验阈值线（*P*值= 5E-07）以上：MLM模型关联到了62个SNPs位点，其中2个位点分别位于OAR1和OAR9上的*LOC105605056*和*DCSTAMP*基因的外显子区域，16个位点位于候选基因的内含子区域；FarmCPU模型关联到了13个SNPs位点，5个位点分别位于*NRXN1*、*LOC101112664*、*EPHA6*、*HDAC4*和*ANKFN1*基因的内含子区域。

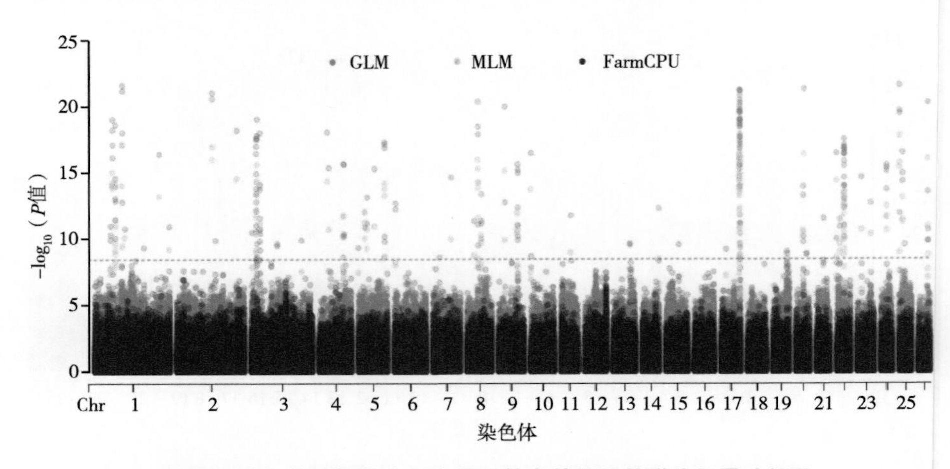

图8-9　成年羊毛纤维直径变异系数全基因组关联分析曼哈顿图

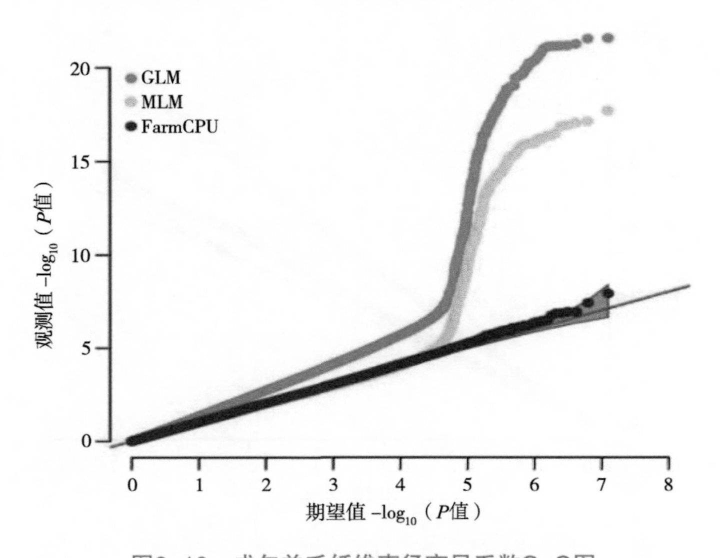

图8-10　成年羊毛纤维直径变异系数Q-Q图

成年羊毛毛长性状关联结果曼哈顿图和Q-Q图详见图8-11和图8-12。在显著阈值线（*P*值=3.98E-09）以上：MLM模型关联到11个SNPs位点，1个位点位于OAR17上的ZNF280B基因的外显子区域，8个位点位于OAR17上的*LOC101108519*基因的ncRNA内含子区域；FarmCPU模型共关联到6个位点，其中3个位点分别位于OAR14、OAR17和OAR26上的*ST3GAL2*、*NF2*和*LOC101120301*基因的内含子区域，1个位点位于OAR17上的*ZNF280B*基因的外显子区域。在经验阈值线（*P*值=5E-07）以上：MLM模型关联到了75个显著位点，其中4个位点位于OAR17上的*ZNF280B*的外显子区域，16个位点位于基因的内含子区域；FarmCPU模型关联到11个SNPs位点，其中5个位点分别位于OAR10、OAR1、OAR24、OAR22和OAR2上的*PDS5B*、*USP13*、*EIF3B*、*PCDH15*和*PARD3B*基因的内含子区域。

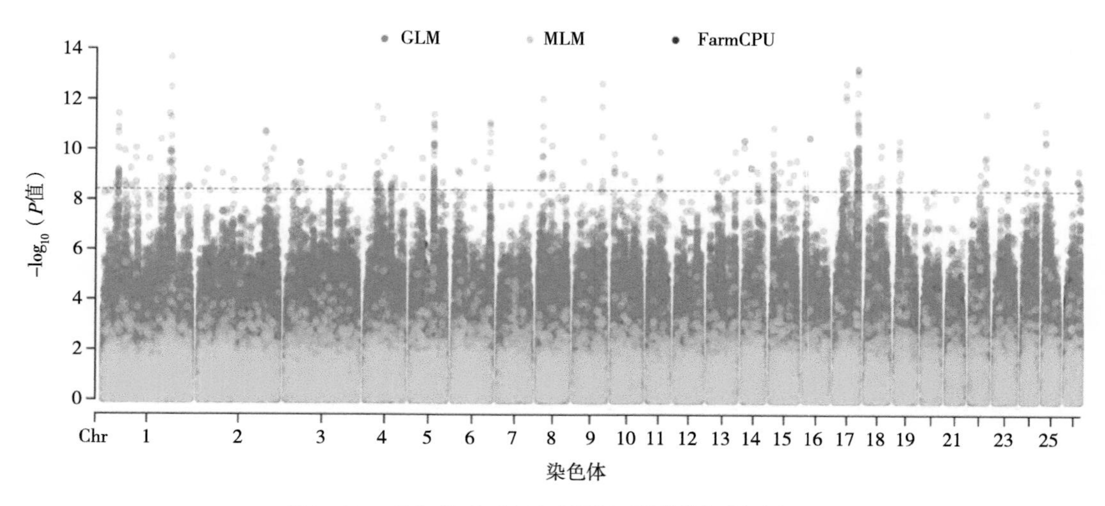

图8-11　成年羊毛毛长全基因组关联分析曼哈顿图

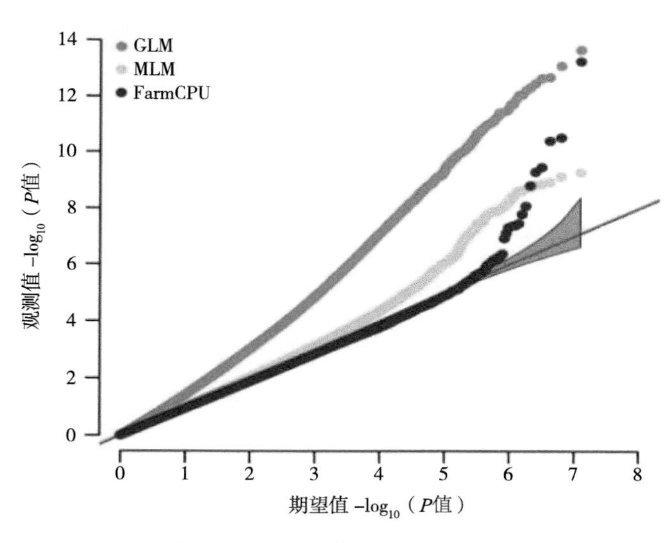

图8-12　成年羊毛毛长Q-Q图

成年羊毛剪毛量性状关联结果曼哈顿图和Q-Q图详见图8-13和图8-14。在显著阈值线（P值=3.98E-09）以上：MLM模型共关联到353个SNPs位点，其中有8个位点位于OAR17上的*ZNF280B*的外显子区域，3个SNPs位于OAR25上的*LOC105611500*的外显子区域，3个SNPs位于OAR1上的*LOC105605056*基因的外显子区域，2个位点分别位于OAR5和OAR21上的*LOC106991207*和*LOC105604166*基因的外显子区域，65个位点位于候选基因的内含子区域，OAR14上的1个位点位于*LOC101108945*基因的上游989bp处；FarmCPU模型共关联到6个SNPs位点，其中3个位点分别位于OAR3、OAR15和OAR13上的*MVB12B*、*LOC105602420*和*KIAA1217*基因的内含子区域。在经验阈值线（P值=5E-07）以上：MLM模型关联到了147个SNPs位点，其中4个位点分别位于

OAR17、OAR1、OAR12和OAR2上的*ZNF280B*、*LOC101106046*、*LOC101112997*和*LOC106990533*基因的外显子区域，50个位点位于候选基因的内含子区域，OAR3上1个位点位于*LOC105614168*基因的上游405bp处；FarmCPU模型共关联到14个SNPs位点，其中5个位点位于候选基因的内含子区域，3个位点分别位于OAR23、OAR21和OAR14上的*LOC105604425*、*LOC105604002*和*LOC105601987*基因ncRNA的内含子区域。

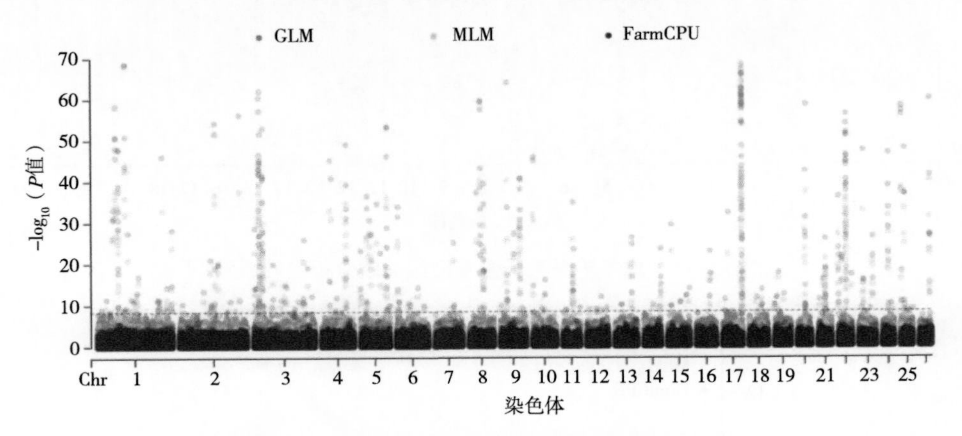

图8-13　成年剪毛量全基因组关联分析曼哈顿图

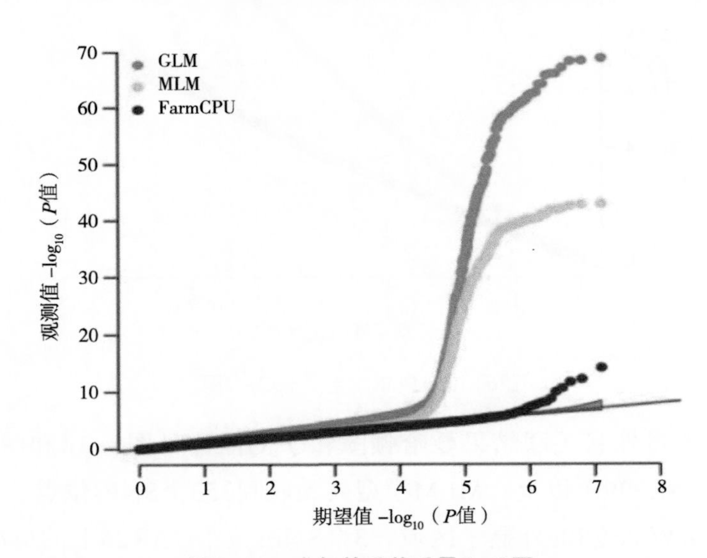

图8-14　成年羊毛剪毛量Q-Q图

成年羊毛净毛率性状关联结果曼哈顿图和Q-Q图详见图8-15和图8-16。在显著阈值线（P值= 3.98E-09）以上：MLM模型共关联到58个SNPs位点，其中4个位点位于OAR17上的*ZNF280B*基因的外显子区域，4个位点位于候选基因的内含子区域。在经验阈值线（P值= 5E-07）以上：MLM模型关联到了63个SNPs位点，其中1个位点位于OAR17上的*ZNF280B*基因的外显子区域，10个位点位于候选基因的内含子区域，OAR3

上的1个位点位于TRIB2基因的下游583bp处；FarmCPU模型共关联到16个SNPs位点，其中OAR5上的1个位点位于*FAM129C*基因的外显子区域，3个位点分别位于OAR17、OAR19和OAR10上的*LRBA*、*PRKAR2A*和*FAM129C*基因的内含子区域。

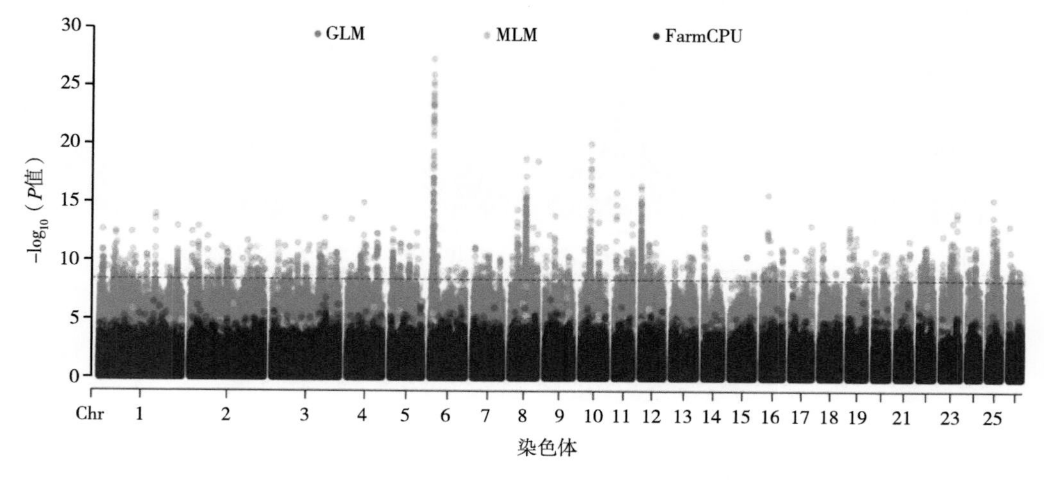

图8-15　成年羊毛净毛率全基因组关联分析曼哈顿图

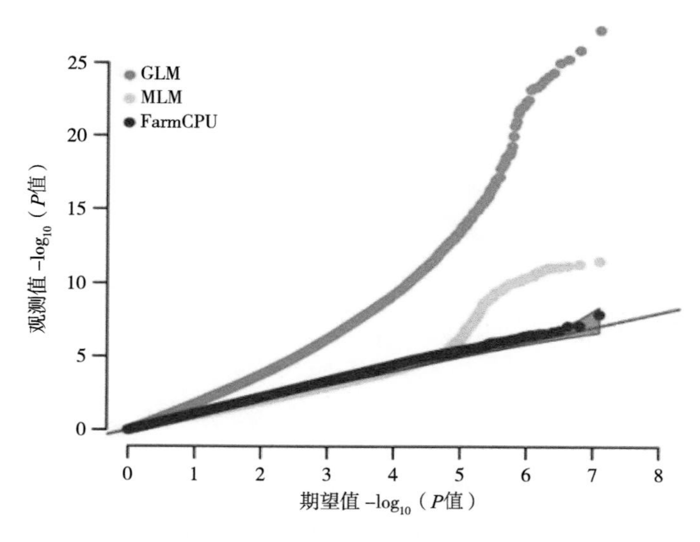

图8-16　成年羊毛净毛率Q-Q图

成年羊毛断裂强度性状关联结果曼哈顿图和Q-Q图详见图8-17和图8-18。在显著阈值线（*P*值=3.98E-09）以上：两种模型均未关联到显著位点。在经验阈值线（*P*值=5E-07）以上：MLM模型关联到OAR3上1个SNP位点，该位点位于*TOR1B*和*PTGES*两个基因之间；FarmCPU模型共关联到2个SNPs位点，分别位于OAR3上的*RASD2*基因的基因间区域和OAR1上的*INADL*基因的内含子区域。

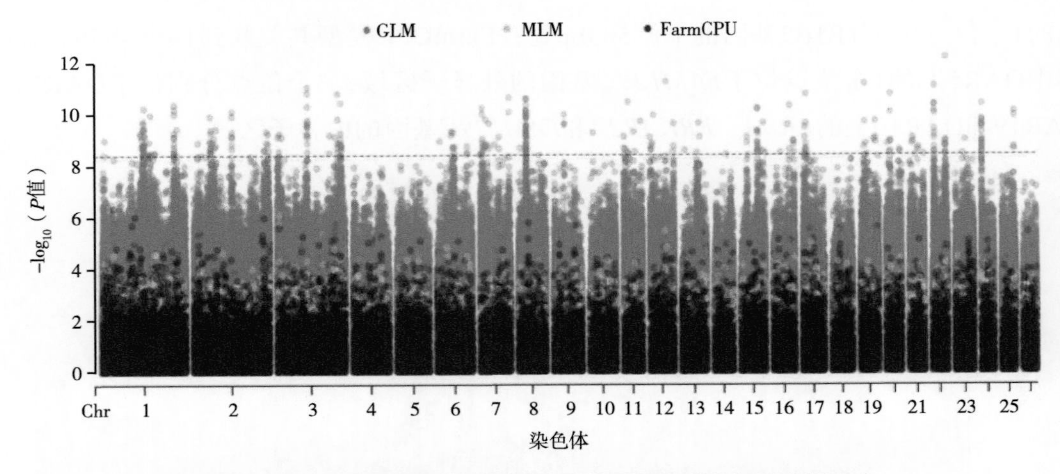

图8-17　成年羊毛纤维断裂强度全基因组关联分析曼哈顿图

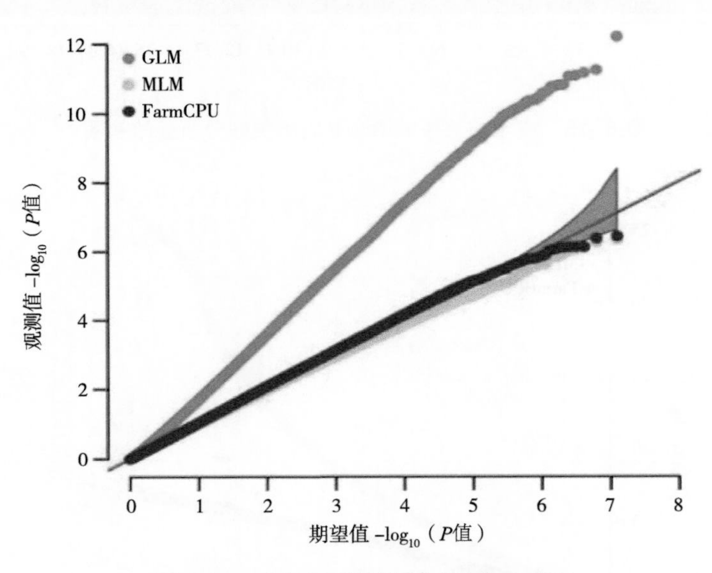

图8-18　成年羊毛纤维断裂强度Q-Q图

成年羊毛断裂伸长率性状关联结果曼哈顿图和Q-Q图详见图8-19和图8-20。在显著阈值线（*P*值= 3.98E-09）以上：MLM模型共关联到3个SNPs位点，其中2个位点分别位于OAR1和OAR15上的*LOC101112943*和*BCO2*两个基因的内含子区域；FarmCPU模型共关联到7个SNPs位点，其中3个位点分别位于OAR3、OAR12和OAR7上的*SLC8A1*、*KCTD3*和*RGS6*基因的内含子区域。在经验阈值线（*P*值= 5E-07）以上：MLM模型共关联到35个SNPs位点，其中12个位点位于候选基因的内含子区域；FarmCPU模型共关联到20个SNPs位点，其中5个位点分别位于OAR15、OAR1、OAR1、OAR22和OAR5上的*PGM2L1*、*LOC101112943*、*ROBO2*、*GOT1*和*SNAP47*基因的内含子区域。

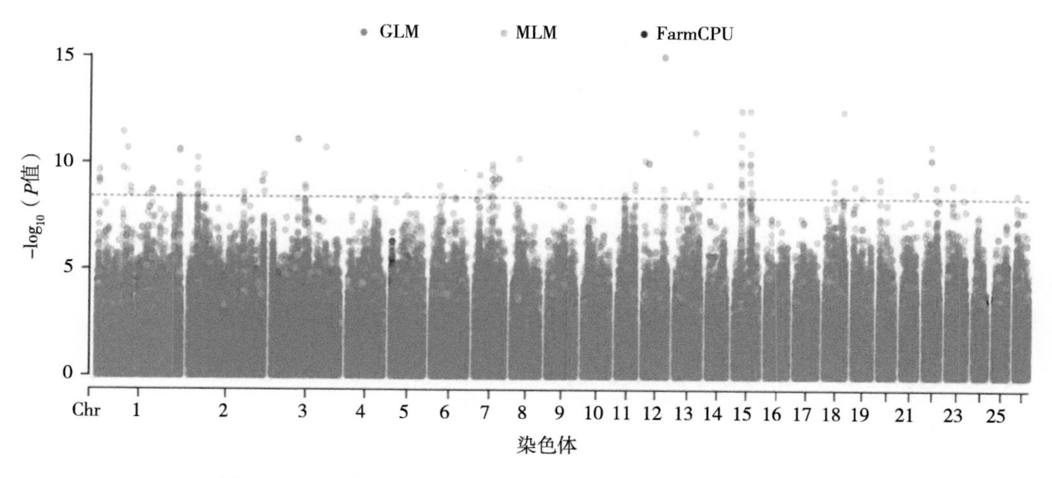

图8-19　成年羊毛纤维伸长率全基因组关联分析曼哈顿图

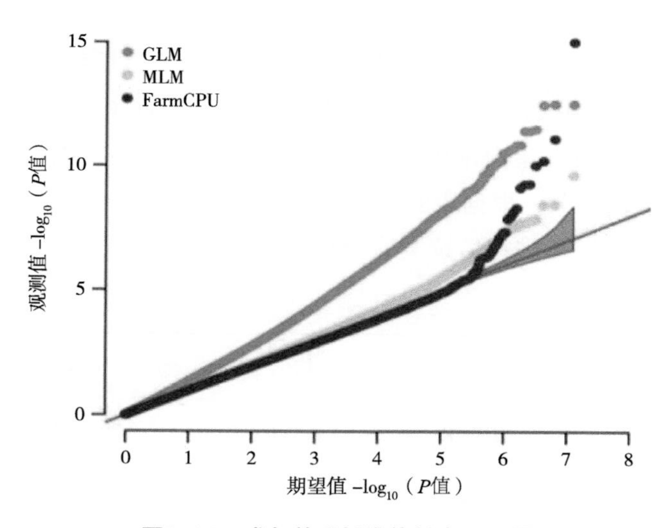

图8-20　成年羊毛纤维伸长率Q-Q图

第三节　高山美利奴羊羊毛品质和红细胞性状的全基因组关联分析研究

以高山美利奴羊为研究对象，收集977只高山美利奴羊的羊毛品质和红细胞共12种性状，对羊毛品质性状采用单标记方法进行基于固定和随机效应循环模型（Fixed and random model Circulating Probability Unification，FarmCPU）的GWAS研究（Wool

GWAS，后称W_GWAS），通过QTL定位和功能注释并与前人的研究结果进行比较，筛选出毛囊生长、毛发发育周期和表皮稳态等与羊毛品质关联的重要候选基因，为高山美利奴羊羊毛品质性状的基因组预测提供具有重要生物学意义的区域信息，也为后续整合QTL定位结果的基因组选择研究奠定理论基础；此外，对红细胞性状采用基于单标记和单倍型的广义线性模型（Generalized linear model，GLM）进行全基因组关联分析研究（Blood GWAS，后称B_GWAS），筛选出影响红细胞生成、造血功能和机体携氧能力等关联的重要候选基因，为高原家畜的功能基因研究提供有价值的参考。

一、高山美利奴羊羊毛品质和红细胞性状表型数据

W_GWAS羊毛性状结果见表8-6，B_GWAS中红细胞性状的结果见表8-7。选取6种羊毛性状进行关联分析，标准差的范围从2.29（毛纤维直径）~15.05（毛纤维直径变异系数），变异系数的范围从0.36（净毛率）~1.88（毛纤维直径变异系数）。选取6种红细胞性状进行关联分析，标准差（S.D）的范围从0.07（红细胞分布宽度变异系数）~103.77（平均血红蛋白浓度），变异系数（C.V）的范围从11.8（血红蛋白含量）~29.8（血细胞比容）；根据表8-6和表8-7的统计结果，各性状表型记录值的离散程度小，离群异常值少，可进行后续关联分析。

表8-6　羊毛性状表型值的描述性统计

性状	缩写	均值 ± S.D[1]	C.V[2]（%）	样本量（只）
净毛率（%）	CFWR	63.40 ± 7.00	0.36	949
束纤维强度断裂（N/ktex）	SS	33.81 ± 7.98	0.82	813
束纤维断裂伸长率（%）	FER	19.67 ± 5.07	0.92	811
平均毛纤维直径（mm）	FD	20.60 ± 2.29	0.34	947
毛纤维直径变异系数	FD_CV	26.09 ± 15.05	1.88	949
毛丛长度（mm）	SL	89.99 ± 12.80	0.51	784

注：[1]S.D，标准差；[2]C.V，变异系数；下表同。

表8-7　红细胞性状表型值的描述性统计

性状	缩写	均值 ± S.D	C.V（%）	样本量（只）
红细胞计数（10^{12}/L）	RBC	7.66 ± 1.69	22.08	496

（续表）

性状	缩写	均值 ± S.D	C.V（%）	样本量（只）
血红蛋白（g/L）	HGB	98.60 ± 11.64	11.80	489
血细胞比容（%）	HCT	0.27 ± 0.08	29.84	492
平均血红蛋白量（pg）	MCH	13.24 ± 2.64	19.93	494
平均血红蛋白浓度（g/L）	MCHC	377.47 ± 103.77	27.49	489
血红细胞分布变异系数	RWD_CV	0.39 ± 0.07	19.23	498

二、高山美利奴羊群体分析

图8-21显示了基于W_GWAS的检验统计量Q-Q图，通过Q-Q图可以看出，基于FarmCPU模型的单标记关联分析中无系统偏倚，由于在该模型中已整合了群体效应和亲缘关系等固定效应，故未进行主成分分析。

图8-22A和8-22B显示了基于B_GWAS的检验统计量Q-Q图，由图可知基于单标记或单倍型的关联分析中没有整体系统偏倚。通过主成分分析基于前3个特征向量绘制该群体的主成分结构图，即PCA图（图8-23），表明某些个体具有群体分层，因此，在GLM模型中应加入Q矩阵对群体分层进行校正，和分别代表总体结构和相应的主成分矩阵的影响。

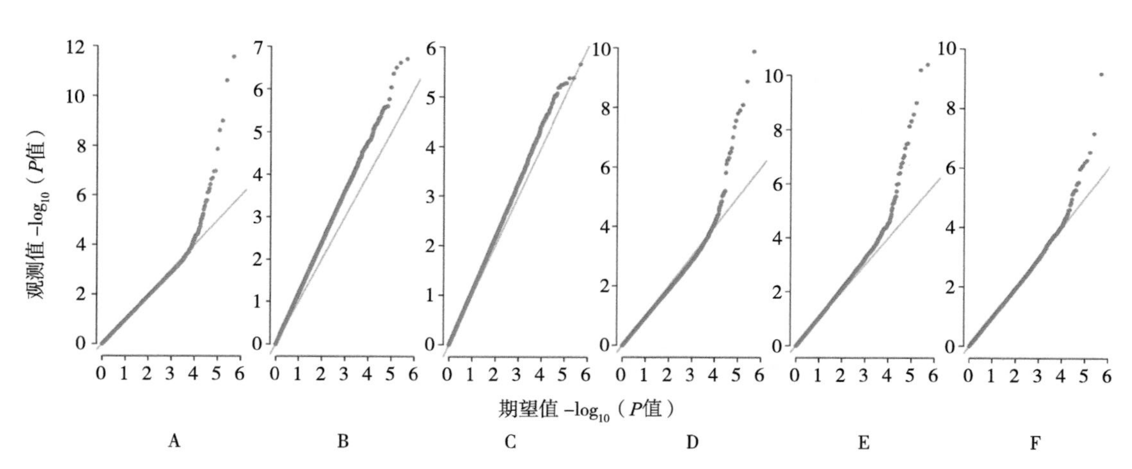

A，净毛率（CFWR）；B，束纤维断裂强度（SS）；C，束纤维断裂伸长率（FER）；D，毛纤维直径（FD）；E，毛纤维直径变异系数（FD_CV）；F，毛丛长度（SL）。

图8-21　基于单标记W_GWAS的羊毛性状Q-Q图

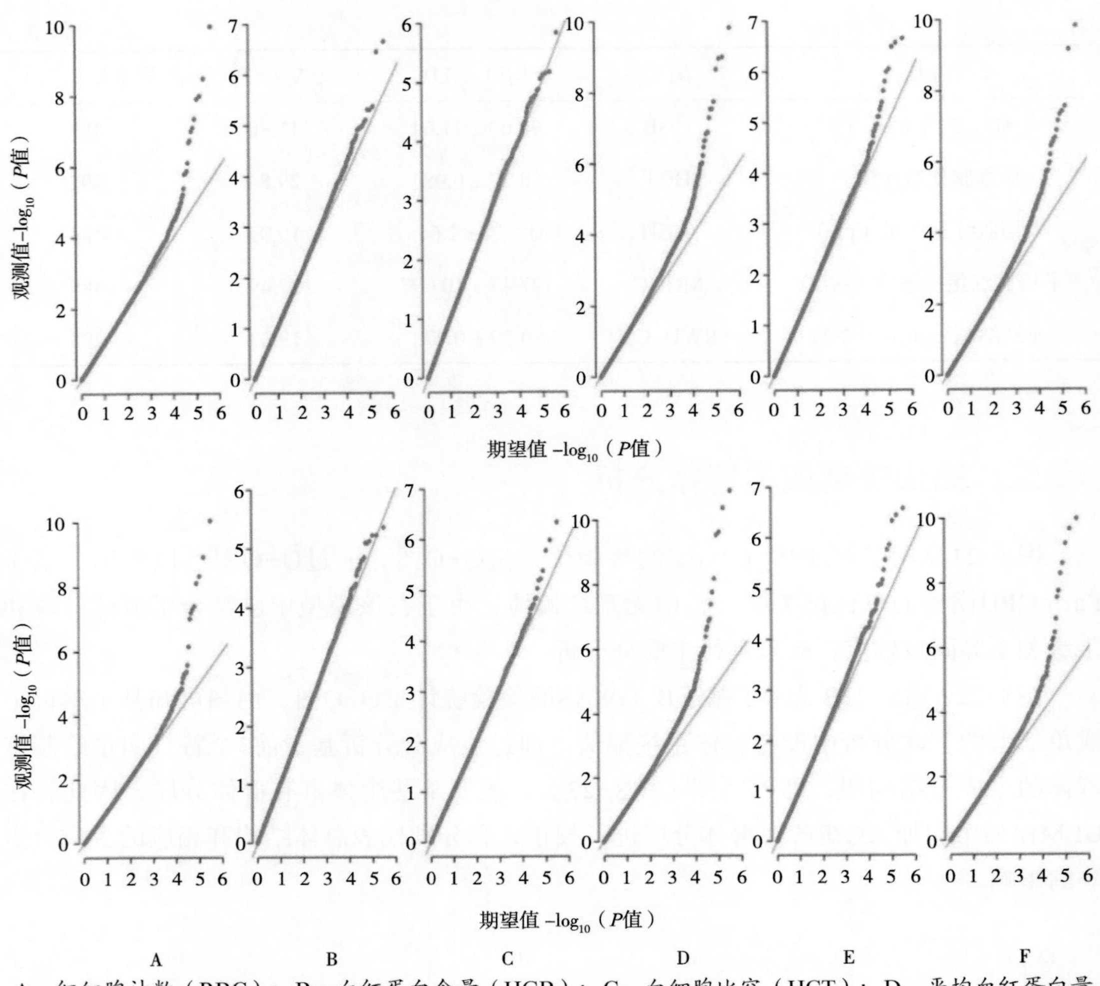

A，红细胞计数（RBC）；B，血红蛋白含量（HGB）；C，血细胞比容（HCT）；D，平均血红蛋白量（MCH）；E，平均血红蛋白浓度（MCHC）；F，红细胞分布宽度变异系数（RWD_CV）。

图8-22　基于A.单标记和B.单倍型B_GWAS的红细胞性状Q-Q图

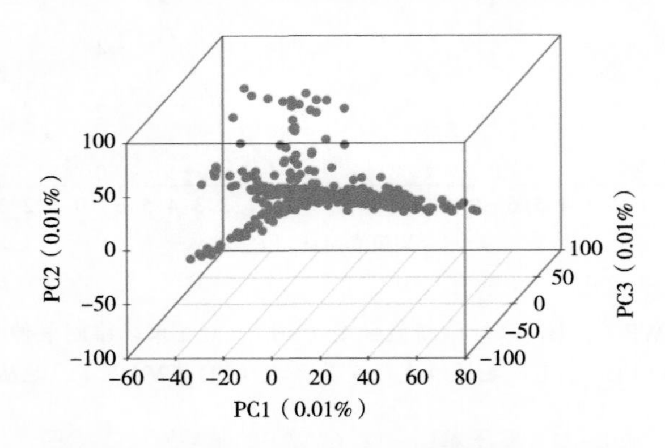

图8-23　前3个主要组成部分绘制的群体结构图

注：每个个体标记的3个主要成分用于显示参考人群的群体分层。

三、高山美利奴羊羊毛性状的QTL定位

本研究中微阵列位点信息基于NCBI中公布的绵羊Oar v4.0（GCF 000298735.2）版本参考基因组进行设计，根据GWAS分析的结果，对所有关联到的显著位点进行对应基因组中的QTL精细定位，在显著位点上、下游1Mb区域内寻找可能存在的关联基因，根据前人文献中的报道对每个关联基因进行功能注释并筛选出与目标性状关联的候选基因。在单标记W_GWAS研究中，检测到67个显著的SNPs，包括40个建议水平的显著SNPs和27个全基因组水平的显著SNPs。其中16个SNPs与净毛率关联，16个SNPs与毛纤维直径关联，21个SNPs与毛纤维直径变异系数关联，6个SNPs与毛丛长度关联，6个SNPs与束纤维断裂强度关联，20个SNPs与红细胞分布宽度变异系数关联，未发现与束纤维断裂伸长率存在关联的SNP位点。67个SNPs分布在22条常染色体上，包括OAR1、2、3、4、5、6、7、8、9、10、11、12、14、15、17、20、22、23、24、25和26（图8-24）。在这些SNPs中，有31个位于已知的基因内，其余的SNPs位于已知基因的上游或下游附近，范围为1 864 ~ 803 145碱基对（bp）。显著性最高的SNP（$P=2.68E-12$）是与净毛率关联的2_93924945（图8-24）。通过QTL定位和功能注释，筛选出与羊毛生长发育及羊毛性状直接或间接相关的4个潜在候选基因（表8-8）。与净毛率关联的显著性位点共有16个，它们分别位于OAR1、2、3、4、6、7、8、9、11、15、17和23，其中有4个位于已知基因内部，其余位点分别在已知基因附近，距离范围在3 812 ~ 415 578bp；与毛纤维直径关联的显著性位点共有16个，它们分别位于OAR1、2、3、5、6、7、8、10、12、15、16和26，其中有10个位于已知基因内部，其余位点分别在已知基因附近，距离范围在3 082 ~ 803 145bp；与毛纤维直径变异系数关联的显著性位点有21个，它们分布在OAR2、3、4、12、15、16、17、20、22、24和25上，其中有10个位点位于已知基因内部，其他位点位于基因的上游或下游区域，距离范围为1 864 ~ 461 033bp；共有8个显著性位点与毛丛长度关联，其中4个位于基因内，其他位点分别位于已知基因的上游或下游，距离范围在87 943 ~ 104 160bp。共检测出6个显著性位点与束纤维断裂强度关联，它们分布在OAR4、5、6、9和10上，其中3个位于已知基因内部，其他位点位于已知基因的上下游，范围为19 579 ~ 638 033bp。

表8-8　基于W_GWAS研究关联的显著SNP和附近的候选基因

性状[1]	SNP名称	Oar[2]	位置（bp）[3]	*P*值	最接近注释基因[4]	
					名称	距离（bp）
FD	1_114672070	1	114 672 070	4.41e-08	*PBX1*	基因内
FD_CV	15_29744931	15	29 744 931	3.25e-08	*PVRL1*	60 592
FD_CV	17_35365739	17	35 365 739	4.68e-08	*TRPC3*	42 059

（续表）

性状[1]	SNP名称	Oar[2]	位置（bp）[3]	*P*值	最接近注释基因[4]	
					名称	距离（bp）
SS	10_63374286	10	63 374 286	4.36e-07	*SLITRK5*	638 033

注：[1] FD，毛纤维直径；FD_CV，毛纤维直径变异系数；SS，束纤维断裂强度。[2] 每个显著位点对应的染色体号。[3]在Ovis Aries Oar_4.0参考基因组中，每个显著SNP的物理位置；[4] 与每个显著SNP位置最接近的注释基因，基因数据库来自https://www.ncbi.nlm.nih.gov/assembly/GCF_000298735.2。

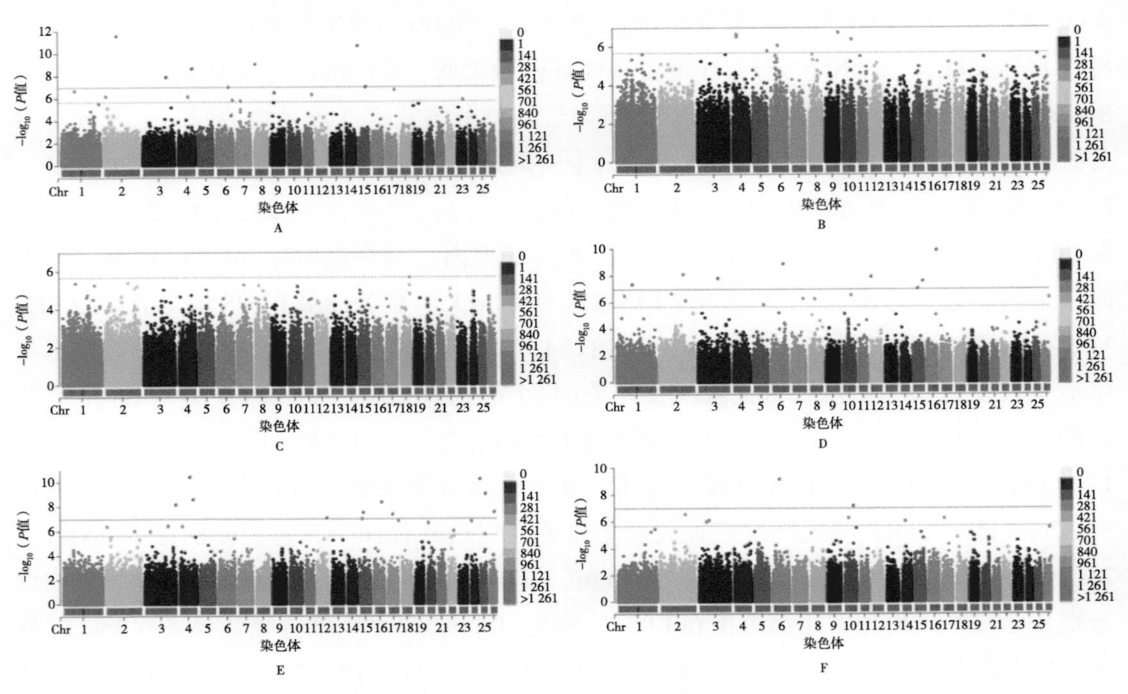

A，CFWR曼哈顿图；B，SS曼哈顿图；C，FER曼哈顿图；D，FD曼哈顿图；
E，FD_CV曼哈顿图；F，SL曼哈顿图。

图8-24　基于W_GWAS研究的羊毛性状的曼哈顿图

注：1至26号染色体显示为不同的颜色。水平的绿色虚线和实线分别表示提示性和基因组范围的显著性水平。超出基因组范围阈值的单核苷酸多态性（SNP）用红色突出显示，达到或超出建议阈值的SNP用绿色突出显示。每个染色体下方的条带指示标记的密度。这6个性状是：净毛率（CFWR），束纤维断裂强度（SS），束纤维断裂伸长率（FER），毛纤维直径（FD），毛纤维直径变异系数（FD_CV）和毛丛长度（SL）。

四、高山美利奴羊红细胞性状QTL定位

在单标记B_GWAS研究中，检测到42个显著的SNPs，包括27个染色体水平（Suggestive or chromosomal significance level）的显著SNPs和15个全基因组水平

（Genome-wide significance level）的显著SNPs。它们与6种红细胞性状相关：其中与红细胞计数关联的SNPs有14个，与血红蛋白含量相关联的SNPs有2个，与血细胞比容相关联的SNPs仅有1个，与平均血红蛋白量相关联的SNPs有24个，与平均血红蛋白浓度相关联的SNPs有6个，与红细胞分布宽度变异系数相关联的SNPs有20个，这些SNPs中有一些是多效性的，例如位点12_39476100同时与平均血红蛋白量和平均血红蛋白浓度相关联、位点8_82239902与红细胞计数和红细胞分布宽度变异系数相关联。42个SNP分布在20条常染色体上，包括OAR1、2、3、4、5、7、8、9、10、11、12、13、14、15、17、18、21、22、24和26（图8-25）。在这些SNP中，有21个位于已知的基因内，其余的SNP位于已知基因的上游或下游，范围为1 461～635 535bp。显著性最高的SNP是9_19840980，与红细胞计数相关（*P*值=1.12E-10）（图8-25）。通过QTL定位和功能注释，筛选出与高原低氧适应性直接或间接相关的5个潜在候选基因（表8-9）。与红细胞计数关联的显著性位点共有14个，它们分别位于OAR1、2、4、8、9、13、15、17和21，其中有4个位于已知基因内部，其余位点分别在已知基因附近，距离范围在1 461～229 683bp；与血红蛋白含量关联的显著性位点共有2个，其中一个（17_53452406）位于CAMKK2中，另一个位于OAR18上，但并没有位于已知基因内部；仅有一个显著性位点与红细胞压积关联，它位于*LRP1B*基因上游的10 803bp处；与平均血红蛋白量关联的显著性位点有24个，它们分布在OAR1、2、3、4、7、8、9、10、11、12、13、15、17、21和22上，其中位于已知基因内部的位点有11个，其他位点位于基因上游或下游的区域，距离范围为1 461～635 535bp；与平均血红蛋白浓度相关的显著性位点共有6个，其中3个位于基因内，包括在OAR12上的*VPS13D*，在Oar24上的*OTOA*以及在OAR13上的*RSU1*，其他位点分别位于已知基因的上游或下游，距离范围在67 432～496 548bp。与红细胞分布宽度变异系数关联的显著性位点共有20个，它们分布在OAR1、2、3、4、5、8、9、11、14、15、17和21上，其中12个位于已知基因内部，其他位点位于已知基因的上下游，范围为1 461～207 033bp。

在单倍型B_GWAS研究中，检测到32个显著的单倍型，包括24个染色体水平的单倍型和8个全基因组水平的显著单倍型。它们与5种红细胞性状相关：其中10个单倍型与红细胞计数相关，3个单倍型与血细胞比容相关，23个单倍型与平均血红蛋白量相关，6个单倍型与平均血红蛋白浓度相关，17个单倍型与红细胞分布宽度变异系数相关，与基于单标记的全基因组关联分析情况相似，其中一些单倍型具有多效性，如单倍型H1094_AA同时与红细胞计数和平均血红蛋白量相关。这些单倍型分布在15条常染色体上，包括Oar1、2、3、4、5、7、8、9、13、16、18、19、20、21和26（图8-26）。在关联到的32个单倍型中，有13个位于基因内或接近基因，其余的单倍型均位于已知基因的上游或下游，范围在1 668～1 176 920bp。显著性最高的单倍型与红细胞分布宽度变异系数相关（*P*值=1.21E-11）（图8-26）。通过对这些关联单倍型的QTL定位和功能注释，确定了4个与高原缺氧适应性直接或间接相关的潜在候选基因（表8-10）。共有10个显著单倍型与红细胞计数相关；与共有3个显著单倍型与血细胞比容关联，这3个显著单倍型分别位于OAR1、9和13。共有23个显著单倍型与平均血红蛋白量关联，它们分布于OAR1、2、3、4、5、7、8、13、16、20和21；共有6个显著单倍型与平均血红蛋白浓度相关，其中有2个在已知基因附近或位于基因内，而其他则位于已知基因上游或下游，范围在36 656 ~ 496 548bp。共有17个显著的单倍型与红细胞分布宽度变异系数关联，其中有12个显著单倍型位于基因内，其余单倍型位于已知基因的上游或下游，距离范围在6 529 ~ 229 076bp。

表8-9　基于B_GWAS研究关联的显著SNP和附近的候选基因

性状[1]	SNP名称	Oar[2]	位置（bp）[3]	*P*值	最接近注释基因[4]	
					名称	距离（bp）
RBC	1_29018708	1	29 018 708	1.48e-06	*DHCR24*	基因内
MCH	10_80901397	10	80 901 397	2.86e-08	*EFNB2*	635 535bp
MCH	17_54731492	17	54 731 492	1.28e-07	*SH2B3*	基因内
MCH	1_29018708	1	29 018 708	1.45e-07	*DHCR24*	基因内
MCH	13_798029	13	798 029	1.28e-06	*PLCB1*	基因内
RWD_CV	1_29018708	1	29 018 708	2.30e-07	*DHCR24*	基因内
RWD_CV	17_54731492	17	54 731 492	2.75e-07	*SH2B3*	基因内
RWD_CV	5_92277630	5	92 277 630	3.67e-08	*SPATA9*	基因内
RWD_CV	5_92265355	5	92 265 355	1.82e-06	*SPATA9*	基因内
RWD_CV	5_92276610	5	92 276 610	1.82e-06	*SPATA9*	基因内
RWD_CV	5_92256711	5	92 256 711	1.91e-06	*SPATA9*	基因内

注：[1] RBC，红细胞计数；MCH，平均血红蛋白量；RWD_CV，红细胞分布宽度变异系数。[2] 每个显著位点对应的染色体号。[3]在Ovis Aries Oar_4.0参考基因组中，每个显著SNP的物理位置。[4] 与每个显著SNP位置最接近的注释基因，基因数据库来自https://www.ncbi.nlm.nih.gov/assembly/GCF_000298735.2。

表8-10　基于B_GWAS研究关联的显著单倍型和附近的候选基因

性状[1]	NSNP[2]	Oar[3]	Start[4]	End[4]	SNP1[5]	SNP2[5]	*P*值	最接近注释基因[6]	
								名称	距离(bp)
RBC	2	1	29018708	29023326	1_29018708	1_29023326	8.77e-11	*DHCR24*	基因内
RBC	2	1	29018708	29023326	1_29018708	1_29023326	7.00e-07	*DHCR24*	基因内
MCH	2	1	29018708	29023326	1_29018708	1_29023326	1.21e-11	*DHCR24*	基因内
MCH	2	1	29018708	29023326	1_29018708	1_29023326	1.33e-07	*DHCR24*	基因内
MCH	3	21	31336799	31343543	21_31336799	21_31343543	1.64e-06	*FLI1*	基因内

（续表）

性状[1]	NSNP[2]	Oar[3]	Start[4]	End[4]	SNP1[5]	SNP2[5]	P值	最接近注释基因[6]	
								名称	距离(bp)
MCH	2	13	798029	800471	13_798029	13_800471	1.66e-06	*PLCB1*	基因内
MCH	3	21	31336799	31343543	21_31336799	21_31343543	1.97e-06	*FLI1*	基因内
MCH	2	1	29018708	29023326	1_29018708	1_29023326	9.93e-11	*DHCR24*	基因内
MCH	2	1	29018708	29023326	1_29018708	1_29023326	5.17e-07	*DHCR24*	基因内
RWD_CV	2	5	92277625	92277630	5_92277625	5_92277630	2.75e-08	*SPATA9*	基因内

注：[1] RBC，红细胞计数；MCH，平均血红蛋白量；RWD_CV，红细胞分布宽度变异系数；[2] 单倍型模块中包含的SNP数量；[3]每个显著单倍型对应的染色体号；[4] 在Ovis Aries Oar_4.0参考基因组中，每个显著单倍型的起始和终止位置。[5] 每个单倍型中第一个和最后一个SNP；[6] 每个显著单倍型位置最接近的注释基因，基因数据库来自https://www.ncbi.nlm.nih.gov/assembly/GCF_000298735.2。

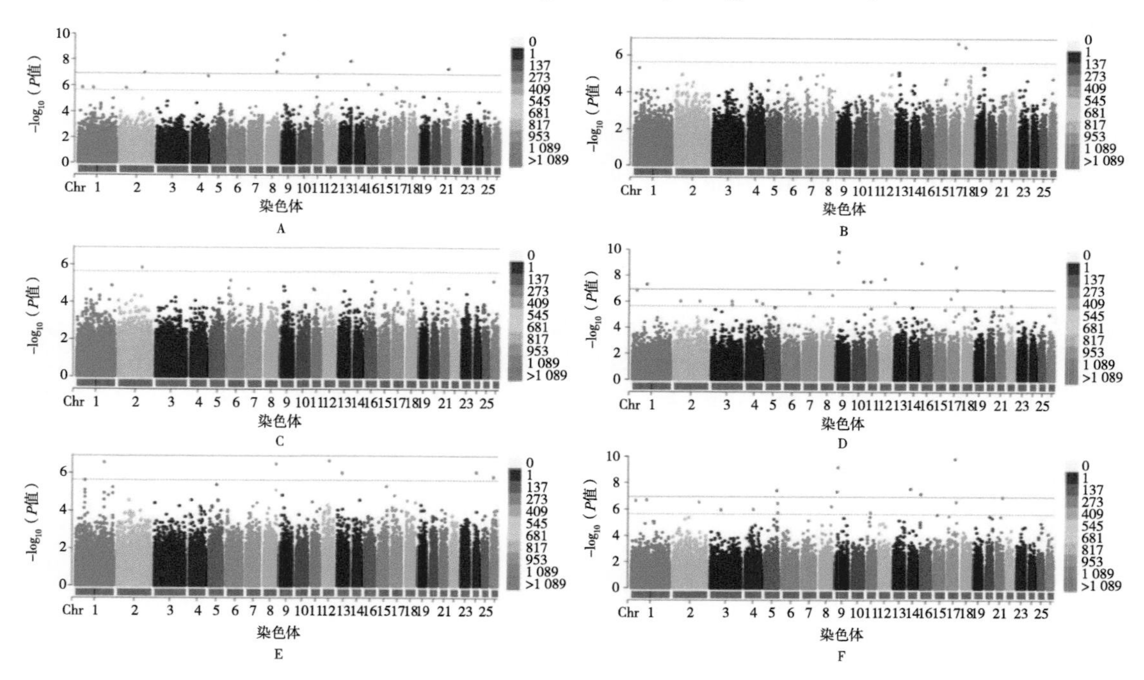

A，RBC曼哈顿图；B，HGB曼哈顿图；C，HCT曼哈顿图；D，MCH曼哈顿图；
E，MCHC曼哈顿图；F，RWD_CV曼哈顿图。

图8-25 基于单标记B_GWAS研究的红细胞性状的曼哈顿图

注：1至26号染色体显示为不同的颜色。水平的绿色虚线和实线分别表示提示性和基因组范围的显著性水平。超出基因组范围阈值的单核苷酸多态性（SNP）用红色突出显示，而达到染色体水平阈值的SNP用绿色突出显示。每个染色体下方的条带指示标记的密度。这6个性状是：红细胞计数（RBC），血红蛋白（HGB），血细胞比容（HCT），平均红细胞血红蛋白（MCH），平均红细胞血红蛋白浓度（MCHC）和RBC体积分布宽度变异系数（RWD_CV）。

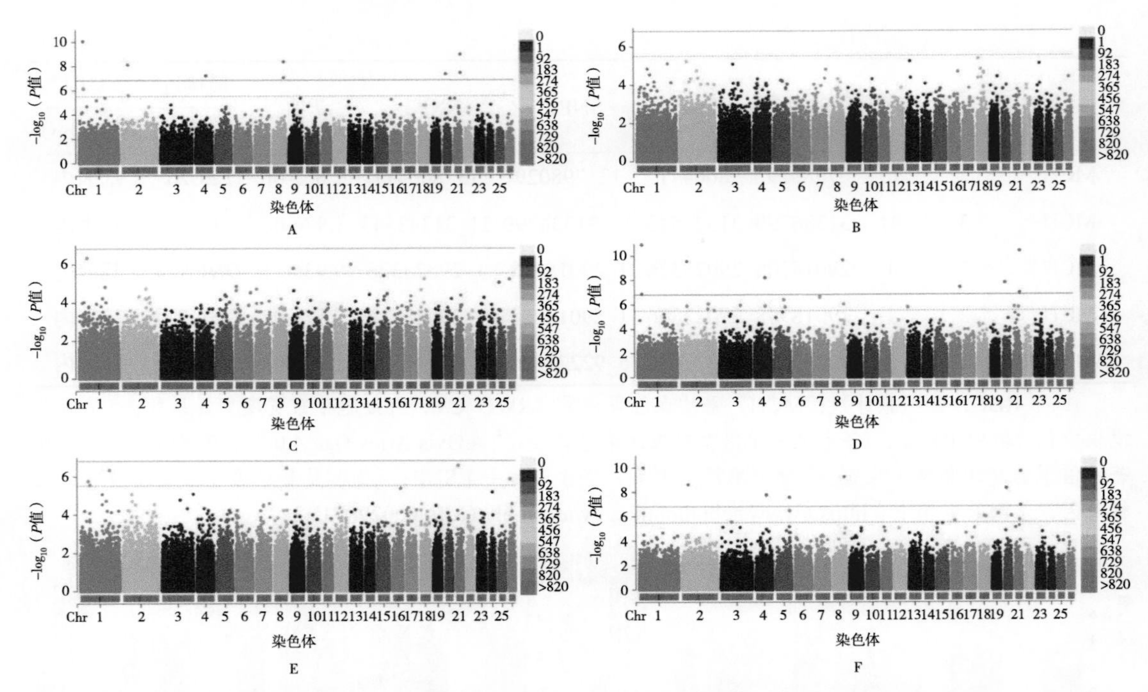

A，RBC曼哈顿图；B，HGB曼哈顿图；C，HCT曼哈顿图；D，MCH曼哈顿图；
E，MCHC曼哈顿图；F，RWD_CV曼哈顿图。

图8-26　基于单倍型B_GWAS研究的羊毛性状的曼哈顿图

注：1至26号染色体显示为不同的颜色。水平的绿色虚线和实线分别表示提示性和基因组范围的显著性水平。超出基因组范围阈值的单倍型（haplotypes）用红色突出显示，达到或超出建议阈值的单倍型用绿色突出显示。每个染色体下方的条带指示标记的密度。这6个性状是：红细胞计数（RBC），血红蛋白（HGB），血细胞比容（HCT），平均红细胞血红蛋白（MCH），平均红细胞血红蛋白浓度（MCHC）和RBC体积分布宽度变异系数（RWD_CV）。

第九章　高山美利奴羊羊毛性状形成的分子机制

第一节　高山美利奴羊毛囊形态发生

毛囊形态发生涉及表皮和真皮之间一系列复杂的相互作用。首先由真皮细胞发出初始信号，诱导表皮形成毛芽，毛芽释放*TGF-β*、*Laminin-511*、*β-catenin*等因子诱导真皮纤维原细胞形成真皮毛乳头，它是毛囊发生、发育过程中的信号接收与发送的诱导结构。真皮毛乳头能调节角质细胞的活性，通过基因表达分析，在真皮毛乳头的调节信号通路中，*β-catenin*、*FGF*、*IGF*都能介导真皮毛乳头的诱导效应。Wnt/β-catenin信号控制和协调上皮干细胞及其间质细胞之间的相互作用，指导毛囊的形态发生。毛乳头由真皮细胞组成，可释放第二种信号诱导上皮细胞增生，分化形成完整的毛囊结构。

最早于1955年阐述了澳大利亚美利奴羊胎儿皮肤毛囊发生与生长的组织学变化过程，将毛囊的生长分为8个阶段。根据毛囊发生时间及形态特征，将毛囊分为初级毛囊与次级毛囊。初级毛囊发生是由一系列复杂的表皮和真皮之间相互作用产生。首先，真皮细胞发出初始信号，诱导表皮形成毛芽，毛芽释放一些细胞因子诱导真皮纤维原细胞形成毛乳头，毛乳头再释放信号分子诱导上皮细胞增生、分化形成完整的初级和次级毛囊结构。在次级毛囊发育后期，可分化出再分化次级毛囊（Secondary-derived follicles，SD），随着原始次级毛囊（Secondary-Original follicles，SO）不断分化，最终SD密度可占毛囊密度的80%，因此SD数量将决定毛囊密度及次级毛囊/初级毛囊比值（Secondary follicles to primary follicles ratio，S/P比值），进而影响羊毛的细度和净毛量。有关人和鼠毛囊结构功能和形态发生过程的相关分子调控机制已有较多研究，在成年绵羊中，有关毛囊周期性生长形态发生过程及分子调控机制也多有研究。但有关细毛羊胎儿期毛囊发生发育形态过程，及SO分化出SD这一重要的毛囊分化过程尚未见详细报道。本研究通过制作和观察中国超细毛羊（甘肃型）胎儿各时期皮肤组织切片，研究毛囊发生发育形态结构变化过程，探究毛囊再分化重要特征及关键时间点。旨在探明高山美利奴羊胎儿皮肤毛囊发育和分化形态结构变化，为研究毛囊生长发育及其调控机制提供组织学基础，为选育高品质中国超细毛羊提供理论依据。

一、高山美利奴羊毛囊结构

高山美利奴羊成熟毛囊结构包括连接组织鞘、外根鞘、内根鞘、毛干、毛乳头和毛母质（图9-1）。根据发生的时间和结构特点毛囊可分为初级毛囊和次级毛囊。初级毛囊发生较早，毛球直径较大，毛囊长度与直径较长，且存在一定弯曲度，具有两个发达的皮脂腺、一个汗腺、立毛肌等附属结构。次级毛囊发生较晚，毛球直径小，毛囊直径相对较小，深度较浅。仅有一个不发达的（或无）皮脂腺，没有立毛肌，毛干没有髓质。

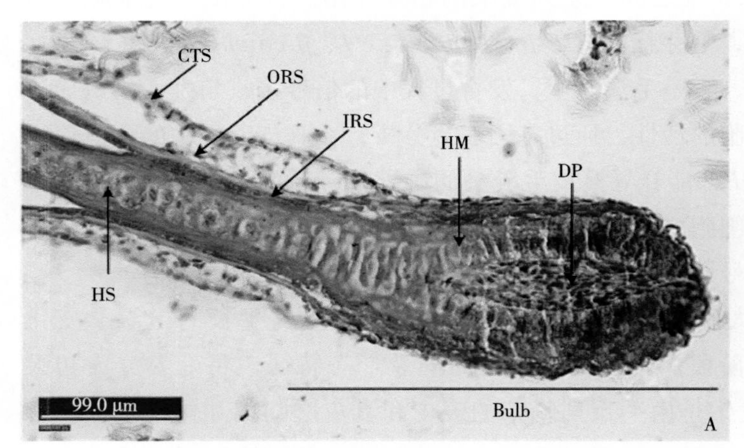

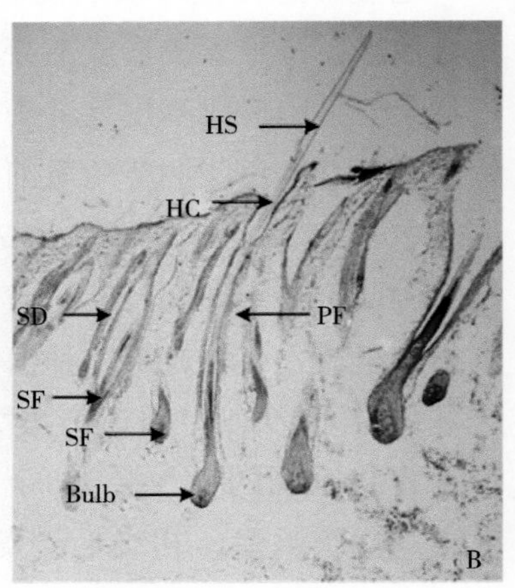

A，毛囊结构；B，毛囊类型；Bulb，毛球；DP，真皮毛乳头；HM，毛母质；ORS，外根鞘；IRS，内根鞘；CTS，连接组织鞘；HS，毛干；PF，初级毛囊；SF，次级毛囊；SD，再分化次级毛囊；HC，毛管；下图同。

图9-1　高山美利奴羊毛囊结构

二、初级毛囊形态变化过程

通过制作纵切冰冻切片，获得有关毛囊发育图像，从而全面探究毛囊发生、发育过程。以下将描述高山美利奴羊胎儿体侧部皮肤初级毛囊的发育特征。胎龄81～84d

时，胎儿表皮结构完整，角质化细胞整齐地排列在表皮基底层，有极少量的真皮细胞发生聚集，形成泡团结构（图9-2A-a）。泡团从表皮细胞延伸到真皮，在其下方有大量真皮细胞开始聚集，形成表皮囊泡（图9-2B-b），即毛芽前体。胎龄87～90d时，真皮细胞聚集在表皮囊泡的下方，形成毛芽状结构（图9-2C-c_2），毛芽的长度通常不会大于其直径的两倍（图9-2D-d）。胎龄93d时，毛芽末端的真皮间叶细胞进入毛芽的凹形末端，开始形成真皮毛乳头结构。在真皮乳头长度小于其直径时，末端聚集大量真皮细胞，形成帽子结构（图9-2E-e_3）。在真皮乳头长度等于或大于其直径时，可发现大量成纤维细胞紧密排列形成连接组织鞘（图9-2F-f_2），皮脂腺细胞开始向毛囊颈部迁移。胎龄96～99d时，毛芽伸长，直径逐渐增大，在其基底部形成一个膨大部（图9-2G-g_2）。膨大部继续伸长形成次级毛囊的雏形（图9-2H-h_2）。在毛乳头上方形成一个锥形结构，并将分化成以后的内根鞘（图9-2H-h_3）。胎龄102～105d时，毛芽延伸至双子叶皮脂腺基底，形成毛囊（图9-2I）。毛囊进一步发育至结构完整，毛管发育完成（图9-2J）。胎龄108～111d时，皮脂腺结构完整，毛囊尖端角质化纤维进入毛管（图9-2K），尖端进一步穿透表皮浅层部分后出现在皮肤表面（图9-2L）。

三、次级毛囊形态变化过程

高山美利奴羊胎儿皮肤次级毛囊发生时间相对初级毛囊要晚，发育过程与初级毛囊相似，在次级毛囊发育后期，原始次级毛囊（SO）或再分化次级毛囊（SD）可分化出多个再分化次级毛囊（SD）。胎龄87～99d时，次级毛囊开始发生，初级毛囊内侧膨大部（图9-3A-a）进一步发育形成次级毛囊的毛芽（图9-3B-b）。胎龄102d时，伴随着初级毛囊，次级毛囊毛芽深入真皮层，真皮乳头直径逐渐增大，皮脂腺开始形成。有部分SO可分化出SD（图9-3C）。胎龄105～108d时，毛芽进一步伸长到达皮脂腺基底水平（图9-3D）。在毛囊颈部的上部开始形成表皮毛管，在毛囊颈部以下部位皮脂腺细胞开始退化，形成结构完整的次级毛囊（图9-3E）。SO进一步再分化形成大量SD。胎龄111～117d时，角质化羊毛尖端开始出现在毛管中，通常有一束毛囊（图9-3F），次级毛囊纤维穿透皮肤表面。高山美利奴羊再分化次级毛囊的发育过程与原始次级毛囊基本相同，但也有其特殊的发育过程：①胎龄102～105d时，再分化次级毛囊萌发是来自一个SO或一个SD，而不是来自表皮层（图9-4A）；②SD发育中期一般不会形成皮脂腺（图9-4B）；③胎龄114d时SD纤维进入毛管，这是由SO纤维分化形成次级毛囊束的共同毛管。

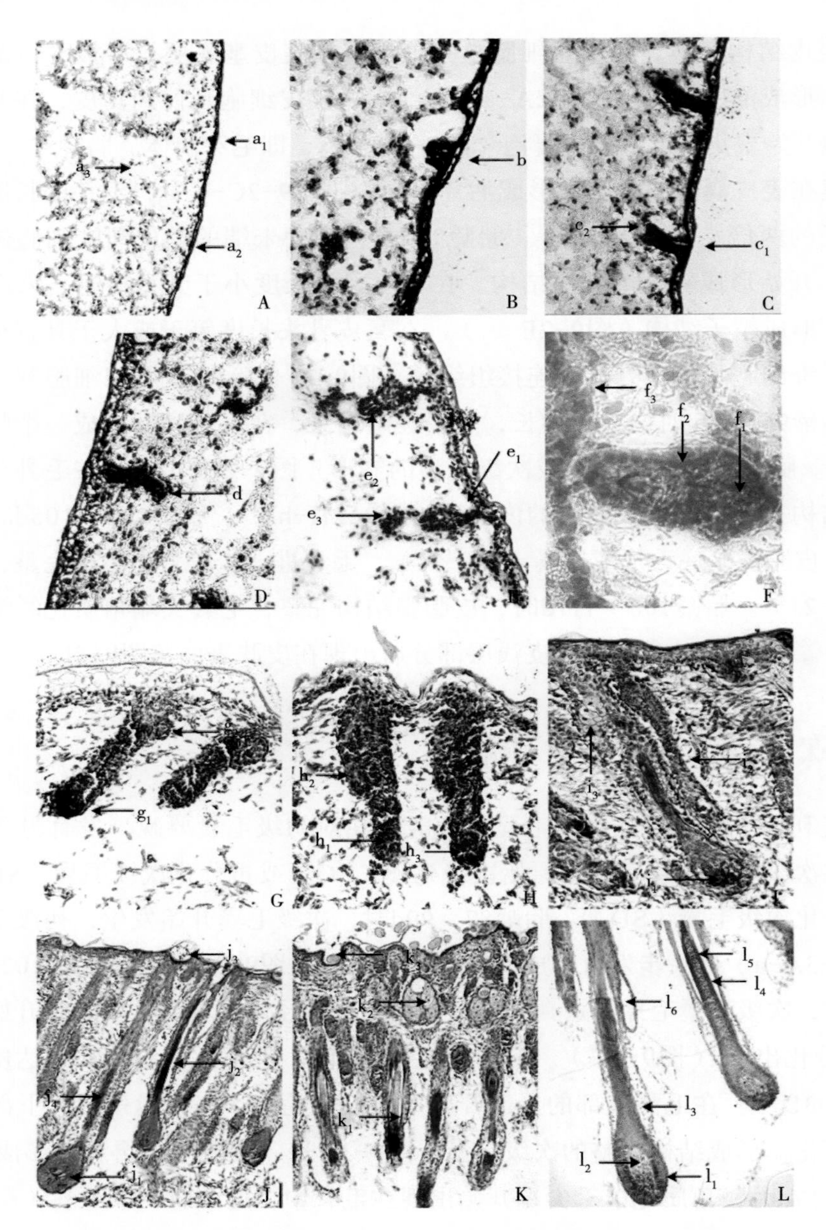

A，胎儿期81d体侧部；B，胎儿期84d体侧部；C，胎儿期87d体侧部；D，胎儿期90d；E，胎儿期93d；F，胎儿期93d颅部；G，胎儿期96d；H，胎儿期99d；I，胎儿期102d；J，胎儿期105d；K，胎儿期108d；L，胎儿期111d。a_1，泡团；a_2，表皮；a_3，真皮；b，囊泡；c_1，毛芽；c_2，真皮纤维原细胞；d，柱状中央角化细胞；e_1，毛芽；e_2，连接组织鞘；e_3，真皮纤维原细胞组成的帽状结构；f_1，真皮乳头细胞；f_2，连接组织鞘细胞；f_3，表皮基底细胞；g_1，毛锥形体；g_2，膨大部；h_1，毛锥形体；h_2，原始次级毛囊毛芽；h_3，毛球；i_1，毛球部；i_2，次级毛囊；i_3，皮脂原细胞；j_1，毛球部；j_2，毛干；j_3，毛管；j_4，外根鞘；k_1，毛干；k_2，皮脂腺；k_3，穿出体表的毛干；l_1，毛母质；l_2，真皮毛乳头；l_3，外根鞘；l_4，内根鞘；l_5，连接组织鞘；l_6，毛干。

图9-2　高山美利奴羊胎儿期初级毛囊形态发生变化过程

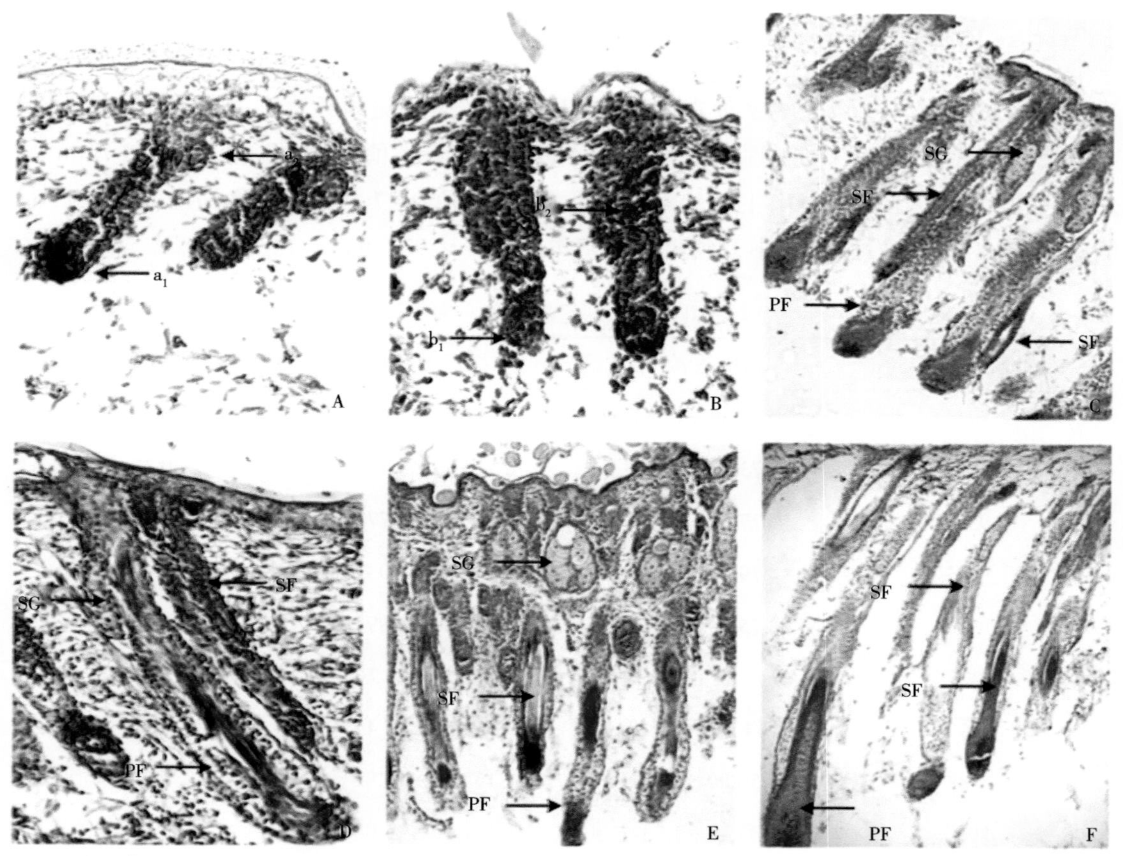

A，胎儿期93—96d；B，胎儿期99d：C，胎儿期102d；D，胎儿期105d；E，胎儿期108d；F，胎儿期111d。a_1，膨大部；a_2，初级毛囊毛芽；b_1，初级毛囊毛芽；b_2，次级毛囊毛芽。SG，皮脂腺。下图同。

图9–3　高山美利奴羊胎儿期次级毛囊形态发生变化过程

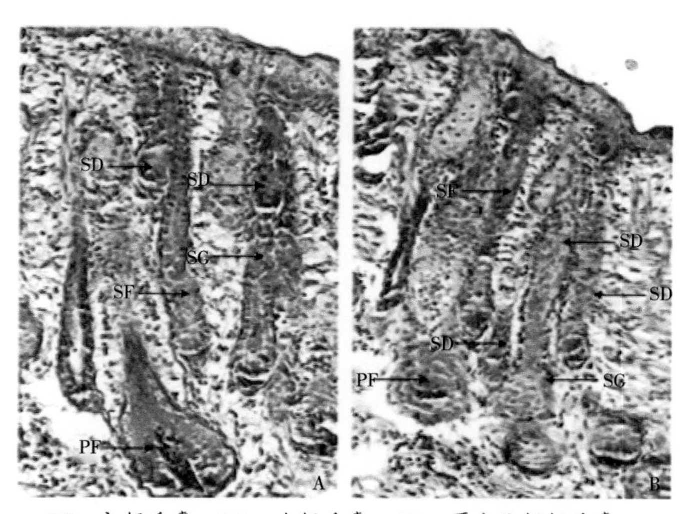

PF，初级毛囊；SO，次级毛囊；SD，再分化级级毛囊。

图9–4　高山美利奴羊胎儿期次级毛囊再分化变化过程

四、毛囊密度及S/P比值

高山美利奴羊初级毛囊密度在胎龄87d时最大，然后随胎龄增加而逐渐减小。次级毛囊密度在胎龄87～117d时逐渐增大，在117d时达到最大值（232.8 ± 12.44）个/mm^2，然后逐渐减小，在138d至出生时基本稳定。而S/P比值在87～126d时逐渐增大，在126d时达到最大值9.96后开始减小，到出生时基本稳定（表9-1）。

表9-1　高山美利奴羊胎儿期体侧部毛囊密度（毛囊个数/mm^2）及S/P比值

胎龄（d）	初级毛囊PF	次级毛囊SF	次级/初级S/P
87	123.86 ± 15.81	11.00 ± 2.00	0.09
90	73.67 ± 3.51	28.00 ± 2.58	0.38
93	77.40 ± 6.69	42.00 ± 5.77	0.54
96	79.20 ± 5.89	51.60 ± 5.03	0.65
99	75.50 ± 6.76	62.67 ± 2.89	0.83
102	48.43 ± 11.39	113.40 ± 23.16	2.34
105	64.86 ± 15.88	164.57 ± 35.44	2.54
108	56.00 ± 7.75	154.50 ± 16.82	2.76
111	35.40 ± 1.34	139.00 ± 45.08	3.93
114	28.00 ± 2.55	139.00 ± 20.81	4.96
117	30.40 ± 6.62	232.80 ± 12.44	7.66
120	17.83 ± 3.84	143.83 ± 12.89	8.07
123	17.00 ± 1.41	135.50 ± 4.95	7.97
126	12.17 ± 0.41	121.17 ± 4.26	9.96
129	8.67 ± 4.04	81.00 ± 8.54	9.35
132	14.67 ± 3.06	113.67 ± 13.05	7.75
135	12.00 ± 2.00	85.00 ± 3.00	7.08
138	11.67 ± 4.62	87.67 ± 9.07	7.51
141	10.17 ± 2.23	92.33 ± 3.50	9.08
144	9.20 ± 2.17	87.40 ± 20.03	9.50
147	8.75 ± 1.22	84.00 ± 5.39	9.60

第二节　高山美利奴羊羊毛性状形成分子机制

一、绵羊皮肤转录组de nove组装及其特征

1. 绵羊皮肤转录组测序产量及组装

本研究将从绵羊皮肤组织中提取mRNA构建RNA-seq测序文库，进行转录组测序，共得到26 266 670条Clean reads，由Clean reads得到的测序碱基数量为2 364 000 300nt，其中未知碱基N的含量为0.00%，碱基GC的含量为48.93%，初步表明测序质量较高可用于下游生物信息学分析。用SOAP de novo对Clean reads做转录组de novo组装。短Clean reads通过片段重叠（Reads overlap）关系，N50值为90，平均序列长度为124bp，总碱基数为105 879 352bp。组装得到的最短Contig 50bp，最长Contig 4 881bp；Contigs主要是由小于200bp的Contigs组成，共计779 172个，占总量的91.30%，200 ~ 300nt的Contigs为33 428个（3.92%），300 ~ 400nt的Contigs为15 112个（1.77%），400 ~ 500nt的Contigs为8 197个（0.96%），500nt以上的Contigs为17 528条（2.05%）。

使用SOAP de nove软件将得到Contig再进行组装得到Scaffold。本研究共获得Scaffolds147 155个，N50值为387nt，平均序列长度为304bp，总碱基数为44 758 530nt。组装得到的Scaffolds长度分布情况，也以小片段为主，小于500bp的序列有126 021条（85.64%），所占比例大幅减少；500 ~ 1 000nt的Scaffolds为16 004条（10.88%），1 000 ~ 1 500nt的Scaffolds为3 775条（2.57%），1 500 ~ 200nt的Scaffolds为1 038条（0.71%），2 000nt以上的Scaffolds为317条（0.22%）。没有碱基缺失的Scaffolds序列为122 860条（83.49%）；碱基缺失比例在0.3以上的Scaffolds序列为52条。将获得的Scaffolds序列利用Paired-end reads做补洞处理，最后得到含N最少，两端不能再延长的绵羊皮肤的Unigene序列共79 741条，N50值为508，序列平均长度为445nt，总碱基数为35 447 962。组装得到的Unigene长度分布情况以小片段为主，小于1 000nt的序列有74 592条，占93.55%，1 000 ~ 1 500nt的Unigene为3 795条（4.76%），1 500 ~ 2 000nt的Unigene为1 036条（1.30%），2 000nt以上的Unigene为318条（0.40%）。为了进一步评估绵羊皮肤的转录组测序质量，我们对组装得到的Unigene中缺失碱基的情况进行了分析，发现碱基缺失小于5%的绵羊皮肤Unigene为73 175条，占91.77%，其中没有碱基缺失的Unigene序列为67 815条，占85.04%；碱基缺失比例在0.3以上的Unigene序列仅为1条。

另外，通过对测序获得的Reads在组装好的Unigene的位置分布情况分析，发现绵

羊皮肤转录组测序获得的Unigene 5′端的Reads数量相对较多而且分布比较均衡，而位于Unigene 3′端的Reads数量较少，在由5′端到3′端相对位置大于0.6的部分，Reads的数量随着相对位置数值的增加，呈直线下降的趋势。说明绵羊皮肤转录组测序的质量与其他非模式动物的转录组测序质量相当。

2. 绵羊皮肤转录组测功能注释

通过BLAST将Unigene序列比对到NR、Swiss-Prot、KEGG和COG数据库（E值<0.000 01），进行绵羊皮肤转录组序列的功能注释。经过和4个数据库比对，共有22 164条绵羊皮肤的Unigene被注释，占总Unigene数量（共79 741条）的36.27%，其中有28 924条在nr数据库中被注释，26 079条在Swiss-Prot数据库中被注释，17 113条在KEGG数据库中被注释，6 616条在COG数据库中被注释，共有6 616条Unigene在4个数据库中都被注释。

经BLAST对无冗余核酸数据库NR比对后，对得到的最适匹配结果（E值<0.000 05）的E值分布情况进行分析，发现56.45%的绵羊皮肤的Unigene的E值位于le-5到le-50，25.39%的绵羊皮肤Unigene的E值位于le-50到le-100；9.80%的绵羊皮肤Unigene的E值位于le-10到le-150；3.19%的绵羊皮肤Unigene的E值位于le-150到le-0；5.18%的绵羊皮肤Unigene的E值位于le0。

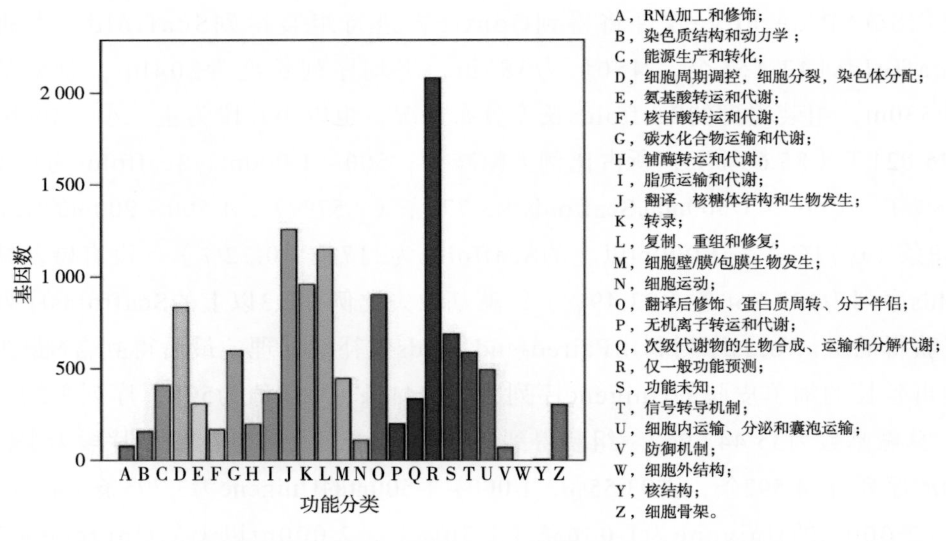

图9-5　绵羊皮肤转录组Unigene的COG的功能分类图

本研究对6 616个Unigene进行了GO功能分类，共分为25个类（图9-6），其中常规功能预测类的Unigene数量最多，为2 083个，占16.39%；其次是染色质结构和动力学类，为1 253个Unigene，占9.86%；第三为能量产生和转换类，为1 147个Unigene，占9.02%；最少的为细胞骨架类，仅有1个Unigene（图9-6）。这些数据为我们从宏观上认识绵羊皮肤中表达的基因功能分布特征奠定了基础。

为从宏观上认识绵羊皮肤转录组表达基因的功能分布，应用Blast2GO软件、WEGO软件对Unigene进行GO功能分析，进行分类统计。本研究中，成功地对22 568个Unigene序列进行了GO分类，这些表达基因主要涉及53种生物功能（图9-6），其中参与细胞及细胞内部（Cell part）的表达基因最多均为19 338个，参与结合作用（Bingding）的表达基因为8 779个，细胞过程（Cellular process）的基因为8 199个，其次为细胞器（Organelle）6 731个、代谢过程（Metabolic process）6 142个和生物调节（Biological regulation）4 371个，以上7个代谢通路的基因最多。

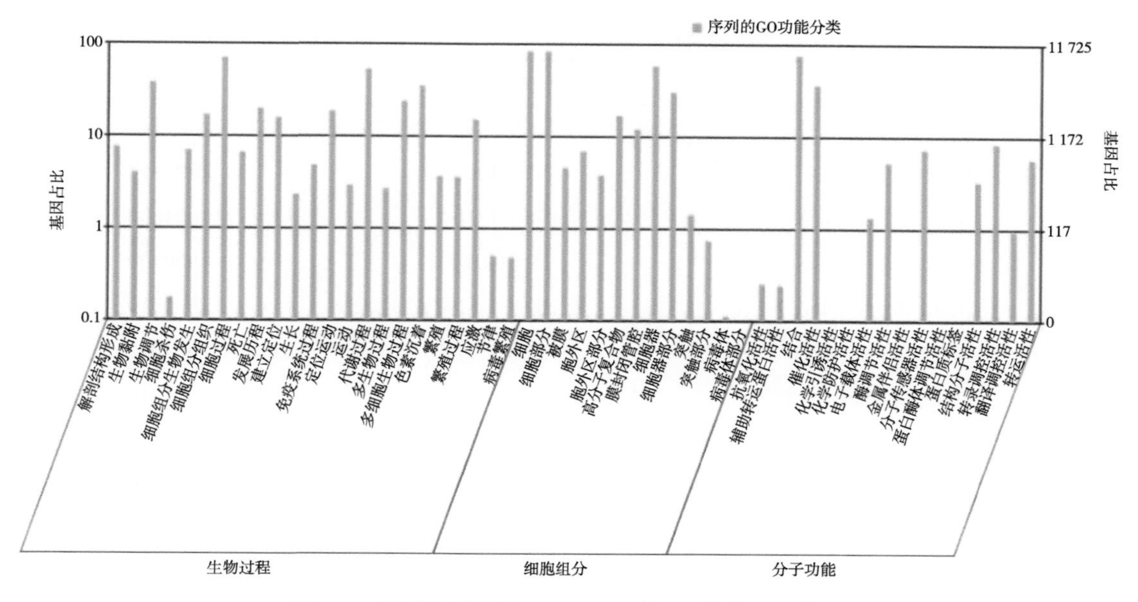

图9-6　绵羊皮肤转录组Unigene的GO的功能分类图

对绵羊皮肤转录组测序获得的Unigene进行Pathway注释，其中17 096个Unigene注释成功，共涉及218个代谢通路。其中Unigene参与最多的信号通路为代谢途径（Metabolic pathway），共有1 977个Unigene参与；其次是黏着斑信号通路（Focal adhesion），有966个Unigene参与；第3位是肌动蛋白微丝细胞骨架调节（Regulation of actin cytoskeleton）通路的Unigene，为840个。

与毛囊发育有关的信号通路中（表9-2），Hedgehog信号通路（Hedgehog signaling pathway）的Unigene为83个、Jak-STAT信号通路（Jak-STAT signaling pathway）的Unigene为178个、MAPK信号通路（MAPK signaling pathway）的Unigene为536个、胰岛素信号通路（Insulin signaling pathway）的Unigene为317个、黑色素形成通路（Melanogenesis）的Unigene为171个、Notch信号通路（Notch signaling pathway）的Unigene为164个、TGF-β信号通路（TGF-β signaling pathway）的Unigene

为197个、Toll-样受体信号通路（Toll-like receptor signaling pathway）的Unigene为157个、VEGF信号通路（VEGF signaling pathway）的Unigene为157个、Wnt信号通路（Wnt signaling pathway）的Unigene为384个、缬氨酸\亮氨酸\异亮氨酸合成信号通路（Valine，leucine and isoleucine biosynthesis）的Unigene为36个、缬氨酸\亮氨酸\异亮氨酸降解信号通路（Valine，leucine and isoleucine degradation）的Unigene为108个，色氨酸代谢信号通路（Tryptophan metabolism）的Unigene为66个，硫代谢信号通路（Sulfur metabolism）的Unigene为17个、色氨酸代谢信号通路（Seleno amino acid metabolism）的Unigene为75个。

表9-2　绵羊皮肤转录组Unigene在与毛囊发育相关信号通路分布

信号通路	Unigene数（个）	通路ID
Hedgehog信号通路	83（0.49%）	ko04340
Insulin信号通路	317（1.85%）	ko04910
Jak-STAT信号通路	178（1.04%）	ko04630
Lysine biosynthesis	15（0.09%）	ko00300
Lysine degradation	259（1.51%）	ko00310
MAPK信号通路	536（3.14%）	ko04010
Melanogenesis	171（1%）	ko04916
Melanoma	115（0.67%）	ko05218
Metabolic通路	1 977（11.56%）	ko01100
Notch信号通路	164（0.96%）	ko04330
PPAR信号通路	153（0.89%）	ko03320
TGF-β信号通路	197（1.15%）	ko04350
Toll-like receptor信号通路	157（0.92%）	ko04620
VEGF信号通路	157（0.92%）	ko04370
Wnt信号通路	384（2.25%）	ko04310

与抗病有关的信号通路中亨廷顿氏病（Huntington's disease）信号通路的Unigene为410个，阮病毒（Prion diseases）信号通路的Unigene为105个，细菌侵入上皮细胞（Bacterial invasion of epithelial cells）信号通路的Unigene为334个，霍乱弧菌感染（Vibrio cholerae infection）信号通路的Unigene为219个，在幽门螺杆菌感染后上皮细胞（Epithelial cell signaling in Helicobacter pylori infection）信号通路的Unigene为132个，感染致病大肠杆菌（Pathogenic escherichia coli infection）信号通路的Unigene为379个，志贺氏菌病（Shigellosis）信号通路的Unigene为362个，利什曼原虫病（Leishmaniasis）信号通路的Unigene为131个，克鲁斯氏锥虫感染（Chagas disease）信号通路的Unigene为173个，疟疾（Malaria）信号通路的Unigene为71个，阿米巴病（Amoebiasis）信号通路的Unigene为661个，霍乱弧菌感染（Vibrio cholerae infection）信号通路的Unigene为219个。

二、蛋白质组学技术揭示高山美利奴羊毛囊形态发生与羊毛性状形成分子机制

绵羊品种可根据用途分为肉用方向品种、肉毛兼用方向品种、毛用方向品种和乳用方向品种。细毛羊以其生产天然纤维——羊毛而闻名，羊毛作为纺织工业的重要农业商品，受到各种纺织品生产商的青睐。因此，细毛羊具有重要的经济价值。羊毛的质量和产量取决于细毛羊的毛囊发育。羊毛是由毛囊产生的，毛囊在母体子宫内胚胎期就开始逐渐在整个皮肤表面形成，是一个复杂的生物学过程，涉及一系列基因和蛋白的协同作用。毛囊生物学研究是皮肤生物学的一个快速发展的领域。此外，毛囊形态发生和再生已经成功作为模型广泛地用于干细胞行为，细胞分化和凋亡等研究，同时还可以为人毛发相关疾病研究提供有参考价值的理论依据。

细毛羊毛囊是一种可再生的微型器官，由真皮乳头、皮脂腺、汗腺和竖毛肌组成，并经历可变的生长周期（生长期），凋亡介导的退化（退行期）和相对静止（休止期）。1955年首次描述了澳大利亚美利奴羊胎儿在皮肤毛囊产生和生长过程中发生的组织学变化。该描述将毛囊的形成分为以下8个阶段：诱导期（第0～1阶段）、器官发生期（第2～5阶段）和细胞分化期（第6～8阶段）。研究人员还根据毛囊的发生时间及其形态特征将毛囊分为初级毛囊和次级毛囊。

为更好地揭示高山美利奴羊毛囊形态发生与羊毛性状形成分子机制，我们通过使用无标签（Label-Free）蛋白质组学方法来确定胚胎期细毛羊在毛囊发育不同阶段而发生的蛋白质组变化来研究羊毛产生的遗传机制。因此本研究选择妊娠期4个阶段（胚胎期87d、96d、102d和138d）采集皮肤样本，并对每两个连续阶段进行统计学比较（87d vs 96d，96d vs 102d，102d vs 138d）。最终在高山美利奴羊皮肤蛋白质组中鉴定到4个阶段均存在的227种特定蛋白质和123种差异蛋白质。结果发现筛选出的这些差异蛋白与代谢和皮肤发育途径密切相关，并发现在富集到的通路包括：糖酵解/糖异生，RNA降解，氨基酸的生物合成，肥厚型心肌病，脂肪酸降解，色氨酸代谢，缬氨酸、亮氨酸和异亮氨酸降解，赖氨酸降解以及糖酵解/糖异生途径。这些分析表明，细毛羊羊毛产生通过多种途径来调节。毛囊发生和再生这一循环过程中的信号分子和途径的识别对于皮肤生物学机制的理解至关重要。此外，这些信息最终可能会发现皮肤发育和毛囊疾病的新型分子和蛋白质标志物。

在这项研究中，我们还观察到细毛羊胚胎妊娠87d后次级毛囊也开始发育。真皮细

胞在妊娠87d后聚集在表皮囊泡下，形成了一种类似毛芽的结构，并且这种毛芽在妊娠96d后伸长而形成了一个基底隆起。由于在此阶段形成了形态上可识别的斑块，因此阶段I被称为毛囊发育的斑块阶段。在妊娠102d后，毛芽延伸到皮脂腺的基底部分形成了毛囊，而初级毛囊在基底隆起处开始分化为次级毛囊。成熟的毛囊是一个复杂的结构，由多个同心的上皮细胞圆柱体组成，这些圆柱体被称为根鞘，并且围绕着发干。尽管毛囊起源于上皮，但毛囊的底部含有一个特殊的真皮细胞球，称为真皮乳头，在调节出生后毛发的连续循环中起着至关重要的作用。

三、角蛋白关联蛋白基因与羊毛性状

角蛋白是羊毛纤维的主要成分，属于纤维性、非营养型“硬蛋白”，是维持毛囊结构并在毛囊中表达最丰富的蛋白。角蛋白是毛囊和皮肤生物学功能重要的决定因子之一，其基因多样性在一定程度上调控角蛋白表达，从而调控羊毛的品质和产量，在很大程度上决定了羊毛的结构特性。角蛋白编码基因是毛囊基因表达和毛发生物学研究中重要的候选基因之一。对角蛋白基因表达调控的研究表明，角蛋白基因的5′端侧翼区域可能连接转录因子并参与调控组织特异性和阶段特异性表达。不同绵羊品种的角蛋白表达对羊毛品质具有决定性作用。随着绵羊基因组研究的进展，克隆和羊毛角蛋白基因测序都在进行，对这些基因的测定为研究羊毛品质控制及早期性状选择提供了基础。

羊毛纤维包括由毛囊产生的终末分化的死亡角质形成细胞。纤维被证明含有大量的KRTs和KRTAPs，以及主要由KRTAPs和其他蛋白质组成的丝间基质。这些蛋白质的空间组织及其在基质中化学键的性质被认为在很大程度上决定了纤维的物理性质。羊毛纤维具有高度的组织结构，其中90%由角蛋白中间丝（Keratininter mediate filament，KRT-IF）和角蛋白关联蛋白（Keratin-associated proteins，KAPs）构成。角蛋白中间丝形成了8～10nm的纤维丝，角蛋白关联蛋白则在其外包裹形成一种基质。角蛋白家族至少包括30种蛋白分子，由多基因家族编码。KRT-IF由2种类型的基因构成，有酸性（Ⅰ型）和碱性（Ⅱ型）角蛋白2个家族，I型KRT-IF基因含有4～5kb个碱基对，有6个内含子，分别位于11q25-q29和3q14-q22。II型KRT-IF基因含有7～9kb个碱基对，有8个内含子。在绵羊上，类型Ⅰ（KRT 1.n）和类型Ⅱ（KRT 2.n）已经被定位于绵羊的11号和3号染色体上，这种物理图谱已经通过连锁分析得到了证实。这两种类型的蛋白都属于多基因家族，即2种蛋白都是由多个基因所编码的。角蛋白关联蛋白（KAP）包括3类：第1类为高硫角蛋白关联蛋白（High-sulfur KAPs），它是由KAP 1.n、KAP 2.n和KAP 3.n 3个多基因家族编码的；第2类是超高硫角蛋白关联蛋白（Ultra-high-sulfur KAPs），它是由KAP 4.n和KAP 5.n 2个多基因家族编码的；第3类为高甘氨酸—酪氨酸蛋白（High-glycine-tyrosine，KAPs），由KAP 6.n多基因家族、KAP 7和KAP 8所编码。KAP基因大小一般介于0.6～1.5kb，并且都不含内含子。

我们在蛋白质组学技术研究高山美利奴羊毛囊形态发生与羊毛性状形成分子机制中也发现许多KRTs和KRTAPs在毛囊发展的不同阶段有所差异，包括KRT 1、KRT 2.2、KRT 4、KRT 10、KRT 15、KRT 25、KRT 27、KRT 34、KRT 77和KRTAP 11-1。基因功能研究表明KRTs是上皮细胞的主要细胞骨架蛋白，在其中它们提供机械弹性，并充当重要细胞过程（如组织生长和应激反应）的支架。上皮细胞分化过程中不同KRT的特异性表达以及分子间结合亲和力导致形成细胞类型依赖性和分化阶段依赖性的Ⅰ型和Ⅱ型KRT异二聚体。这些蛋白质与一系列复杂的脂质结合，最终形成了角质化的细胞膜。这个包膜和朗格汉斯细胞是表皮屏障的组成部分。根据系统发育分析，在绵羊、牛和人类中，头发中Ⅰ型和Ⅱ型KRT基因的序列高度一致。但是，在绵羊中表达KRT基因的纤维分隔区和角化区与人类同源基因不同。

毛囊发育涉及一系列在表皮细胞和真皮乳头之间起作用的信号传导途径，包括Wnt/β-catenin、EDA/EDAR/NF-κB、Noggin/Lef-1、Ctgf/Ccn2、Shh、BMP-2/4/7、Dkk1/Dkk4和EGF。对纤维化皮肤和正常皮肤细胞外基质稳态的研究表明，脂肪酸氧化的下调和富含细胞外基质的糖酵解的上调，表明细胞外基质的上调和下调是由糖酵解和脂肪摄入引起的酸氧化途径酶。在这项研究中，我们发现在毛囊发生过程中许多基因富集在糖酵解/糖异生途径中，这说明糖酵解/糖异生途径可能是参与毛囊发育的许多重要途径之一。

四、*Wnt 10b*、*β-catenin*和*FGF18*基因在高山美利奴羊胎儿皮肤毛囊中的表达规律研究

*Wnt 10b*是Wnt家族中的重要成员之一，通过经典Wnt/β-catenin信号通路参与调控细胞分化、细胞增殖及凋亡等过程。研究表明，*Wnt 10b*在毛囊形态发生和周期性生长中都发挥了重要作用。研究人员在小鼠胚胎中应用原位杂交发现在胚胎12.5d时，*Wnt 10b*在触须毛囊中表达最强。通过在体外培养的小鼠胚胎表皮中加入Wnt 10b蛋白的试验，证明了*Wnt 10b*可促进胚胎表皮向毛干和内根鞘方向分化，然后又通过组织培养和皮肤重建试验，证明了*Wnt 10b*可启动毛囊的发育。*FGF18*是Wnt/β-catenin信号通路的效应因子。最近研究发现，*FGF18*与毛囊的周期性生长有关，在休眠期检测到*FGF18*的表达，当小鼠上皮细胞中*FGF18*基因被敲除后，它的休眠期变得极为短暂，毛囊快速地进入周期性生长，在野生型小鼠中，毛囊兴盛期*FGF18*蛋白的表达受到极大的抑制，这说明*FGF18*可调控毛囊干细胞的生长分化，进而诱导毛囊进入兴盛期，但对于*FGF18*是否参与绵羊毛囊形态发生还不清楚。另外，不同类型毛囊形态发生的分子机制并不完

全一致，如小鼠针毛基板的形成依赖Eda-A1/Edar/NF-κB通路，而锥毛基板的形成无须Eda-A1/Edar/NF-κB通路而是Noggin/Lef-1通路，因此对*Wnt 10b*，*β-catenin*和*FGF18*在绵羊次级毛囊形态发生的分子机制进行更为深入的研究十分必要。

1. *Wnt 10b*基因在次级毛囊形态发生过程中的表达规律

*Wnt 10b*在胎龄81～90d（诱导阶段）主要在表皮、基板中表达（图9-7A～C），相对表达量仅为1.00±0.22（表9-3），在真皮间质细胞呈阴性表达（图9-7C）。在胎龄93～108d（器官形成阶段），*Wnt 10b*在表皮基底层、毛芽、毛钉的细胞质、细胞核中都呈强阳性表达（图9-7D～F），在毛芽、毛钉下方的真皮间质细胞核呈阴性表达（图9-7D～F）。*Wnt 10b*表达量逐渐上升，在胎龄108d达到最大值，相对表达量达到43.65±0.43（表9-3）。在胎龄111～123d（细胞分化阶段），随着毛钉逐渐发育成结构完整的毛囊结构，毛发开始形成，*Wnt 10b*在内根鞘、毛干部的细胞质和细胞核呈强阳性表达，外根鞘细胞质呈阳性表达，连接组织鞘、真皮毛乳头细胞质和细胞核呈阴性表达，毛母质细胞细胞核呈阴性表达和细胞质呈弱阳性表达，毛芽状再分化次级毛囊细胞的细胞质呈弱阳性表达，细胞核呈阴性表达（图9-7G～I）。从胎龄111～123d，*Wnt 10b*的表达量逐渐降低，胎龄123d时的表达量仅为胎龄108d的1/2，相对表达量为23.61±0.48（表9-3）。随后在胎龄123～141d，*Wnt 10b*表达量又逐渐上升，但仍未到达胎龄108d的最高值，相对表达量为37.57±0.26（表9-3）。

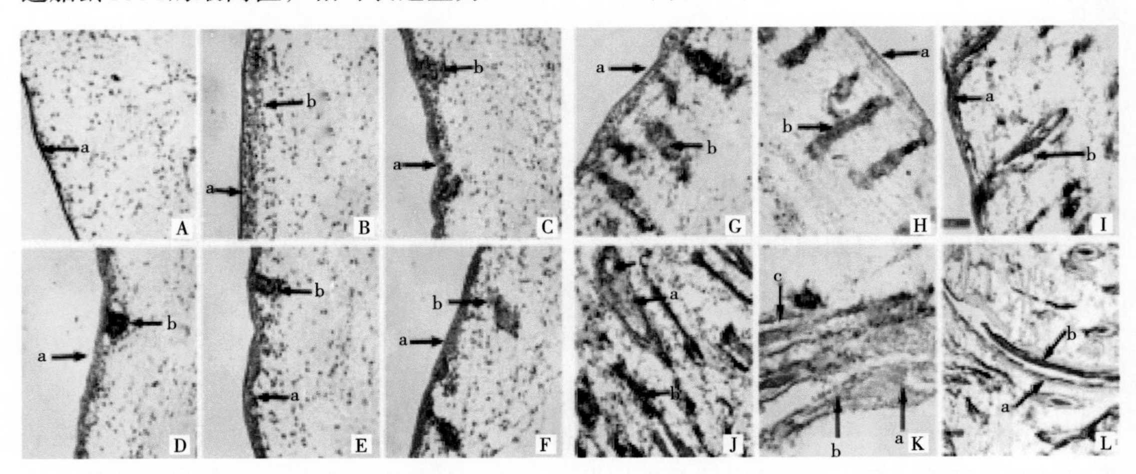

A，胎儿期81d（200×），a，表皮；B，胎儿期87d（200×），a，表皮，b，基底层；C，胎儿期90d（200×），a，表皮，b，基板；D，胎儿期93d（200×），a，表皮，b，毛芽；E，胎儿期105d（200×），a，表皮，b，毛钉；F，胎儿期108d（200×），a，表皮，b，毛钉；G，胎儿期111d（200×），a，表皮，b，毛钉；H，胎儿期117d（200×），a，表皮，b，毛囊；I，胎儿期123d（100×），a，表皮，b，外根鞘；J，胎儿期129d（100×），a，毛母质，b，毛干，c，毛乳头；K，胎儿期135d（100×），a，毛母质，b，毛干，c，内根鞘；L，胎儿期141d（100×），a，内根鞘，b，毛干。

图9-7　不同胎龄的高山美利奴羊胎儿皮肤毛囊中*Wnt 10b*表达特征

表9-3　*Wnt10b*，*β-catenin*，*FGF18*基因的相对表达量

基因	相对表达量											
	87d	93d	99d	102d	105d	108d	111d	117d	123d	129d	135d	141d
Wnt10b	1.00 ± 0.22	9.99 ± 0.49	16.86 ± 0.49	31.24 ± 0.59	37.81 ± 0.63	43.65 ± 0.43	39.76 ± 0.24	36.75 ± 0.43	23.61 ± 0.48	34.22 ± 0.35	36.05 ± 0.49	37.57 ± 0.26
β-catenin	1.00 ± 0.10	0.46 ± 0.19	0.54 ± 0.15	0.61 ± 0.17	0.63 ± 0.13	0.70 ± 0.17	0.60 ± 0.16	0.54 ± 0.19	0.46 ± 0.07	0.52 ± 0.06	0.56 ± 0.16	0.64 ± 0.15
FGF18	1.00 ± 0.33	1.54 ± 0.20	2.29 ± 0.44	3.38 ± 0.31	4.05 ± 0.28	8.67 ± 0.12	5.36 ± 0.35	5.36 ± 0.35	8.12 ± 0.43	11.93 ± 0.37	10.13 ± 0.53	11.47 ± 0.85

2. *β-catenin*基因在次级毛囊形态发生过程中的表达规律

Wnt/β-catenin信号通路是Wnt信号通路的经典途径，*β-catenin*处于经典途径的中心位置，也是其主要效应分子。*β-catenin*在胎龄81～108d（次级毛囊形态发生的诱导、器官形成阶段）主要在表皮及表皮形成的基板、毛芽、毛钉中表达，在真皮充间质细胞、毛乳头中呈阴性（图9-8A～F）。在胎龄111～123d（细胞分化阶段），*β-catenin*在内根鞘细胞、毛干部细胞质呈阳性表达，毛干部细胞细胞核、外根鞘细胞、连接组织鞘细胞、毛母质细胞和真皮毛乳头细胞和间质细胞中呈阴性表达；毛芽状再分化次级毛囊细胞中呈阴性表达（图9-8G～I）。随后在胎龄123～141d，*β-catenin*在毛囊中表达位置与细胞分化阶段基本一致（图9-8J～L）。与*Wnt 10b*表达量不同的是，*β-catenin*表达量在整个次级毛囊形态发生阶段，基本保持在相对较低水平，相对表达量仅为0.58±0.15（表9-3）。

3. *FGF18*基因在次级毛囊形态发生过程中的表达规律

*FGF18*在次级毛囊形态发生中表达模式与*Wnt10b*、*β-catenin*都不尽相同，*FGF18*在毛囊形态发生诱导阶段（81～90d）主要在表皮、基板中表达，表达量很低，相对表达量仅为1.00±0.22（表9-3），真皮中呈弱阳性表达（图9-9A）。然而到毛囊形态发生器官形成阶段（93～108d），在表皮基底层、毛芽、毛钉的细胞质、细胞核中*FGF18*都呈强阳性表达，在毛芽、毛钉下方的真皮间质细胞呈阳性表达，远表皮真皮间质细胞呈阴性表达（图9-9B～F）；在胎龄81～105d（诱导、器官形成阶段）*FGF18*表达量逐渐上升，相对表达量由1.00±0.33上升到4.05±0.28，然而在胎龄105～108d表达量却突然上升，相对表达量达到了8.67±0.12（表9-3）。在胎龄111～123d（细胞分化阶段），毛囊内根鞘与毛干细胞中*FGF18*呈强阳性表达，外根鞘细胞呈阳性表达，连接组织鞘细胞细胞核呈阴性表达，细胞质呈弱阳性表达；真皮毛乳头细胞呈阴性表达，毛母质细胞细胞核呈阴性表达，细胞质呈弱阳性表达，毛芽状再分化次级毛囊细胞细胞

质呈阳性表达，细胞核呈阴性表达；真皮间质细胞呈阴性表达（图9-9G～I），随后从胎龄123～141d，*FGF18*在毛囊中表达位置与细胞分化阶段基本一致（图9-9J～L）。*FGF18*表达量在胎龄117d又突然下降，相对表达量为4.02±0.35，然后又缓慢增加，到胎龄129d，*FGF18*相对表达量达到11.93±0.37（表9-3）；随后在胎龄129～141d，表达量较为稳定，相对表达量为10.13±0.53（表9-3）。对*Wnt10b*，*β-catenin*和*FGF18*在次级毛囊形态发生中的表达量进行相关性分析，*Wnt10b*分别与*β-catenin*、*FGF18*表达水平呈显著正相关（$r=0.85$，$P<0.01$；$r=0.58$，$P<0.05$）；*β-catenin*与*FGF18*表达水平呈正相关（$r=0.43$，$P>0.05$）。

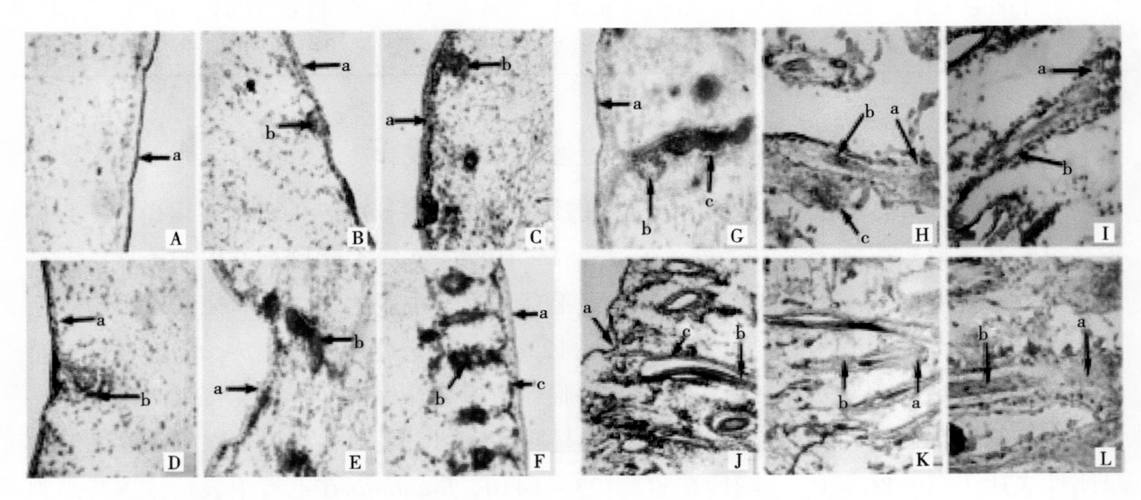

A，胎儿期81d（200×），a，表皮；B，胎儿期90d（200×），a，上表皮，b，基板；C，胎儿期93d（200×），a，表皮，b，毛芽；D，胎儿期102d（200×），a，表皮，b，毛钉；E，胎儿期105d（200×），a，表皮，b，皮脂腺；F，胎儿期108d（200×），a，表皮，b，毛钉，c，基底层；G，胎儿期111d（200×），a，表皮，b，皮脂腺，c，外根鞘；H，胎儿期117d（200×），a，毛母质，b，毛干，c，皮脂腺；I，胎儿期123d（100×），a，毛乳头，b，内根鞘；J，胎儿期129d（100×），a，表皮，b，毛干，c，外根鞘；K，胎儿期135d（100×），a，毛乳头，b，毛干；L，胎儿期141d（100×），a，毛母质，b，毛干。

图9-8　不同胎龄的高山美利奴羊胎儿皮肤毛囊中*β-catenin*表达特征

4. *P-cadherin*在高山美利奴羊胚胎皮肤毛囊基板形成过程中的表达规律

目前，*P-cadherin*常用于人和鼠等毛囊基板形态发生研究中的标志物。*P-cadherin*属于钙粘素（Cadherin）家族里面的一种，由*CDH3*编码，其表达受Wnt10b/β-catenin信号通路的调节。研究结果表明，皮肤毛囊从原始表皮开始进行初始分化时Wnt信号能够促进*β-catenin*的产生。当胚胎表皮细胞重新定位形成上皮芽孢随后形成成熟的毛囊时*β-catenin/LEF1*转录复合物会使*β-catenin*的表达量减少。因此，在这个关键时期，间质细胞上皮界面主要含有的是*P-cadherin*，作为毛发的前体细胞。目前对于*P-cadherin*在哺乳动物组织尤其是在人类和小鼠毛囊里面的分布和表达情况已经有了比较深入的研究。其某些表达特性与报道的关于毛囊和表皮标记物的特性有些相似。研究证明，其永恒存在于小鼠表皮，并且在外根鞘（ORS）以及最接近真皮乳头的毛母质细胞（HMCs）和次级毛芽（KCs）中表达。有报道显示，*P-cadherin*在7～8周人类胚胎皮肤的基底层细胞中有表达，但是在上皮细胞中不表达。此外，在人类医学的相关研究中证明，*P-cadherin*与脱发、秃发和多毛症等毛发疾病密切相关。研究显示，在人类毛囊发育过程中，*P-cadherin*是唯一一个在内部毛母质细胞（IHM）表达的钙粘蛋白。但*P-cadherin*是否是高山美利奴羊毛囊基板的标记物还需进一步研究。

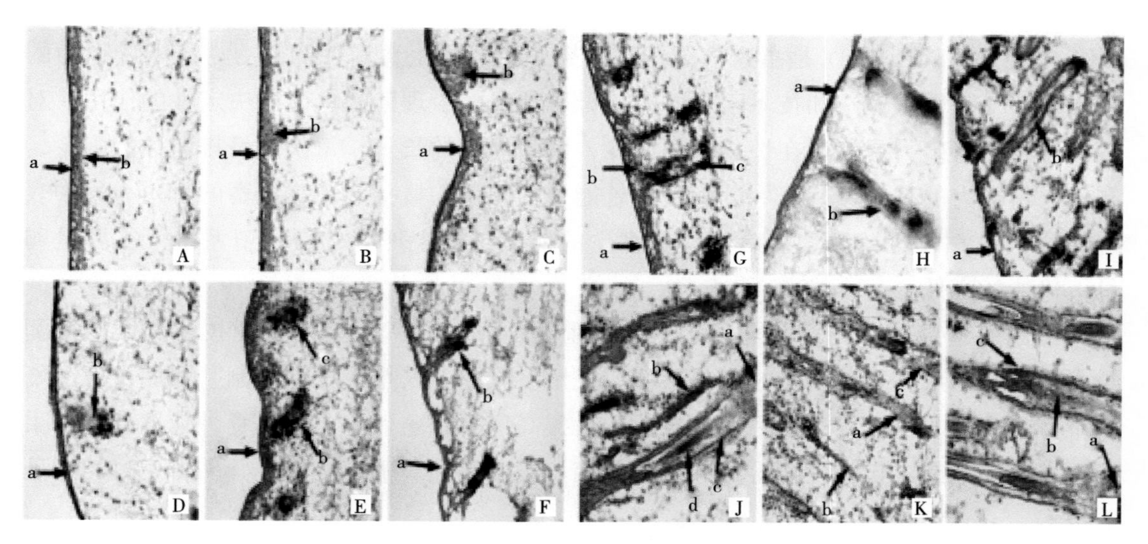

A，胎儿期87d（200×），a，表皮，b，基底层；B，胎儿期93d（200×），a，表皮，b，基板；C，胎儿期99d（200×），a，表皮，b，毛芽；D，胎儿期102d（200×），a，表皮，b，毛钉；E，胎儿期105d（200×），a，表皮，b，毛钉，c，毛钉；F，胎儿期108d（200×），a，表皮，b，毛钉；G，胎儿期111d（200×），a，表皮，b，毛管，c，毛乳头；H，胎儿期117d（200×），a，表皮，b，毛干；I，胎儿期123d（100×），a，表皮，b，内根鞘；J，胎儿期129d（100×），a，毛乳头，b，立毛肌，c，内根鞘，d，毛干；K，胎儿期135d（100×），a，外根鞘，b，毛干，c，内根鞘；L，胎儿期141d（100×），a，毛母质，b，毛干，c，外根鞘。

图9–9　不同胎龄的高山美利奴羊胎儿皮肤毛囊中*FGF18*表达特征

因此，我们通过实时荧光定量PCR技术和免疫组化技术，研究高山美利奴羊胎儿皮肤HF形态形成过程中基板形成时期*P-cadherin*在mRNA水平和蛋白水平的表达情况，初步研究*P-cadherin*在高山美利奴羊毛囊基板形态发生中的调控作用，以期为阐明*P-cadherin*能否作为高山美利奴羊毛囊基板形态发生调控中的标记物和研究绵羊HF基板形成的分子调控机制研究提供试验数据和理论依据。

本研究对*P-cadherin*在高山美利奴羊毛囊基板形态发生过程中的表达变化规律进行了初步研究，得出*P-cadherin*参与高山美利奴羊毛囊基板形态发生的调控，并且可以初步断定*P-cadherin*可以作为高山美利奴羊毛囊基板的标记物。

第十章 高山美利奴羊高效繁殖技术

繁殖力（Fertility）是指家畜维持正常繁殖机能、生育后代的能力。影响繁殖力的因素很多，除繁殖方法和技术水平外，公母畜本身的生理条件也起着决定性的作用。对母畜来说，繁殖力是表现在性成熟的早晚，繁殖周期的长短，每次发情排卵数的多少，卵子受精能力的高低，妊娠、分娩及哺乳能力的高低。概括起来，母畜的繁殖力集中表现在一生或一段时期内繁殖后代数量多少的能力，其生理基础是生殖系统（主要是卵巢）机能的高低。

提高家畜繁殖率是畜牧业发展的重要前提。繁殖技术由繁殖调控技术和繁殖监测技术两部分组成。繁殖调控技术包括调控发情、排卵、受精、性别控制、胚胎发育、妊娠维持、分娩、泌乳等生殖活动的技术，是提高家畜繁殖效率、加快育种速度的基本手段。繁殖监测技术包括发情鉴定、妊娠鉴定、营养调控、围产期管理、幼畜生产与管理等技术。

近年来，随着在家畜生殖技术上的不断革新，从发情、配种、受精到妊娠、分娩等环节出现了一系列调控技术。通过应用这些调控技术，使家畜生殖力在很大程度上摆脱了自然因素的直接影响，显著提高了繁殖效率和生产性能。

在高山美利奴羊的养殖过程中，非季节性繁殖和多胎是目前养殖过程中共同追求的提高繁殖力的目标。

第一节 抑制素-C3d DNA疫苗的构建及免疫作用

抑制素（Inhibin，INH）是一种水溶性多肽激素，雌性动物主要产生于卵巢的颗粒细胞；雄性动物主要产生于睾丸的支持细胞。INH主要通过负反馈抑制垂体促卵泡激素（Follicle-Stimulating hormone，FSH）的合成和分泌，同时INH在卵巢局部可能存在旁分泌或自分泌作用，调节卵泡的生长发育，最终影响家畜的排卵率和产仔数。应用抑制素疫苗免疫产生的抑制素抗体，可以中和内源性抑制素，削弱抑制素对FSH的负反馈调节，增加FSH的分泌，从而促进卵泡发育和排卵数的提高。但是抑制素DNA疫苗免疫作为一种双胎疫苗，因INHα（1～32）作为自身抗原，免疫原性弱，并且还存在着免疫机制不清、抗体阳性率低、抗体滴度不高、效果不稳定等不足，成为其在改变家畜繁殖力临床应用的主要障碍。为了使抑制素基因疫苗尽快应用于生产，对抑制素DNA疫苗添加了高效佐剂，并进行了优化。分子佐剂是与抗原分子交联，并能显著增强被交联抗原分子免疫原性的分子。C3d（Complement factor 3d，C3d）是产生于补体激活过程中补体C3（Complement factor 3，C3）裂解后的一个片段，具有免疫佐剂活性。本研究就抑制素抗原表位、抑制素DNA疫苗的构建等几个方面进行了初步研究。

一、绵羊C3d基因克隆及分子特征

提取绵羊肝脏组织DNA克隆到补体C3d基因并对其核苷酸序列和推导的氨基酸序列及蛋白结构进行分析显示：绵羊补体C3d基因的编码区有909个核苷酸，编码303个氨基酸残基（GenBand登录号为：EF681138）。绵羊C3d氨基酸序列与人、牛、山羊、野猪、金仓鼠、小鼠、褐鼠、大袋鼠、兔和原鸡的氨基酸序列一致性分别为80.4%、94.7%、96.9%、82.8%、81.1%、80.6%、80.2%、71.0%、75.2%和60.3%。在高等动物中，绵羊与原鸡的一致性最低，为60.3%，而与其他动物之间的一致性则较高，为71.0%～96.9%。与CR2结合的225～232氨基酸KLYNVEAT在绵羊、人、山羊、牛、野猪、金仓鼠、褐鼠、小鼠和兔之间比较保守，而大鼠、原鸡中该段氨基酸序列大多数发生了变化。根据上述各动物C3d氨基酸序列绘制进化树（图10-1），得出绵羊的补体因子C3d与其他哺乳动物的亲缘关系较近，而与鸡C3d在进化关系上为一单独分支。由此证明C3d在物种中具有多样性，符合物种间的进化关系。

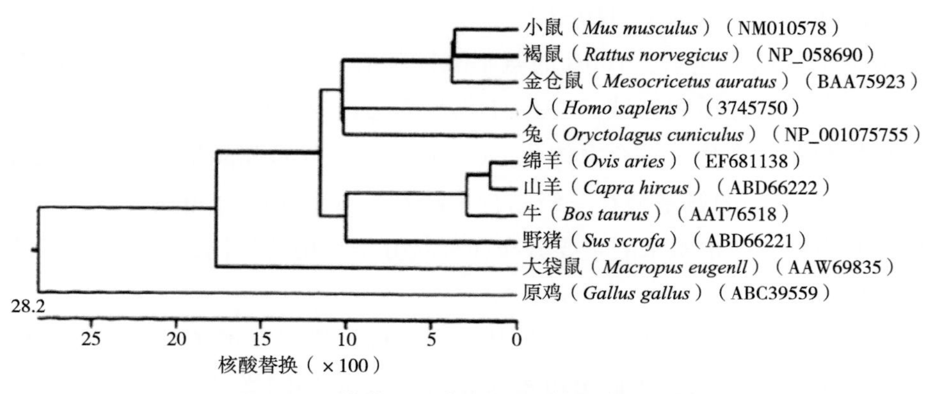

图10-1　绵羊和几种动物C3d的遗传进化树

二、C3d蛋白二级结构预测分析

绵羊C3d蛋白有2个蛋白激酶C磷酸化位点，1个酪蛋白激酶Ⅱ磷酸化位点，1个酪氨酸激酶磷酸化位点，1个十四（烷）酰化位点。绵羊C3d二级结构中螺旋和转角交替出现（图10-2），其中α螺旋为55.12%，β折叠为2.31%，转角区域为42.57%，这样的结构有利于其桶状结构的形成。

```
          ....,....1....,....2....,....3....,....4....,....5....,....6.
AA        HLIQTPSGSGEQN■IG■TPTVIAVHYLDSTEQWEKFGLEKRQEALELIRKGYTQQLAFRQ
PROF.sec         HHHHHHHHHHHHHHHHHHHH               HHHHHHHHHHHHHHHHHHHHHHH.
Rel.sec   943167664002455320247788776412554347812578889898887676663003.
          ....,....7....,....8....,....9....,....10.1...,....11.1...,....1.
AA        KSSAYAAFQNRPPSTWLTAFVVKVFALSTNLIAIDSGDLCETVKWLILEKQKPDGIFQED.
PROF.sec                 HHHHHHHHHHHHHHHHHHH    HHHHHHHHHHHHHHHHH         .
Rel.sec   556301236777652678989888877531046784788888888887331357753565.
          ....,....13.1...,....14.1...,....15.1...,....16.1...,....17.1...,....1.
AA        GPVIHQE■IGGFKDTREKDVSLTAFVLIALHEAKDICEAQVNSLGPSITKAGDFLENHYR
PROF.sec                      HHHHHHHHHHHHHHH              HHHHHHHHHHHHHHHHHHHH.
Rel.sec   641121002455455544211679888888741343322100013578888888888885321.
          ....,....19.1...,....20.1...,....21.1...,....22.1...,....23.1...,....2.
AA        ELRRPYTVAIAAYALALLGKLEDDRLTKFLNTAKEKNRWEEPNKKLYNVEATSYALLALL.
PROF.sec  H     HHHHHHHHHHHHH          HHHHHHHHHHH                HHHHHHHHHHHHH
Rel.sec   125741588888888874067535778787532023354557765300036789989888 7.
          ....,....25.1...,....26.1...,....27.1...,....28.1...,....29.1...,....3.
AA        ARKDFDTVPPVVRWLNFQRYYGGGYGSTQATF■VFQALAQYQKDVPDHKELNLDVSIHLP.
PROF.sec  H      HHHHHHHHHHHHH               HHHHHHHHHHHHHHHHHHHH            EEEEEEE
Rel.sec   416742256888888873035577634507889888888887654256765562157887 14.
```

AA，氨基酸；PROF. sec，PHD predictions预测的二级结构：H，螺旋，E，片层，窄白，折叠；Rel. sec，PHD predictions 预测的二级结构的可信度（0，低可信度；9，高可信度）。

图10-2　绵羊C3d的二级结构预测结果

三、C3d基因蛋白三级结构预测分析

利用EsyPred3D同源建模预测可知，绵羊C3d三级结构与人C3d一样也形成由核心和外层构成的桶状分子结构（图10-3）。用SAVS对所预测的sC3d蛋白质三级结构进行模型质量分评估，结果显示：100%的氨基酸残基的二面角落在允许区，91.5%的氨基酸残基的二面角落在最适宜区域。C3d 3D模型多态链总的ProSa能量评分表明sC3d 3D模型的立体构象非常合理，符合立体化学ϕ和ψ二面角分布和能量的要求。此外，从图10-4可以看出，sC3d的氨基酸在三级结构中疏水氨基酸主要分布在桶状分子结构的内测，构成疏水内核，亲水氨基酸主要分布在桶状分子结构的外侧，这样的结构有利于该桶状分子结构的稳定。

蛋白质的功能在很大程度上取决于其空间结构。研究发现sC3d蛋白的空间结构与hC3d的空间结构非常相似，因此可以推测sC3d也与hC3d同样具有促进抗原加工递呈、参与B细胞激活、诱导记忆B淋巴细胞形成、增强体液免疫的生物学功能。

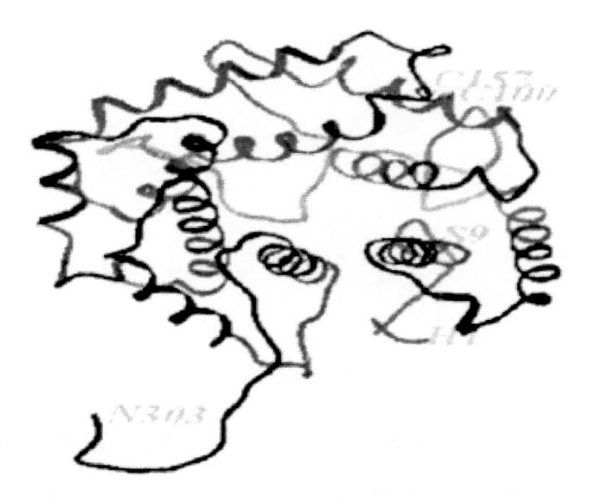

H1，第1位氨基酸—H1S；S9，第9位氨基酸SER；C100/157，第100/157氨基酸-CYS；N303，第303位氨基酸SER。

图10-3　绵羊C3d的三级结构示意

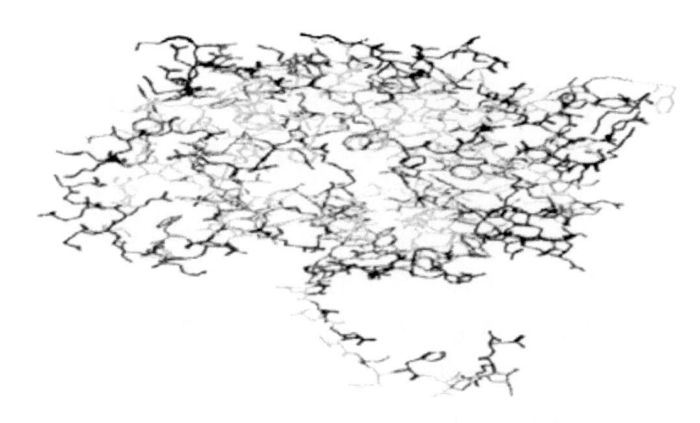

黑色，亲水氨基酸；灰色，疏水氨基酸。

图10-4　绵羊C3d的三级结构示意

四、重组质粒pcDNA-DPPISS-DINH-mC3d3转染、表达和Western blotting检测

利用RT-PCR技术扩增绵羊补体C3d基因片段，将该片段插入pMD18-T载体，然后亚克隆真核表达载体pcDNA-DPPISS-DINH-mC3d3构建pcDNA-DPPISS-DINH-sC3d3。pcDNA-DPPISS-DINH-sC3d3脂质体法转染BHK-21细胞，Western blotting鉴定DINH-sC3d3融合蛋白的结果显示pcDNA-DPPISS-DINH-sC3d3构建正确（图10-5）；在BHK-21细胞中成功获得了DINH-sC3d3融合蛋白的高效表达。

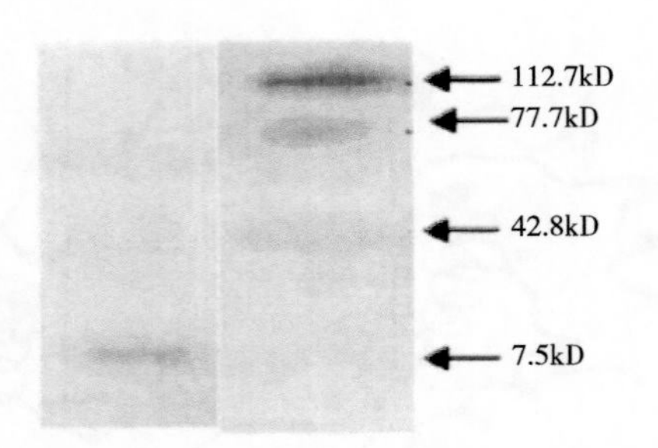

图10-5　Western blotting分析sC3d3在BHK-21细胞中的表达产物

本研究构建的DINH和sC3d3融合基因真核表达质粒pcDNA-DPPISS-DINH-sC3d3在BHK-21细胞中高效正确表达，为这种新型抑制素基因疫苗免疫绵羊后诱导高效特异性免疫应答，增加FSH的分泌，促进绵羊卵泡发育和排卵数的提高提供了强大的理论依据和技术支撑。

第二节　促性腺激素抑制激素-C3d DNA疫苗的构建及免疫作用

下丘脑-垂体-性腺轴（HPGA）系统的生殖激素季节性变化受到光照周期的调控。季节性繁殖可能的生理途径是：光照刺激作用于视网膜并转化为神经冲动，神经冲动经由下视丘及动物体内主要的生物钟视交叉上核作用于松果体；松果体分泌褪黑素（Melatonin，MLT），再经过复杂的神经内分泌过程来调节下丘脑GnRH（Gonadotropin-releasing hormone）的脉冲式释放，进一步通过HPGA中一系列生殖激素来调控季节性繁殖活动。

繁殖活动的季节性变化主要依靠促性腺激素释放激素（GnRH）和促黄体素（Luteotropic hormone，LH）的脉冲频率来调控。繁殖期下丘脑GnRH分泌水平的提高，是卵巢产生排卵活动的基础。在不同季节，GnRH分泌的脉冲频率是不同的。在繁殖期开始时，雌激素诱导GnRH和LH峰在排卵期前达到最大值；在繁殖期末期，降至最低，随后卵巢进入静止期。而在非繁殖期，GnRH和LH分泌的脉冲频率较低，而且激素水平也较低。在繁殖期，雌激素分泌水平逐渐上升，在排卵期前达到峰值；血清中孕酮水平在LH峰出现时有所增加。在非繁殖期，雌激素分泌水平也较低；孕酮分泌水平明显偏低，且没有周期性脉冲变化。促性腺激素的释放也存在季节性变化。

在动物的繁殖机能调控中，由下丘脑分泌的GnRH处于核心地位。由于GnRH释放受到垂体门脉系统中存在量的变化，才引起动物繁殖出现季节性。下丘脑的GnRH脉冲式分泌，进一步激活垂体的LH脉冲式分泌。GnRH/LH脉冲的频率影响动物的繁殖机能，表现在卵巢周期的卵泡期的增量调节，雌激素诱导排卵前，该频率达到最大的波动。在非繁殖季节，卵巢进入静止期，GnRH/LH分泌循环将终止，其最显著的特点是雌激素对GnRH分泌的负反馈效应增加。光照变化引起MLT分泌模式的变化，导致了GnRH神经元对雌激素负反馈的敏感性下降，进一步引起GnRH分泌量的变化。

促性腺激素抑制激素（Gonadotropin inhibitory hormone，GnIH）是一类能够抑制动物促性腺激素分泌的激素。哺乳动物的GnIH表达于下丘脑背内侧核，也被称为RF-酰胺相关肽（RF-amide related peptide，RFRP）。研究发现，大部分的GnRH细胞于RFPR-3细胞纤维体直接结束，RFRP-3对小鼠的GnRH神经元有直接的抑制作用。GnIH是唯一被阐明对GnRH、LH起着负反馈作用的神经肽，在非繁殖期抑制动物的繁殖功能。这为运用生殖免疫原理中和GnIH，调节GnRH、LH激素水平，诱导绵羊非繁殖季节发情提供了理论基础。

本研究建立了GnIH抗体间接ELISA检测方法，构建了GnIH-INH-Follistatin融合基因疫苗，研究免疫后非繁殖季节绵羊生殖激素表达规律，为非繁殖季节开展多胎免疫工作提供理论和技术支撑。

一、GnIH抗体间接ELISA方法的建立及优化

以纯化的GnIH（1～28a）合成多肽为包被抗原，成功建立检测GnIH抗体的间接ELISA检测方法：包被液的最适浓度为0.4μg/mL，5%脱脂奶粉为最适封闭液，酶标抗体的最佳稀释倍数为1：20 000，60min为样品的最适反应时间。酶标抗体作用时间为60min，最佳显色时间为15min。该方法重复性较好，可用于GnIH疫苗免疫后抗体滴度的检测。对人工合成GnIH多肽表位疫苗（免疫剂量：300μg/mL，免疫次数：2次）免疫高山美利奴羊不同阶段的抗体进行检测，发现5周后抗体均上升到最高值（图10-6），表明GnIH（1～28a）具有较好的免疫原性，可作为GnIN-INH基因疫苗的备选B细胞抗原表位。

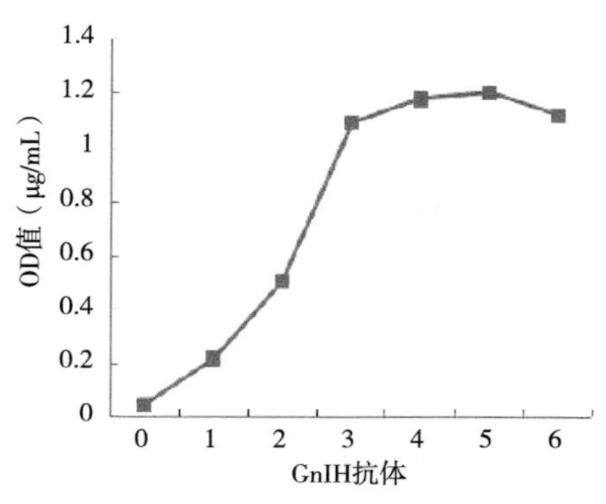

图10-6　GnIH抗体的测定结果（P/N值）

二、GnIN-INH-Follistatin融合抗原表位的克隆及表达

采用人工合成方法合成INHα（1～32）、牛GnIH（1～28a）、Follistatin（305～314）和绵羊C3d基因片段，插入克隆载体pMD18，然后亚克隆至原核表达载体pET28a中。利用BamHI、XhoI同尾酶克隆技术，分别构建GnIN-INH-Follistatin-3（C3d）、INH-3（C3d）融合的pET28a-GnIN-INH-Follistatin-3（C3d），pET28a-INH-3（C3d）原核表达载体。IPTG成功诱导表达INH-3（C3d）融合蛋白（图10-7）。

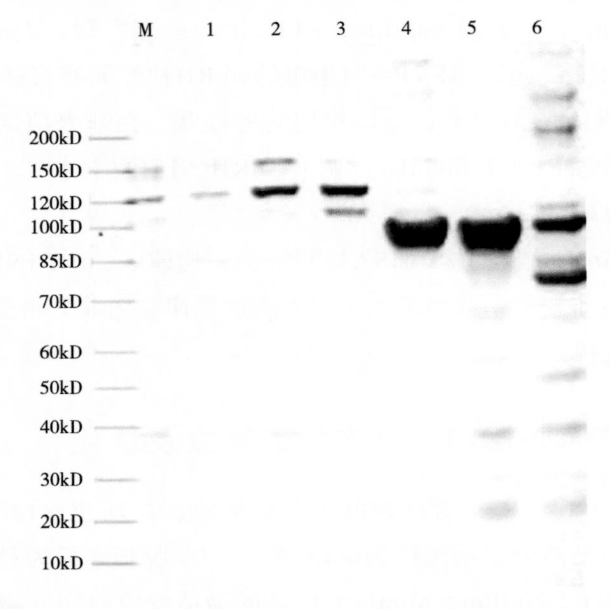

M，预染蛋白质分子质量标准；1，Pet28a-GINH-INH-Follistatin-3（C3d）未诱导组；2和3，Pet28a-GINH-INH-Follistatin-3（C3d）诱导组；4和5，Pet28a-INH-3（C3d）诱导组；6，Pet28a-INH-3（C3d）未诱导组。

图10-7　重组蛋白的Western blotting 分析

三、GnIN-INH-Follistatin融合基因疫苗的构建

GnIN-INH-Follistatin-3（C3d）融合的PET28a-GnIN-INH-Follistatin-3（C3d）原核表达载体为基础，将GnIN-INH-Follistatin-3（C3d）转入真核疫苗表达载体pSEC-tag2a中构建pSEC-tag2a-GnIN-INH-Follistatin-3（C3d）基因疫苗。将质粒转染HEK293细胞表明pSEC-tag2a-GnIN-INH-Follistatin-3（C3d）质粒转染HEK293细胞后能够在HEK293细胞内稳定表达（图10-8）。

本研究成功建立了一种利用间接ELISA法检测主动免疫后高山美利奴羊体内GnIH抗体的测定方法，该方法有较好的重复性，为今后对GnIH的研究提供了技术支撑。成功地构建了GnIH-INH融合原核表达载体pET28a-GnIH-INH-Follistatin-3（C3d） pET28a-INH-3（C3d）、基因疫苗PSEC-tag2a-GnIH-INH-Follistatin-3（C3d），为开展非繁殖季节多胎免疫工作奠定了基础。

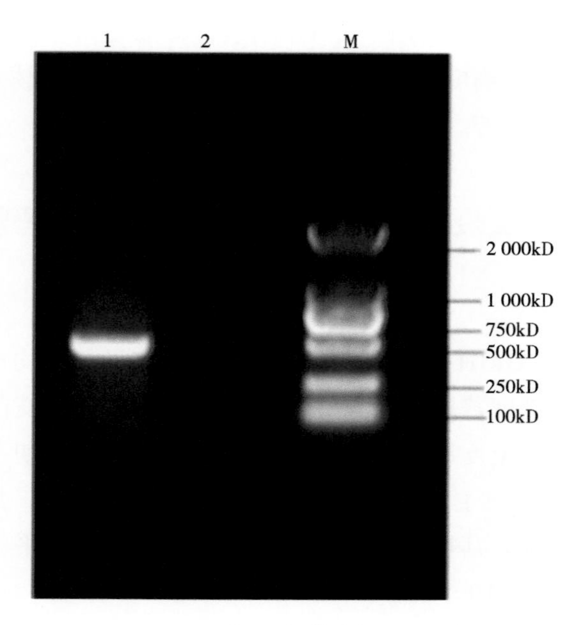

1，PSEC-tg2a-GnIH-INH-Follistatin-3（C3d）转染组；2，对照组；M，Marker：2000。

图10-8　GnIH-INH基因的转染

第三节　GnIH与INH表位多肽疫苗主动免疫对高山美利奴羊生殖激素的影响

20世纪70年代初发展起来的激素免疫中和技术为提高母畜生殖力提供了新的途径。该技术是以动物生殖激素作为抗原（激素疫苗），给动物进行主动免疫，刺激动物产生激素抗体，或在动物的发情周期中进行被动免疫，这种抗体便和动物体内相应的内源性激素发生特异性结合，显著地改变激素的有效浓度，从而影响体内激素调节系统，使机体功能发生改变。在绵羊的双胎诱导中常用作免疫原的有类固醇类激素和抑制素两类。

研究者通过合成的INH表位多肽疫苗和GnIH表位多肽疫苗主动免疫高山美利奴羊FSH和LH激素水平进行比较。试验选用处于非发情季节的3.5岁高山美利奴羊，注射INH表位多肽疫苗和GnIH表位多肽疫苗，对照组注射等量生理盐水。采血后立即进行免疫，每隔7d免疫和采血，同时在发情后每隔15min采血一次，分离血清，用ELISA试剂盒检测抗体水平及FSH和LH激素变化。结果显示INH表位多肽疫苗和GnIH表位多肽疫苗在初次免疫后均产生了相应的抗体，在第二次免疫时抗体滴度普遍达到较高水平。INH表位多肽疫苗在主动免疫后其抗体水平上升较快且在加强免疫后抗体水平有一个明显的下降时期，最后维持在一定的水平；GnIH表位多肽疫苗主动免疫后，在抗体上升之后，加强免疫可使其抗体滴度维持在一定的水平，但最后其抗体水平均维持在几乎相同的水平，两组差异均不显著。

一、INH表位多肽疫苗和GnIH表位多肽疫苗免疫前后两种抗体的变化

INH表位多肽疫苗和GnIH表位多肽疫苗在初次免疫母羊后均产生了相应的抗体。在第 2 次免疫时，抗体滴度普遍达到较高水平。INH表位多肽疫苗在主动免疫后其抗体水平上升较快且在加强免疫后抗体水平有一个明显的下降时期，最后维持在一定的水平；GnIH表位多肽疫苗在主动免疫后，在抗体水平上升之后，加强免疫可使其抗体维持在一定的水平，但最后其抗体水平均维持在几乎相同的水平，两组差异均不显著（$P>0.05$）。研究结果如表10-1所示。

表10-1　INH表位多肽疫苗和GnIH表位多肽疫苗B抗体浓度变化

免疫后天数（d）	INH表位多肽疫苗	GnIH表位多肽疫苗
0	0.225 22 ± 0.76	0.392 9 ± 0.66
7	0.515 8 ± 0.54	0.759 2 ± 0.84
14	1.099 6 ± 0.49	1.573 0 ± 0.62
21	1.183 1 ± 0.88	1.464 3 ± 0.71
28	1.207 3 ± 0.64	1.063 6 ± 0.69
35	1.126 4 ± 0.57	1.132 0 ± 0.78

注：同行数据肩标不同小写字母表示差异显著（$P<0.05$）；肩标不同大写字母表示差异极显著（$P<0.01$）；肩标相同字母或无字母标记表示差异不显著（$P>0.05$）。

二、INH表位多肽疫苗和GnIH表位多肽疫苗主动免疫对生殖激素的影响

1. 对FSH激素水平的影响

如表10-2所示，在发情后75～105min时INH表位多肽疫苗和GnIH表位多肽疫苗与对照组相比均显著促进了FSH的激素分泌水平（$P<0.05$），且GnIH表位多肽疫苗

与INH表位多肽疫苗相比显著促进了FSH的分泌水平（$P<0.05$）。在发情后105min时，GnIH表位多肽疫苗相较于INH表位多肽疫苗与对照组显著促进了FSH的分泌水平（$P<0.05$），但INH表位多肽疫苗与对照组相比并无显著差异（$P>0.05$）。发情后120min时GnIH表位多肽疫苗与INH表位多肽疫苗血清中FSH水平均显著高于对照组（$P<0.05$），但两者之间并无显著差异（$P>0.05$）。

表10-2　INH表位多肽疫苗和GnIH表位多肽疫苗对FSH分泌的影响（IU/L）

发情时间（min）	对照组	INH表位多肽疫苗	GnIH表位多肽疫苗
15	2.47 ± 0.25	4.88 ± 0.64	5.98 ± 0.10
30	2.17 ± 0.05	2.97 ± 0.59	5.22 ± 0.84
45	2.45 ± 0.34	4.12 ± 0.89	5.24 ± 0.62
60	2.24 ± 0.19	4.03 ± 0.48	5.82 ± 0.71
75	2.56 ± 0.07[a]	2.14 ± 0.54[b]	6.82 ± 0.09[c]
90	2.12 ± 0.02[a]	3.82 ± 0.58[a]	5.25 ± 0.28[b]
105	2.40 ± 0.19[a]	3.31 ± 0.62[a]	5.02 ± 0.40[b]
120	2.13 ± 0.32[a]	4.80 ± 0.50[b]	6.83 ± 0.48[b]

注：同行数据肩标不同小写字母表示差异显著（$P<0.05$）；肩标不同大写字母表示差异极显著（$P<0.01$）；肩标相同字母或无字母标记表示差异不显著（$P>0.05$）。

2. 对LH激素水平的影响

如表10-3所示，INH表位多肽疫苗随着时间变化LH的分泌呈上升趋势并在60min时达到最大，最后呈下降趋势。GnIH表位多肽疫苗LH的分泌同样随着时间变化呈上升趋势并在45min时达到最大，随后呈下降趋势。与对照组相比，两者LH的分泌没有明显变化。在发情前30min时INH表位多肽疫苗及GnIH表位多肽疫苗与对照组相比差异均不显著（$P>0.05$）。在45～105min时GnIH表位多肽疫苗LH的分泌水平显著高于INH表位多肽疫苗和对照组（$P<0.05$）。发情120min时，GnIH表位多肽疫苗和INH表位多肽疫苗LH的分泌量均显著高于对照组（$P<0.05$），但两者之间并无显著差异（$P>0.05$）。

表10-3　INH表位多肽疫苗和GnIH表位多肽疫苗对LH分泌的影响（IU/L）

发情时间（min）	对照组	INH表位多肽疫苗	GnIH表位多肽疫苗
15	302.55 ± 21.70	470.64 ± 14.67	483.77 ± 32.00
30	252.74 ± 21.43	637.83 ± 19.72	607.40 ± 29.34
45	256.39 ± 18.29[a]	804.73 ± 25.85[a]	1 123.26 ± 47.04[b]
60	237.72 ± 5.94[a]	843.48 ± 38.73[a]	815.00 ± 20.99[b]
75	296.75 ± 36.69[a]	540.47 ± 17.43[b]	814.87 ± 28.36[c]

（续表）

发情时间（min）	对照组	INH表位多肽疫苗	GnIH表位多肽疫苗
90	196.09 ± 11.12^{a}	438.49 ± 63.57^{b}	728.84 ± 18.67^{c}
105	241.58 ± 17.25^{a}	467.85 ± 26.63^{b}	572.24 ± 17.20^{c}
120	270.62 ± 15.41^{a}	518.33 ± 27.62^{b}	718.00 ± 36.65^{b}

注：同行数据肩标不同小写字母表示差异显著（$P<0.05$）；肩标不同大写字母表示差异极显著（$P<0.01$）；肩标相同字母或无字母标记表示差异不显著（$P>0.05$）。

第四节　不同激素处理对高山美利奴羊胚胎移植效果的影响

胚胎移植技术被广泛应用于提高优良母畜的后代数量，优化高山美利奴羊胚胎移植方案有助于快速扩大优质种羊群体、提高育种能力。超数排卵和胚胎移植技术通常联合应用，合称超数排卵和胚胎移植（Multiple ovulation and embryo transfer）技术，简称MOET技术。

超数排卵，简称超排，是以外源性促性腺激素诱发动物卵巢的卵泡发育并排出具有受精能力的卵子的过程。在自然状态下，卵巢中99%以上的有腔卵泡均发生闭锁而退化，仅有不到1%的有腔卵泡能够发育成熟和排卵。因而，超数排卵就是利用超过体内正常水平的外源性促性腺激素，使将要闭锁的有腔卵泡发育成熟进而排卵的过程。外源的促性腺激素，诱发腔前卵泡群体数量的增加和多个优势卵泡的形成。优势卵泡的选择基本取决于两个方面：一是个体血液中的促性腺激素水平，二是卵巢内的激素受体的表达量。

同期发情是因为在母畜群中，各个母畜的卵巢卵泡活动周期不尽一致。要达到同期发情的目的，需要借助外源性激素进行干预，使已经处于生长期的卵泡移植，同时使尚未开始活动的卵巢启动起来，使被处理的母畜卵巢按照预定的要求发生变化，使群体母畜卵巢的生理机能处于同一阶段，为同时发情创造一个统一的生理内分泌基础。对母畜进行同期发情处理的其中一种方法是给一群母畜同时使用孕激素，抑制其卵巢卵泡的生长发育，经过一定时期后同时停药。解除了外源孕激素抑制之后，此时卵巢上的周期黄体已经退化，群体母畜的卵泡开始同步发育，从而引起母畜同期发情。采用孕激素抑制母畜发情实际上是人为地延长其黄体期，起到了延长发情周期、推迟发情期的作用，为下一个发情周期创造一个共同的起点。

冯新宇等（2017，2018）为研究不同FSH使用剂量、给药方式及环境分度对超数排卵效果的影响，将3～5岁经产高山美利奴母羊分为对照组和试验1组、2组、3组。对照组供体采用6次递减法注射，注射量依次为3.5mL、3mL、2.5mL、2mL、1.5mL、1mL，共使用12.5mL卵泡刺激素（Follropin-V）。试验1组为低剂量FSH组，采用6次递减法注射，Folltropin-V剂量依次为2.5mL、2mL、2mL、1.5mL、1mL、1mL，共使用10mL Folltropin-V，其他处理均与对照组相同。试验2组采用8次递减法注射12.5mL Folltropin-V，注射剂量依次为3.5mL、2mL、2mL、2mL、1mL、1mL、0.5mL、0.5mL，共使用12.5mL Folltropin-V；于第16天最后一次注射时撤栓并注射氯前列醇钠，其他处理均与对照组相同。试验3组为寒冷环境处理组，超数排卵处理期间畜舍内温度为-18℃，其他处理均与对照组相同。超数排卵处理期间，对照组、试验1组、试验2组畜舍内平均温度为-8℃，试验3组为-18℃。

同期发情及超数排卵的方法如下：于供体羊自然发情结束后置入阴道栓（CIDR，每支含孕酮300mg）15d。超数排卵处理放栓后第13天07：00开始于颈部肌内注射Folltropin-V，注射间隔12h，每日注射2次。对照组、试验1组和3组在第15天19：00进行最后一次Folltropin-V注射同时注射1mL氯前列醇钠，并移除置入的CIDR。在确认发情8h后进行第1次交配并肌内注射12.5g促黄体激素释放激素A3；随后间隔8h进行交配，直到发情结束。交配采取本交与人工授精交替的方式进行，至少进行1次本交及2次人工授精。

胚胎回收及移植：在胚胎回收及移植的手术过程中记录卵巢反应、黄体（Corpora Luteum，CL）及大卵泡（Large Follicles，LF）数，其中大卵泡为直径大于3mm的卵泡。在胚胎回收后于体视显微镜下检测胚胎质量，根据形态学标准将胚胎分为A、B级胚胎及退化胚胎和未受精胚胎。A级胚胎形态完整，轮廓清晰，呈球形，结构紧凑，分裂球大小均匀，色调和透明度适中，无附着细胞和液泡；B级胚胎轮廓清晰，色调细胞密度良好，可见少量细胞和液泡附着，A、B级胚胎可用于胚胎移植。按照每只受体2～3枚A、B级胚胎进行移植，并统计各组产羔数。

手术时血清中激素浓度的测定：按照胚胎回收结果将供体分为两组，Ⅰ组为胚胎回收数低于10枚或胚胎回收率低于60%的低胚胎回收效果组，Ⅱ组为胚胎回收数高于10枚且胚胎回收率高于60%的高胚胎回收效果组。两组分别于手术期后采集血液样本，检测血清FSH浓度。

一、卵巢反应及胚胎回收结果

对照组黄体数较高，可用胚胎数、胚胎回收率最高；与对照组相比，试验1组黄体数和可用胚胎数显著下降（$P<0.05$）；试验2组采用8次递减法注射处理，导致黄体数

显著下降（$P<0.05$），可用胚胎数极显著下降（$P<0.01$），大卵泡数略增加；试验3组超排过程中处于低温条件下，回收率小幅下降，但对黄体数、回收可用胚胎数、大卵泡数的影响很小。

如表10-4所示，通过对高山美利奴羊进行不同超排处理，平均胚胎回收率为80.05%。说明本试验超排程序可以用于实际生产中。维持其他条件不变，仅减少注射的FSH剂量时，试验1组获得可用胚胎数显著低于对照组；胚胎回收率也比对照组下降了28.00%；但试验1组胚胎移植后产羔率在各组中最高。这说明10mL Folltropin-V使用量会降低可用胚胎数，但胚胎回收率仍较高，且不会影响移植后的产羔数。因此，采用试验1组的超数排卵处理进行高山美利奴羊的胚胎移植，可以提高其供种能力。试验2组使用同一浓度、不同注射次数进行超数排卵时，黄体数显著降低，得到的可用胚胎数极显著下降，胚胎回收率下降了19.29%。这说明采用8次递减法注射延长了超数排卵过程，可能会导致FSH峰滞后，使排卵效果变差。在不改变超数排卵处理程序，仅将外界环境温度调整为-18℃，可用胚胎数与对照组差异并不显著，卵巢反应与胚胎回收结果与对照组均无显著差异。说明寒冷环境不会影响高山美利奴羊的卵泡发育及排卵。这证明了高山美利奴羊对高原高寒气候的适应力。

表10-4　各组卵巢反应及胚胎回收结果

组别	N	黄体数（枚）	可用胚胎数（枚）	大卵泡数（枚）	胚胎回收率（%）
对照组	12	19.82 ± 7.31	18.45 ± 6.38	5.18 ± 3.60	93.12
试验1组	11	14.33 ± 4.94*	9.33 ± 5.57*	6.67 ± 4.56	65.12
试验2组	12	12.42 ± 10.73*	9.17 ± 7.32**	8.17 ± 5.98	73.83
试验3组	11	19.83 ± 8.80	16.42 ± 9.68	4.08 ± 3.32	82.77
合计	46	777	622	284	80.05

注：与对照组相比，同列数据肩标**表示差异极显著（$P<0.01$），*表示差异显著（$P<0.05$），无肩标表示差异不显著（$P>0.05$）。

二、胚胎移植结果

试验1组产羔数最高，产羔率也最高；超排过程中低温导致试验3组产羔数急剧下降，仅为14.70%（表10-5）。移植后总产羔率为39.83%，高于青海地区胚胎移植后16.67%的产羔率（试验3组产羔率与之接近），说明低温可能影响胚胎进一步发育或移植效果，但常规冬季畜舍内温度不会影响胚胎移植效果。

表10-5　各组胚胎移植结果

组别	移植受体数（只）	产羔数（只）	产羔率（%）
对照组	36	15	41.67
试验1组	30	17	56.67
试验2组	23	12	52.17
试验3组	34	5	14.70
合计	123	49	39.83

三、血清中FSH浓度检测结果

如图10-9所示，Ⅰ组（低胚胎回收效果组）血清中FSH浓度为39.19 IU/L，Ⅱ组（高胚胎回收效果组）为22.89 IU/L，Ⅰ组FSH浓度极显著高于Ⅱ组（$P<0.01$）。

血清中FSH浓度测定结果表明，手术时FSH浓度与黄体数及可用胚胎数呈负相关，说明胚胎回收手术处于外源性FSH浓度下降阶段，此时已经排卵，手术时间恰当。

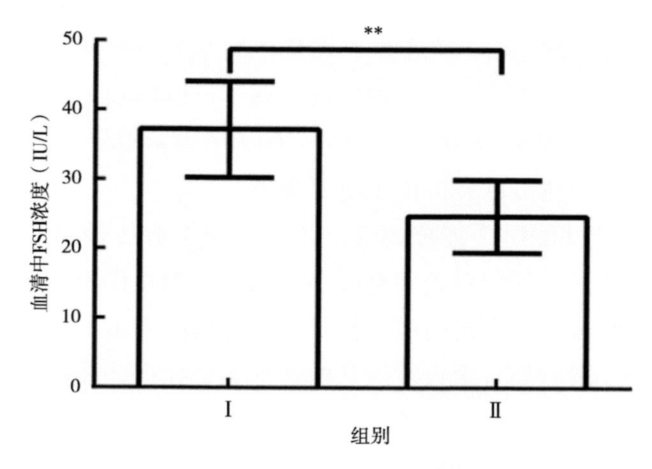

图10-9　不同胚胎回收效果组血清FSH浓度

注：**表示差异极显著（$P<0.01$）。

本试验采用不同FSH注射剂量、给药方式、环境温度的超排方案对高山美利奴羊进行胚胎移植试验，对照组及试验1组、2组、3组胚胎回收率分别为93.12%、65.12%、73.83%、82.77%，产羔率分别为41.67%、56.67%、52.17%、14.70%。说明10mL Folhropin-V使用剂量或8次递减法给药方式会降低胚胎回收率，但不影响产羔率；寒冷环境不影响胚胎回收，但会降低胚胎移植后的产羔率。

冬季高山美利奴羊在畜舍内温度为-8℃时，按照6次递减法肌内注射10mL Folhropin-V（2.5mL、2mL、2mL、1.5mL、1mL、1mL）的超排方案进行，并于供体第1次配种后40h时进行胚胎回收及移植效果最好，适合用于快速扩大高山美利奴羊种羊群体。

第五节　高山美利奴羊多胎性状候选基因多态性检测与分析

由于环境硬条件约束等，细毛羊经济效益出现了一定程度的下降，放松了细毛羊的养殖和管理，对细毛羊的地位造成了一定的冲击。造成细毛羊经济效益下降的一个重要因素就是细毛羊的繁殖率比较低，因此必须重视提高细毛羊的繁殖率。羊的产羔性状遗传力很低，约为0.03～0.1，另外由于育种周期比较长以及遗传进展慢等，常规的选育方法很难提高该性状。此外，羊的多胎性状属于复杂性状，受多种因素的影响如基因、年龄、营养、季节等，其中基因是影响羊多胎性状的重要因素。为了提高细毛羊的繁殖率，首先就需要提高细毛羊的产羔率，明确多胎基因能够从根本上提高细毛羊的繁殖率。目前，国内外多个绵羊和山羊品种中都发现了可以影响羊繁殖性状的多个基因，如*BMPR-IB*、*BMP15*、*GDF9*、*FSHβ*、*FSHR*、*GnRH*、*GnRHR*、*INHBA*和*INHA*等，这为提升细毛羊繁殖性状的遗传进展提供了重要参考。

选育提高动物生产性能时，传统的方法是利用种群遗传学和统计学方法，它们所用到的简化模型都基于多个基因对表型有微小作用，其相互作用的平均基因效应最终决定了基因的表型。传统方法为家畜的经济性状选育与提高做出了很大的贡献，但其局限性也限制了畜牧业的发展。如对于数量性状的选择需要在个体发育到一定阶段后才可以显现出来，育种周期比较长、费用高等。随着细胞生物学和分子生物学的发展，其越来越多被用于家畜育种工作，其中DNA分子标记技术最受关注，该技术的出现使基于此类标记的选择育种技术有了实现的可能性，为家畜的遗传育种开辟了新的研究方向，具有巨大的发展潜力。DNA分子标记技术以基因组DNA的多态性为基础，在DNA水平上直接反应遗传变异。具有标记位点多、遗传信息量大、实验重复性强等优点，此外还不受动物的年龄、发育阶段、性别和养殖条件的影响。目前，DNA分子标记技术在家畜遗传育种中的应用主要包括遗传多样性分析、种质鉴定、遗传关系研究、QTL定位、遗传图谱构建和分子标记辅助育种。

本研究对高山美利奴羊的多胎性状候选基因*BMPR-IB*、*BMP15*、*GDF9*、*FSHβ*、*FSHR*、*GnRH*、*GnRHR*、*INHA*、*INHBA*外显子单核苷酸多态性（SNP）进行筛选，并对筛选出的SNPs进行生物信息学分析，结合直接测序法分析高山美利奴羊多胎性状候选基因*BMPR-IB*、*BMP15*、*GDF9*、*FSHβ*、*FSHR*、*GnRH*、*GnRHR*、*INHBA*和*INHA*多态性及与产羔数的相关性，筛选出与高山美利奴羊产羔数相关的分子遗传标记。

一、高山美利奴羊*BMPR-IB*、*BMP15*、*GDF9*、*FSHR*、*FSHβ*、*INHA*、*INHBA*、*GnRHR*、*GnRH*基因外显子SNPs筛选

根据高山美利奴羊全基因组测序结果与绵羊参考基因组比对分析*BMPR-IB*、*BMP15*、*GDF9*、*FSHR*、*FSHβ*、*INHA*、*INHBA*、*GnRHR*、*GnRH*基因外显子上存在的多态位点。由表10-6可知，高山美利奴羊*BMPR-IB*基因外显子上共发现1个转换位点SNP（T→C）；*FSHR*基因外显子上共发现3个SNPs，包括2个转换位点（C→T、G→A）和一个颠换位点（T→G）；*INHA*基因外显子上发现了3个SNPs，包括1个转换位点（A→G）和两个颠换位点（2个A→T），*INHBA*基因外显子共发现了2个SNPs，包括1个转换位点（A→G）和1个颠换位点（C→A）；*GnRHR*基因外显子上发现1个转换编译位点（C→T）和1个颠换位点（G→C）；*GnHR*基因外显子上发现了2个转换位点（1个C→T，1个A→G）。通过对高山美利奴羊基因外显子氨基酸序列进行分析发现，*BMPR-IB*基因外显子1个同义突变T1020C；*FSHR*基因外显子3个错义突变；*INHA*基因2个同义突变T387A、G900A，T206A 1个错义突变，对应的氨基酸发生了甲硫氨酸（Met）→赖氨酸（Lys）的转变；*INHBA*基因存在1个同义突变A1245G和1个错义突变C107A；*GnRHR*基因存在1个同义突变C411T和1个错义突变G720C，*GnRH*上存在两个错义突变C1631T和A1632G。

表10-6 高山美利奴羊*BMPR-IB*、*BMP15*、*GDF9*、*FSHR*、*FSHβ*、*INHA*、*INHBA*、*GnRHR*、*GnRH*基因外显子SNPs相关信息

基因	染色体位置	突变类型	mRNA位置	蛋白质位点	氨基酸变异
BMPR-IB	29314420	T→C	1 020	288	Tyr⇒Tyr
FSHR	75320670	T→G	904	261	Phe⇒Leu
FSHR	75320741	C→T	975	285	Thr⇒Ile
FSHR	75326509	G→A	1572	484	Arg⇒His
INHA	220470901	T→A	206	69	Met⇒Lys
INHA	220472936	T→A	387	129	Thr⇒Thr

（续表）

基因	染色体位置	突变类型	mRNA位置	蛋白质位点	氨基酸变异
INHA	220473449	G→A	900	300	Pro⇒Pro
INHBA	79317851	C→A	107	36	Pro⇒Gln
INHBA	79328806	A→G	1 245	415	Gln⇒Gln
GnRHR	83302151	C→G	720	240	Arg⇒Ser
GnRHR	83314205	C→T	411	137	Leu⇒Leu
GnRH	40035217	C→T	1 631	60	His⇒Tyr
GnRH	40035218	A→G	1 632	60	His⇒Arg

二、高山美利奴羊*BMPR-IB*、*BMP15*、*GDF9*、*FSHR*、*FSHβ*、*INHA*、*INHBA*、*GnRHR*、*GnRH*基因群体遗传学分析

表10-7结果表明，高山美利奴羊*BMPR-IB*基因外显子上检测到的T1030C表现出纯合型TT和杂合型TC两种基因型，其中TT基因型频率高于TC基因型频率，达到86%，等位基因T为优势等位基因，表现为低度多态。高山美利奴羊*MPR-IB*、*BMP15*、*GDF9*基因外显子上检测到的所有突变位点χ^2值均未达到显著水平（$P>0.05$），说明高山美利奴羊*BMPR-IB*、*BMP15*、*GDF9*基因外显子上检测到的所有突变位点均达到Hardy-Weinberg平衡状态。高山美利奴羊*FSHR*基因外显子上检测到的T904G、C975T、G1572A，均表现出野生型和突变杂合型两种基因型，野生型基因型频率均高于突变杂合型基因型频率，野生型等位基因T、C、G分别为优势等位基因，都表现为低度多态。高山美利奴羊*FSHR*基因外显子上检测到的所有突变位点χ^2值均未达到显著水平（$P>0.05$），说明其*FSHR*基因外显子上检测到的所有突变位点达到Hardy-Weinberg平衡状态；*FFSHβ*基因外显子上检测到的所有突变位点达到Hardy-Weinberg平衡状态。高山美利奴羊*INHA*基因外显子上检测到的T206A，表现出纯合型TT和杂合型TA两种基因型，其中TT基因型频率高于TA基因型频率，达73.3%，等位基因T为优势等位基因，表现为低度多态；*INHA*基因外显子上检测到的T387A，表现出纯合型TT和杂合型TA两种基因型，其中TT基因型频率高于TA基因型频率，达90.0%，等位基因T为优势等位基因，表现为低度多态；*INHA*基因外显子上检测到的G900A，表现出纯合型GG和杂合型GA两种基因型，其中GG基因型频率高于GA基因型频率，达86.7%，等位基因G为优势等位基因，表现为低度多态；*INHBA*基因外显子上检测到的C107A表现出野生型、

突变杂合型和突变纯合型3种基因型，等位基因C为优势等位基因，表现为中度多态；*INHBA*基因外显子上检测到的A1245G表现出野生型和突变杂合型两种基因型，等位基因A为优势等位基因，表现为低度多态。χ^2检验表明，高山美利奴羊的*INHA*与*INHBA*基因所有SNPs位点都处于Hardy-Weinberg平衡状态（$P>0.05$）。高山美利奴羊*GnRHR*基因外显子上检测到的G720C和C411T都表现出野生型和突变杂合型两种基因型，等位基因G、C为优势等位基因，都表现为低度多态；*GnRH*基因外显子检测出的C1631T、A1632G都表现出野生型和突变杂合型两种基因型，优势等位基因分别为C、A，都表现为低度多态。χ^2检验表明，高山美利奴羊的*GnRHR*与*GnRH*基因所有SNPs位点都处于Hardy-Weinberg平衡状态（$P>0.05$）。

表10-7 高山美利奴羊***BMPR-IB***、***BMP15***、***GDF9***、***FSHR***、***FSHβ***、***INHA***、***INHBA***、***GnRHR***、***GnRH***不同SNPs位点群体遗传学分析

基因	突变	总数	基因型			基因频率		χ^2	*P*	*PIC*
			野生	杂合	突变纯合	野生	突变			
BMPR-IB	T1020C	29	0.86（25）	0.14（4）	0.00（0）	0.93	0.07	0.16	0.69	0.12
FSHR	T904G	27	0.89（24）	0.11（3）	0.00（0）	0.94	0.06	0.09	0.76	0.11
FSHR	C975T	27	0.07（24）	0.59（17）	0.34（10）	0.94	0.06	0.09	0.15	0.35
FSHR	G1572A	29	0.79（23）	0.21（6）	0.00（0）	0.90	0.10	0.39	0.53	0.16
INHA	T206A	30	0.73（22）	0.27（8）	0.00（0）	0.87	0.13	0.71	0.40	0.20
INHA	T387A	30	0.90（27）	0.10（3）	0.00（0）	0.95	0.05	0.08	0.77	0.09
INHA	G900A	30	0.87（26）	0.13（4）	0.00（0）	0.93	0.07	0.15	0.70	0.12
INHBA	C107A	27	0.37（10）	0.56（15）	0.07（2）	0.65	0.35	1.28	0.26	0.35
INHBA	A1245G	30	0.80（24）	0.20（6）	0.00（0）	0.90	0.10	0.37	0.54	0.16
GnRHR	C720G	28	0.78（22）	0.21（6）	0.00（0）	0.89	0.11	0.40	0.53	0.18

（续表）

基因	突变	总数	基因型			基因频率		χ^2	*P*	*PIC*
			野生	杂合	突变纯合	野生	突变			
GnRHR	C411T	28	0.86（24）	0.14（4）	0.00（0）	0.93	0.07	0.17	0.68	0.12
GnRH	C1631T	27	0.68（19）	0.32（9）	0.00（0）	0.84	0.16	1.03	0.31	0.23
GnRH	A1632G	27	0.68（19）	0.32（9）	0.00（0）	0.84	0.16	1.03	0.31	0.23

注：括号内为各基因型频率单双羔羊只数；*PIC*≥0.5为高度多态；0.25≤*PIC*<0.5为中度多态；*PIC*<0.25为低度多态。

三、高山美利奴羊*BMPR-IB*基因多态性与产羔数关联分析

1. 高山美利奴羊*BMPR-IB*基因测序

PCR产物经纯化并测序后所得到的峰图及序列，表明*BMPR-IB*基因T1020C突变位点发生了T-C突变，存在TT、TC、CC 3种基因型（图10-10）。

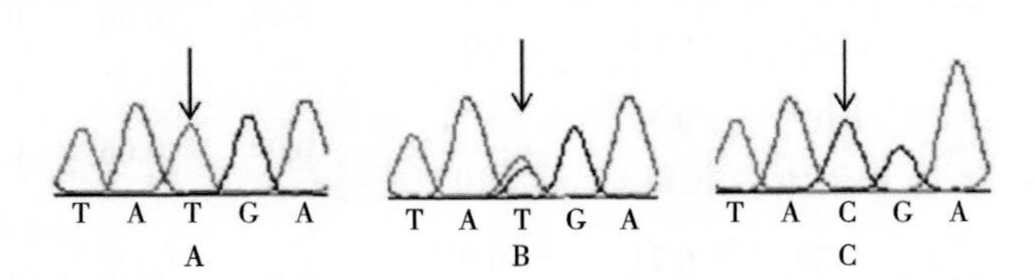

A，TT基因型；B，TC基因型；C，CC基因型。

图10-10　*BMPR-IB*基因T1020C位点测序结果

2. 高山美利奴羊*BMPR-IB*基因群体遗传学分析

从群体遗传学角度对高山美利奴羊*BMPR-IB*基因外显子上检测到的T1020C突变位点SNP基因型频率和等位基因频率等进行分析。高山美利奴羊*BMPR-IB*基因在T1020C突变位点上，基因型TT频率最高，是优势基因型，T等位基因频率为70%，表现为优势等位基因。多态信息含量0.33，属于中度多态。对T1020C位点进行χ^2检验，结果表明T1020C突变位点处于Hardy-Weinberg平衡状态（*P*>0.05）（表10-8）。

表10-8　高山美利奴羊*BMPR-IB*基因T1020C位点群体遗传学分析

位点	基因型频率			等位基因频率		χ^2	*P*	*PIC*
	TT	TC	CC	T	C			
T1020C	0.47（44）	0.46（43）	0.07（7）	0.70	0.30	0.64	0.42	0.33

3. 高山美利奴羊*BMPR-IB*基因多态性与产羔数关联分析

表10-9列出了*BMPR-IB*基因T1020C突变位点不同基因型与高山美利奴羊产羔数的最小二乘均值及标准误差异分析。结果显示，CC基因型平均产羔数比TT基因型平均产羔数多0.5只，TC基因型平均产羔数比TT基因型平均产羔数多0.27只，CC基因型与TC基因型的产羔数显著高于TT基因型的产羔数（$P<0.05$）；CC基因型与TC基因型的产羔数之间差异不显著（$P>0.05$）。*BMPR-IB*基因T1020C突变位点预测是控制高山美利奴羊多胎性能的基因或者是与控制高山美利奴羊多胎性能的基因紧密连锁的遗传标记。

表10-9　不同基因型高山美利奴羊产羔数的最小二乘平均值及标准误

基因型	样本数（只）	最小二乘平均值及标准误
TT	44	1.36 ± 0.07^{a}
TC	43	1.63 ± 0.07^{b}
CC	7	1.86 ± 0.18^{b}

注：不同小写字母标注的平均值间差异显著（$P<0.05$）。

四、高山美利奴羊*FSHR*基因多态性与产羔数关联分析

1. 高山美利奴羊*FSHR*基因测序

PCR产物经纯化并测序后所得到的峰图及序列，分析显示*FSHR*基因T904G、C975T与G1572A分别发生了T-G、C-T、G-A突变，都存在两种基因型（图10-11）。

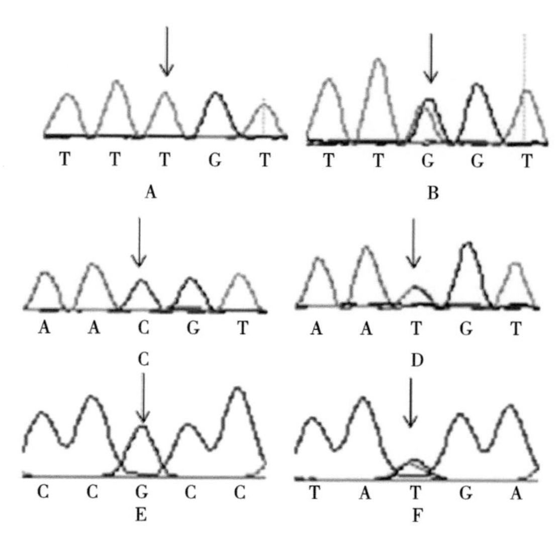

A，T904G突变位点TT基因型；B，T904G突变位点TG基因型；C，C975T突变位点CC基因型；D，C975T突变位点CT基因型；E，G1572A突变位点GG基因型；F，G1572A突变位点GA基因型。

图10-11　*FSHR*基因T904G、C975T与G1572A位点测序结果

2. 高山美利奴羊*FSHR*基因群体遗传学分析

从群体遗传学角度对高山美利奴羊*FSHR*基因外显子上检测到T904G、C975T与G1572A位点的基因型频率和等位基因频率等进行分析。高山美利奴羊*FSHR*基因在T904G、C975T与G1572A突变位点上，均为野生型基因频率最高，野生型等位基因均为优势等位基因；多态信息含量均小于0.25，属于低度多态；对T904G、C975T与G1572A位点进行χ^2检验，结果表明*FSHR*基因3个突变位点处于Hardy-Weinberg平衡状态（$P>0.05$）（表10-10）。

表10-10　高山美利奴羊*FSHR*基因不同SNPs位点群体遗传学分析

位点	基因型频率			等位基因频率		χ^2	*P*	*PIC*
	野生	杂合	突变纯合	野生	突变			
T904G	0.86（81）	0.14（13）	0.00（0）	0.93	0.07	0.52	0.47	0.12
C975T	0.86（81）	0.14（13）	0.00（0）	0.93	0.07	0.52	0.47	0.12
G1572A	0.89（84）	0.11（10）	0.00（0）	0.95	0.05	0.30	0.56	0.09

3. 高山美利奴羊*FSHR*基因多态性与产羔数关联分析

表10-11列出了*FSHR*基因T904G、C975T与G1572A突变位点不同基因型与高山美利奴羊产羔数的最小二乘均值及标准误差异分析，结果表明3个突变位点两种基因型之间产羔数都不显著（$P>0.05$），*FSHR*基因T904G、C975T与G1572A突变位点与高山美利奴羊产羔数无显著相关性。

表10-11　不同基因型高山美利奴羊产羔数的最小二乘平均值及标准误

位点	基因型	样本数	最小二乘平均值及标准误
T904G	TT	81	1.52 ± 0.06
T904G	TG	13	1.54 ± 0.14
C975T	CC	81	1.52 ± 0.06
C975T	CT	13	1.54 ± 0.14
G1572A	GG	84	1.49 ± 0.05
G1572A	GA	10	1.80 ± 0.16

五、高山美利奴羊*INHA*与*INHBA*基因多态性与产羔数关联分析

1. 高山美利奴羊*INHA*与*INHBA*基因测序

PCR产物经纯化并测序后所得到的峰图及序列，分析结果表明*INHA*基因T206A突变位点发生T-A突变，存在TT、TA、AA 3种基因型；*INHBA*基因C107A突变位点C-A突变，存在CC、CA、AA 3种基因型（图10-12）。

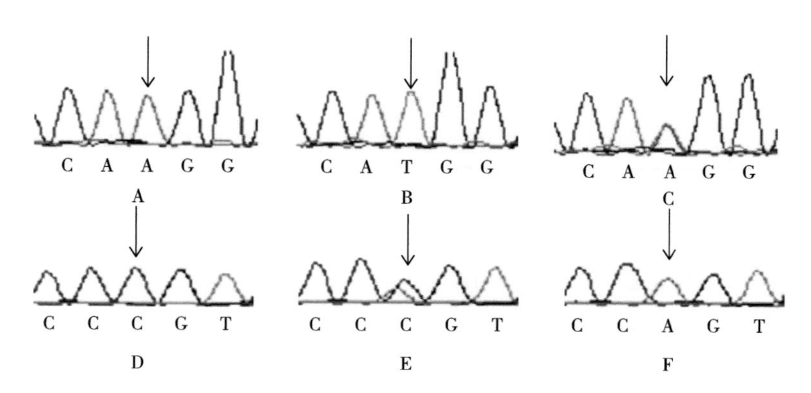

A，*INHA*基因T206A突变为位点AA基因型；B，*INHA*基因T206A突变位点AT基因型；C，*INHA*基因T206A突变位点AA基因型；D，*INHBA*基因C107A突变位点CC基因型；E，*INHBA*基因C107A突变位点CA基因型；F，*INHBA*基因C107A突变位点AA基因型。

图10-12　INHA与INHBA基因测序结果

2. 高山美利奴羊*INHA*与*INHBA*基因群体遗传学分析

从群体遗传学角度对高山美利奴羊*INHA*基因T206A突变和*INHBA*基因C107A突变位点基因型频率和等位基因频率等进行分析。高山美利奴羊*INHA*基因在T206A位点上，基因型TT频率最高，是优势基因型，A等位基因频率为81%，表现为优势等位基因；T206A突变位点多态信息含量为0.30，属于中度多态。高山美利奴羊*INHBA*基因在C107A突变位点上，基因型CA频率最高，是优势基因型，A等位基因频率为55%，表现为优势等位基因；C107A突变位点多态信息含量为0.37，属于中度多态；*INHA*基因T206A突变位点和*INHBA*基因C107A突变位点进行χ^2检验，结果表明两个突变位点均处于Hardy-Weinberg平衡状态（$P>0.05$），详见表10-12。

表10-12　高山美利奴羊*INHA*与*INHBA*不同SNPs位点群体遗传学分析

基因	位点	基因型频率			等位基因频率		χ^2	*P*	*PIC*
		野生	杂合	突变纯合	野生	突变			
INHA	T206A	0.66（62）	0.31（29）	0.03（3）	0.81	0.19	0.03	0.86	0.26
INHBA	C107A	0.16（15）	0.57（54）	0.27（25）	0.45	0.55	2.47	0.12	0.37

3. 高山美利奴羊*INHA*与*INHBA*基因多态性与产羔数关联分析

*INHA*基因AA基因型高山美利奴羊的平均产羔数比AT基因型多0.28只，差异不显著（$P>0.05$）；比TT基因型多0.6只，差异极显著（$P<0.01$）；AT基因型高山美利奴羊平均产羔数比TT基因型多0.32只，差异极显著（$P<0.01$），A等位基因与高山美利奴羊高产羔数呈极显著正相关。*INHBA*基因C107A突变位点3种基因型之间产羔数都不显著（$P>0.05$）。结果表明，高山美利奴羊*INHA*基因T206A突变可以显著提高产羔数，T206A突变基因可能是控制高山美利奴羊多胎主效基因或者是一个紧密连锁的遗传标记（表10-13）。

表10-13　不同基因型高山美利奴羊产羔数的最小二乘平均值及标准误

基因	位点	基因型	样本数（只）	最小二乘平均值及标准误
INHA	T206A	TT	62	1.40 ± 0.06^{A}
INHA	T206A	TA	29	1.72 ± 0.09^{B}
INHA	T206A	AA	3	2.00 ± 0.28^{B}
INHBA	C107A	CC	15	1.67 ± 0.13
INHBA	C107A	CA	54	1.52 ± 0.07
INHBA	C107A	AA	25	1.44 ± 0.10

注：不同大写字母标注的平均值间差异极显著（$P<0.01$）。

六、高山美利奴羊*GnRHR*与*GnRH*基因多态性与产羔数关联分析

1. 高山美利奴羊*GnRHR*与*GnRH*基因测序

PCR产物经纯化并测序后所得到的峰图及序列，分析结果表明*GnRHR*基因C720G存在CC和CG两种基因型；*GnRH*基因突变位点C1631T存在CC和CT两种基因型；*GnRH*基因突变位点A1632G存在AA和AG两种基因型；*GnRH*基因突变位点C1631T与A1632G属于连锁遗传的两个位点（图10-13）。

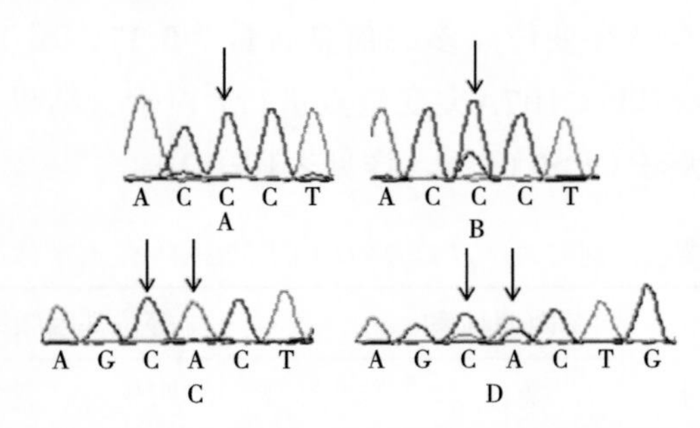

A，*GnRHR*基因C720G突变位点CC基因型；B，*GnRHR*基因C720G突变位点CG基因型；C，*GnRH*基因C1631T与A1632G突变位点CC和AA基因型；D，*GnRH*基因C1631T与A1632G突变位点CT和AG基因型。

图10-13　*GnRHR*与*GnRH*基因测序结果

2. 高山美利奴羊高山美利奴羊*GnRHR*与*GnRHR*基因群体遗传学分析

从群体遗传学角度对高山美利奴羊*GnRHR*基因C720G突变位点和*GnRH*基因C1631T与A1632G突变位点基因型频率和等位基因频率等进行分析。高山美利奴羊*GnRHR*基因C720G突变位点上，基因型CC频率最高，是优势基因型，C等位基因频率为93%，表现为优势等位基因；C720G突变位点期望杂合度为0.12，属于低度多态。高山美利奴羊*GnRH*基因C1631T与A1632G突变位点上，基因型CC和AA频率分别最高，是优势基因型，优势等位基因分别为C和T；C1631T与A1632G突变位点期望杂合度都为0.27，属于中度多态；*GnRHR*基因C720G突变位点和*GnRH*基因C1631T与A1632G突变位点进行χ^2检验，结果表明*GnRHR*基因C720G突变位点处于Hardy-Weinberg平衡状态（$P>0.05$）；*GnRH*基因C1631T与A1632G突变位点处于Hardy-Weinberg不平衡状态（$P<0.05$），这可能与样本量有关（表10-14）。

表10-14 高山美利奴羊*GnRHR*与*GnRH*基因不同SNPs位点群体遗传学分析

基因	位点	基因型频率			等位基因频率		χ^2	*P*	*PIC*
		野生	杂合	突变纯合	野生	突变			
GnRHR	C720G	0.86（72）	0.14（12）	0.00（0）	0.93	0.07	0.50	0.49	0.12
GnRH	C1631T	0.62（58）	0.38（36）	0.00（0）	0.80	0.20	5.27	0.02	0.27
GnRH	A1632G	0.62（58）	0.38（36）	0.00（0）	0.80	0.20	5.27	0.02	0.27

3. 高山美利奴羊高山美利奴羊*GnRHR*与*GnRHR*基因多态性与产羔数关联分析

高山美利奴羊*GnRHR*基因C720G突变位点两种基因型之间产羔数差异不显著；高山美利奴羊*GnRH*基因C1631T与A1632G突变位点两种基因型之间产羔数差异均不显著（表10-15）。

表10-15 不同基因型高山美利奴羊产羔数的最小二乘平均值及标准误

基因	位点	基因型	样本数（只）	最小二乘平均值及标准误
GnRHR	C720G	CC	72	1.51 ± 0.60
GnRHR	C720G	CG	12	1.50 ± 0.10
GnRH	C1631T	CC	58	1.59 ± 0.07
GnRH	C1631T	CT	36	1.44 ± 0.08
GnRH	A1632G	AA	58	1.59 ± 0.07
GnRH	A1632G	AG	36	1.44 ± 0.08

高山美利奴羊多胎性状候选基因*BMPR-IB*、*BMP15*、*GDF9*、*FSHR*、*FSHβ*、*INHA*、*INHBA*、*GnRHR*、*GnRH*多态性与产羔数进行关联分析表明，*BMPR-IB*基因T1020C突变位点及*INHA*基因T206A突变位点的不同基因型之间产羔数存在显著差异，预测高山美利奴羊*BMPR-IB*基因T1020C突变位点与*INHA*基因T206A突变位点是控制高山美利奴羊多胎性状主效基因或者是与之紧密连锁的遗传标记。

第十一章 高山美利奴羊产业化技术集成模式创新与应用

第一节 高山美利奴羊品种标准制定

一、标准制定背景

我国是世界毛纺大国，毛纺织工业年需净毛约45万t，国产细羊毛供给量不到1/3，2/3以上的细羊毛需要进口。主要原因是我国3 000万只细毛羊的羊毛主体细度虽然为20.1～23.0μm，但细度小于21.5μm的羊毛不到1/3，不能满足高档精纺工业对21.5μm以细细羊毛的需求。

高山美利奴羊是国内外唯一一个适应海拔2 400～4 070m高山寒旱草原生态区的羊毛纤维直径以19.1～21.5μm为主体的毛肉兼用美利奴羊新品种。高山美利奴羊的育成，是澳洲美利奴羊国产化的成功案例。其体质结实，结构匀称，产毛量高，羊毛品质好，屠宰率高，产肉性能好，羊肉品质优良，适应性强。用高山美利奴羊改良当地细毛羊，可使羊毛纤维直径由21.6～25.0μm降低到19.1～21.5μm，体重提高5.0～10.0kg/只，综合效益提高20%以上。这对满足我国毛纺工业对羊毛特别是高档精纺用毛的需求，缓解我国羊肉刚性供需矛盾，掌控羊毛在国际贸易中的话语权和议价权，保住广大农牧民的生存权，维护青藏高原少数民族地区的繁荣稳定和国家的长治久安以及三区三州的脱贫攻坚等方面都将产生重大影响。因此，该品种育成后，为了进一步指导和规范高山美利奴羊的推广，加快我国细毛羊的改良速度，提高细毛羊的产毛性能和产肉性能，促进我国细毛羊产业的发展，由中国农业科学院兰州畜牧与兽药研究所联合各培育单位，研究制定了《高山美利奴羊》标准草案，并经全国畜牧业标准化技术委员会归口，向国家标准化管理委员会提出了国家标准制定建议，2020年由国家标准化管理委员会批准立项，开始《高山美利奴羊》国家标准的制定。

二、标准草案内容

（一）范围

本标准规定了高山美利奴羊的品种来源、品种特征、生产性能和等级评定。

本标准适用于高山美利奴羊的品种鉴定和等级评定。

（二）品种来源

高山美利奴羊是以甘肃高山细毛羊为母本，以细型和超细型澳洲美利奴羊为父本，经过杂交创新、横交固定和选育提高3个阶段培育而成。主要分布于甘肃省肃南裕固族自治县、天祝藏族自治县、永昌县等祁连山高山草原地带。

（三）品种特征

1. 外貌特征

体格较大，体质结实，结构匀称，体型呈长方形；髻甲宽平，胸深，背腰平直，尻宽而平，后躯丰满；四肢结实，肢势端正；头毛密而长，着生至两眼连线，公羊有螺旋形大角或无角，母羊无角，鼻梁平直或稍隆起；公羊颈部有横皱褶或纵皱褶，母羊有纵褶，公、母羊躯体皮肤宽松无皱褶；全身被毛纯白，呈毛丛结构，闭合性良好。

2. 体尺、体重

正常放牧条件下，26月龄高山美利奴羊平均体尺、体重应符合表11-1的规定。

表11-1　26月龄高山美利奴羊体尺、体重

性别	体高（cm）	体长（cm）	胸围（cm）	体重（kg）
公	68.9 ± 4.91	75.7 ± 4.15	96.1 ± 3.44	95.28 ± 9.20
母	62.1 ± 3.84	68.1 ± 3.04	87.2 ± 3.71	48.89 ± 5.24

3. 生产性能

（1）产毛性能

被毛毛丛自然长度（12个月）在90mm以上，纤维平均直径21.5μm以下，被毛整体均匀性好；弯曲清晰，呈正常弯；油汗白色，含量适中，占毛丛高度60%左右；平均净毛率55%；成年公羊平均剪毛量6.80kg，成年母羊平均剪毛量4.23kg。

（2）产肉性能

终年放牧条件下，高山美利奴羊成年母羊的平均胴体重为24.37kg，净肉重平均为

19.23kg，屠宰率为48.74%，胴体净肉率为78.90%。补饲育肥条件下，8月龄公羔平均胴体重为27.17kg，净肉重平均为21.50kg，屠宰率为52.65%，胴体净肉率为79.13%；8月龄母羔平均胴体重为22.35kg，净肉重平均为17.64kg，屠宰率为50.08%，净肉率为78.93%。

（3）繁殖性能

高山美利奴羊公、母羊6～8月龄性成熟，初配年龄为18月龄。在正常条件下成年母羊的产羔率为110%～120%。

（四）等级评定

1. 等级要求

（1）特级、一级

符合品种特征和表11-2的规定，且头型、体型、被毛密度、被毛弯曲、细度匀度、毛长匀度、油汗各项评定结果均在2分以上，综合评定9分以上者为一级羊。其中，体重和剪毛量同时超过一级羊的10%，或者一项超过一级羊20%者为特级羊。

表11-2 高山美利奴羊一级羊最低生产性能

月龄	性别	体重（kg）	毛长（mm）	剪毛量（kg）	净毛量（kg）
14月龄	公	39.0	9.0	4.1	2.42
	母	32.0	8.5	3.7	2.19
26月龄	公	90.0	8.5	9.1	4.52
	母	48.0	8.0	5.0	2.64

（2）二级

符合品种特征和表11-3的规定，且头型、体型、被毛密度、被毛弯曲、细度匀度、毛长匀度、油汗各项评定结果均在2分以上，综合评定在8分以上。

表11-3 高山美利奴羊二级羊最低生产性能

月龄	性别	体重（kg）	毛长（mm）	剪毛量（kg）	净毛量（kg）
14月龄	公	35.0	8.5	3.6	2.2
	母	30.0	8.0	3.3	2.0
26月龄	公	70.0	8.0	7.2	4.2
	母	32.0	7.5	3.2	2.0

（3）三级

符合品种特征和表11-3的规定，头型、体型、被毛密度、被毛弯曲、细度匀度、毛长匀度、油汗各项评定结果中有2～3项在2分以下，综合评定在7分以上。

（4）特级、一级和二级羊

可作为种用羊。

2. 评定时间

每年剪毛前对头型、体型、被毛密度、被毛弯曲、细度匀度、毛长匀度、油汗及毛长、细度等进行鉴定，剪毛后对剪毛后体重、剪毛量等进行鉴定，综合以上结果进行等级评定。

3. 评定方法

（1）头型

高山美利奴羊头型主要以头毛着生和角形评判，以3分制评价。3分为理想头型，2分为正常头型，1分为不合格头型。

3分：头毛着生至两眼连线、无死毛，鼻梁平滑，面部光洁；公羊角呈螺旋形，或有角凹，母羊无角。

2分：头毛着生至两眼连线以上或以下，比理想头型的头毛着生多或少，鼻梁稍隆起，公羊角形较差，母羊无角。

1分：整个头部和脸部都有头毛着生，或者整个头部和脸部均无毛，也就是日常生产中所说的“毛头”或“光脸”，鼻梁隆起，公羊角形较差，母羊有小角。

（2）体型

体型主要依据肩、背结构和身体皮肤皱纹皱褶情况以及腿、蹄结构是否端正来评判，以3分制评价。3分为理想体型，2分为正常体型，1分为不合格体型。

3分：正侧看整个躯体呈长方形，身体皮肤平直有少量皱纹，颈部、肩部和臀部有较明显皱褶。胸深，背腰长，腰线平直，尻宽而平，后躯丰满，肢势端正。

2分：颈部皮肤较紧或皱褶较多，体躯有明显皱褶，胸深，背腰长，腰线平直，尻宽而平，后躯丰满，肢势端正。

1分：颈部皮肤紧或皱褶过多，背线、腹线不平，后躯不丰满。

（3）被毛密度

现场鉴定时用手触、捏、抓受测羊只被毛不同部位，感觉被毛密度，然后轻轻打开身体不同部位被毛，查看被毛密度状况，以3分制评价。3分表示被毛密度优良，2分表示被毛密度中等，1分表示被毛密度差。

3分：被毛闭合性好，毛丛整齐紧凑，基本垂直于体表生长，分开毛丛，分缝线细而直，几乎看不到裸露的皮肤。

2分：被毛闭合性较好，毛丛顺体表略下垂，分开毛丛，皮肤分缝线略弯曲，可看到小面积裸露的皮肤，毛丛整齐，但比较松散。

1分：被毛闭合性差，毛丛顺体表下垂，分开毛丛，没有明显的分缝线，有较大面积的裸露皮肤，毛丛松散且整齐度差。

如果需要精准评价被毛密度，可用密度钳或者取皮肤样在受测羊只鉴定部位采集毛样或皮肤样，带回实验室测量。

（4）羊毛细度

现场鉴定时，细度以支数表示，鉴定者用手轻轻分开受测羊只左侧体中线上方肩胛骨后缘10cm处的毛丛，目测或者对照细度标样，判断其细度支数。如果需要精准评价被毛细度，则分别从受测羊只的3个部位（肩胛骨中心点、肩胛后缘10cm偏上处、腰角与飞节连线的中点）各取毛样15～25g，带回实验室测定，以微米表示。细度支数和平均直径之间的关系如表11-4所示。

表11-4　羊毛品质支数和平均直径对照

品质支数	平均直径（μm）	品质支数	平均直径（μm）	品质支数	平均直径（μm）
150	11.1～12.0	80	18.1～19.0	50	29.1～31.0
140	12.1～13.0	70	19.1～20.0	48	31.1～34.0
130	13.1～14.0	66	20.1～21.5	46	34.1～37.0
120	14.1～15.0	64	21.6～23.0	44	37.1～40.0
110	15.1～16.0	60	23.1～25.0	40	40.1～43.0
100	16.1～17.0	58	25.1～27.0	36	43.1～55.0
90	17.1～18.0	56	27.1～29.0	32	55.1～67.0

（5）被毛细度匀度

被毛细度匀度以体侧部和股部细度差异情况来评价，以3分制表示。3分表示被毛细度匀度优良，2分表示被毛细度匀度中等，1分表示被毛细度匀度差。

3分：体侧和股部细度差不超过1个支数等级，毛丛内纤维直径均匀。

2分：体侧和股部细度差不超过2个支数等级，毛丛内纤维直径略欠均匀。

1分：体侧和股部细度差达到3个支数等级，毛丛内纤维直径欠均匀，后躯有少量粗毛。

（6）被毛弯曲

被毛弯曲以弯曲的明显度及弯曲大小来评价，在受测羊只鉴定部位，分开被毛毛丛，向两边轻轻按压并使毛丛保持自然状态，测量毛纤维中部2cm内弯曲数，以3分制表示。3分表示被毛弯曲优良，2分表示被毛弯曲正常，1分表示被毛弯曲差。

3分：弯曲明显，弧度呈半圆形，弧度的高等于底的1/2，2cm长度内有10～12个弯曲。

2分：弯曲明显，弧度的高大于底的1/2，2cm长度内有13个及以上弯曲。

1分：弯曲不明显，弧度的高小于底的1/2，2cm长度内有9个及以下弯曲。

（7）油汗

在受测羊只鉴定部位，检测羊毛中油汗覆盖高度及油汗的颜色。油汗覆盖高度可分为过多、较少、含量适中。油汗颜色包括白色、乳白色、淡黄色，均采用目测法。也用3分制评价，其中3分为最好，2分次之，1分为较差。

3分：油汗呈白色，覆盖高度占毛丛高度的50%及以上。

2分：油汗呈乳白色，覆盖高度占毛丛高度的30%及以上。

1分：油汗呈淡黄色，覆盖高度占毛丛高度的30%以下。

（8）毛丛自然长度

在受测羊只鉴定部位，分开被毛，保持毛丛自然状态，顺毛丛方向用钢直尺测量去毛梢虚尖后从毛根到毛梢的直线距离。单位厘米（cm），精确到1位小数。所测被毛长度均为生长12个月的被毛毛丛自然长度，如果超过或不足12个月的毛长均应折合为12个月的毛长。可根据各地羊毛生长规律校正（毛长＝实测毛长/生长月数×12）。种公羊除记录体侧部毛长外，还要测肩、背、股、腹部毛长。

（9）剪毛前体重

受测羊只禁食16～24h，禁饮2h，自然状态下称取体重，单位kg。结果保留至1位小数。

（10）剪毛后体重

受测羊只禁食16h～24h，禁饮2h，且剪过被毛后立即称取体重，单位kg。结果保留至1位小数。

（11）产羔率

出生的活羔羊数与分娩母羊数的百分比。结果修约至2位小数。

（12）繁殖率

出生活羔羊数与能繁母羊数的百分比。结果修约至2位小数。

（13）剪毛量

正常剪毛季节，受测羊按照正常剪毛技术规范剪毛后，将所剪的毛全部收集，称重（包括全身所有的被毛），单位kg。结果保留至1位小数。

（14）净毛量

受测羊只的剪毛量乘以净毛率计算求得它的净毛量，单位kg。结果修约至2位小数。

（15）净毛率

分别从受测羊只的3个部位（肩胛骨中心点、肩胛后缘10cm偏上处、腰角与飞节连线的中点）各取毛样200g，填写采样卡，与毛样一并装入采样袋中，带回实验室，按照羊毛净毛率检测方法进行测试。结果修约至2位小数。

（16）综合评分

综合评定以10分制表示，评分原则如下：

9.5～10分——全面符合指标的优秀个体，鉴定为特级；

9分——全面符合指标的个体，综合品质好，鉴定为一级的必须为9分以上；

8分——符合指标的个体，综合品质较好，鉴定为二级的必须为8分以上；

7分——基本符合指标的个体，综合品质一般，鉴定为三级的必须为7分以上；

6分——不符合指标的个体，综合品质差，鉴定为等外。

4. 测定结果记录

高山美利奴羊及生产性能测定结果记录按表11-5进行。

表11-5　高山美利奴羊评定生产性能测定结果记录

产地			群别				年龄					性别						
鉴定记录																		
耳号	头型	体型	毛长cm	毛长匀度	密度	被毛手感	细度s	细度匀度	油汗	弯曲	综合评定	体重kg	剪毛量kg	净毛量kg	等级	外貌特征	备注	

鉴定人：　　　　　记录人：　　　　　鉴定日期：

第二节　高山美利奴羊新品种扩繁推广与应用

一、高山美利奴羊新品种扩繁推广与应用工作分工

高山美利奴羊培育区域主要分布在海拔2 400～4 070m的青藏高原祁连山层区的寒旱高山草原生态区，隶属于甘肃省张掖市肃南裕固族自治县、金昌市永昌县、武威市天祝藏族自治县等地区。品种培育及种群扩繁工作主要是以中国农业科学院兰州畜牧与兽药研究所的技术力量为支撑，在甘肃省绵羊繁育技术推广站、金昌市绵羊繁育技术推广站、肃南县裕固族自治县高山细毛羊专业合作社、肃南裕固族自治县绵羊育种场等种羊繁育单位进行，推广应用和细毛羊改良工作主要由甘肃省肃南裕固族自治县农牧业委员会和天祝藏族自治县畜牧技术推广站承担。

二、新品种培育中试期的种羊生产及推广

根据高山美利奴羊培育区域的生态条件和品种适应性，该品种适宜在我国青藏高原生态区的甘肃、青海、四川、西藏及其他细毛羊主产区如内蒙古、新疆、吉林、辽宁等地推广利用。

从2009年横交固定三世代开始对高山美利奴羊新品种进行中试推广，中试推广主要在甘肃省肃南裕固族自治县、天祝藏族自治县和永昌县实施，用以改良当地细毛羊。2012年横交固定四世代后开始进行大范围推广应用，包括青海省沿祁连山区域的细毛羊产区，同时，集成创新了与新品种产业化配套的相关技术，以助推新品种的扩繁和推广。

截至2015年，累计培育新品种种羊67 667只，其中特、一级羊占繁殖母羊比例86.86%，2～5岁繁殖母羊占群体数量的70.92%。羊毛纤维直径主体为19.1～21.5μm，其中19.0μm以细占8%，19.1～20.0μm占69%，20.1～21.5μm占23%。中试推广新品种种公羊6 578只，改良细毛羊120.19万只。

三、品种育成后推广与应用

2015年12月，高山美利奴羊由全国畜禽遗传资源委员会审定通过，并颁发了新品种证书，此后便开始了高山美利奴羊大规模推广应用，范围也扩大到全国细毛羊主

产区。

2016年符合高山美利奴羊品种特征的个体达到35 550只，选育成年羊13 465只，选留优秀幼年公羊2 693只，选留优秀幼年母羊8 079只，培育育成公羊1 086只，培育育成母羊10 227只。2016年累计推广种公羊8 578只，改良当地细毛羊170多万只。2016年推广高山美利奴羊新品种成年公羊837只，其中甘肃省绵羊繁育技术推广站126只，金昌市绵羊繁育技术推广站36只，肃南县绵羊育种场和喇嘛坪羊场404只，天祝县畜牧兽医技术推广站265只，青海省海北州6只。同时向肃南县、天祝县、山丹县、永昌县、民乐县、金塔县和高台县等细毛羊改良区域推广高山美利奴羊种羊6 255只，向县级育种场推广高山美利奴羊育成种公羊1 450只，其中肃南县70只，天祝县610只，山丹县40只，永昌县70只，民乐县40只，金塔县30只，高台县500只，甘肃省家畜繁育中心10只，青海海北州40只，内蒙古鄂尔多斯40只。

2017年符合高山美利奴羊品种特征的个体达到57 572只。2017年繁育高山美利奴羊羔羊40 728只，其中选留优秀幼年公羊4 108只，优秀幼年母羊14 252只，培育育成公羊3 129只，选留成年公羊165只。在甘肃省绵羊繁育技术推广站核心群完成羔羊的出生鉴定和系谱登记2 406只，育成羊生产性能测定2 415只，成年羊生产性能测定3 265只。在天祝县、肃南县绵羊育种场、喇嘛坪羊场和永昌细毛羊场完成高山美利奴羊生产性能测定，其中周岁公羊449只，成年公羊335只，周岁母羊1 430只，成年母羊4 321只。2017年推广高山美利奴羊成年种公羊1 325只，其中甘肃省绵羊繁育技术推广站210只、金昌市绵羊繁育技术推广站55只、肃南县推广650只、天祝县推广390只、青海省海北州10只、内蒙古鄂尔多斯10只；推广高山美利奴羊周岁种公羊4 257只，其中甘肃省绵羊繁育技术推广站2 805只、肃南县540只、天祝县587只、山丹县50只、永昌县75只、民乐县80只、金塔县40只、高台县40只、内蒙古乌审旗40只；另外，肃南县、永昌县和天祝县民间交流推广高山美利奴羊种公羊2 275只。2017年在甘肃、青海、新疆、内蒙古、吉林等省推广高山美利奴羊优秀种公羊总计7 857只，累计改良细毛羊146.2万只，年综合效益12.72亿元，净增产值2.54亿元，净利润1.52亿元。新品种的推广提高了区域细毛羊生产水平，推进了推广区优质细毛羊产业的发展进程，增加了农牧民的收入，稳定了我国细毛羊基地的发展，提升了农牧民群众专业化生产管理、商业化运营理念，形成了提质增效、绿色发展、增产增收及支撑政府决策的新格局，具有极其重要的经济价值、生态地位和社会意义。

2018年在前期工作的基础上，加强高山美利奴羊的选育提高，根据羊毛市场需求，适度扩大改良规模，使新品种的质量提高，建立配套品系，种群数量不断扩大。截至2018年底，累计选育符合高山美利奴羊新品种标准的种群数量达到13.3万只。2018年肃南县、天祝县、永昌县等鉴定符合新品种标准的成年羊68 880只，鉴定断奶羔羊

3 256只，完成各类羊生产性能测定5 906只。

2018年中国农业科学院兰州畜牧与兽药研究所细毛羊资源与育种创新团队推广高山美利奴羊共计811只，其中，成年种公羊50只、成年母羊358只、幼年公羊240只、周岁母羊150只、幼年母羊13只；甘肃省绵羊繁育技术推广站推广1 250只，其中，幼年公羊450只，幼年母羊500只，成年母羊300只；金昌市绵羊繁育技术推广站推广周岁公羊150只；肃南县农牧业技术委员会推广周岁公羊550只；天祝县畜牧技术推广站推广周岁公羊400只。累计推广高山美利奴羊种羊3 161只，改良细毛羊48万只。

2019年，在高山美利奴羊核心群和育种群全部采用人工授精进行配种，加强“双胎免疫+人工授精”的高效繁殖技术应用与推广，加快优良种群扩散，扩大优良基因在群体中的占有率。核心群和育种群种群数量达到8.46万只，已辐射甘肃和青海省8个县市，并推广到新疆、内蒙古等细毛羊主产区。同时，按照新标准在肃南县、天祝县和永昌县完成羔羊的出生鉴定和系谱登记3 300只，断奶羔羊鉴定2 175只，育成羊、成年羊生产性能测定4 200只，完成了7 300只羔羊的断奶称重选留工作。2019年推广高山美利奴羊种羊2 850只，其中，成年种公羊250只，育成公羊450只，周岁公羊1 350只，成年母羊800只，累计推广改良细毛羊40万只。

四、新品种推广效益

（一）新品种推广经济效益测评

高山美利奴羊新品种育成后，2016年品种培育单位中国农业科学院兰州畜牧与兽药研究所委托中国农业科学院农业经济与发展研究所对该品种培育中试推广期的效益进行了测算和评估，并预测了该品种未来5年的推广效益。

1. 测算方法依据

根据农业农村部科技司发布的“农业科研成果经济效益计算方法（1993）”以及中国农业科学院兰州畜牧与兽药研究所提供的推广基础数据测算。本方法只计算单项农业科研成果在农业领域内已经和可能实现的一次性经济效益，不包括其他领域内实现的间接经济效益，没有做跨领域的复杂计算。

2. 测算时的相关参数

根据农业科技成果经济效益评价方法的参数确定依据，按照统计调查和典型调查相结合的原则确定经济效益测算参数。

①经济效益计算年限：本项目属于“小牲畜育种”项目，经济效益计算期为8年。

②基准年：本项目2015年获得的收益情况已经明确，本测算将2015年作为基准

年，所发生的费用及获得的效益都以2015年为基准年进行计算与分析。

③间接科研费用系数：成果研制单位属国家级科研单位，间接科研费用系数1.00。

④科研单位经济效益分计系数：该成果属于创造发明类成果，经济效益分计系数0.5。

⑤贴现率：根据当前农业行业实际情况，贴现率10%来计算。

3. 测算结论

该品种在中试推广的3年间已经获得的新增收益为3.27亿元，单位规模新增纯收益4.01万元/只。按照年利率和贴现率10%计算，中试推广期已经获得经济效益2.25亿元。未来5年还能获得24.23亿元经济效益，年均经济效益4.85亿元。

经测算，该品种培育期科研投资年均纯收益率达到14.87元/年，即用于该品种的每1元研制费用，在经济效益年限内，平均每年可以为社会增加14.87元纯收益，产生的经济效益非常显著。

（二）社会和生态效益

高山美利奴羊新品种的推广和应用，为青藏高原少数民族地区提供了高品质的畜种资源，成为藏区和其他牧区群众脱贫致富的主要经济来源，对这些地区的产业发展和乡村振兴都有非常重要的意义。

高山美利奴羊新品种为提高细毛羊单产和羊毛品质提供了优质种质资源，促进了我国细毛羊品种的更新换代，在甘肃、青海、新疆、内蒙古和吉林等细毛羊产区应用高山美利奴羊改良，显著提升了细毛羊品质，有效替代了传统数量增加型的发展模式，减少了草原载畜量，为草原牧草休养生息提高了基础保障，有利于生态保护和效益发挥。

第三节　高山美利奴羊产业化技术集成模式创新与应用

一、高山美利奴羊产业化技术集成创新与应用

（一）标准化选种选育技术

高山美利奴羊是近年育成的首例适应2 400～4 070m高山寒旱生态区的羊毛纤维直径19.1～21.5μm的毛肉兼用细毛羊新品种，为了全国细毛羊产区更快、更规范地推广该品种，项目团队不仅制定了《高山美利奴羊》标准（草案），以规

范指导种羊的鉴定和准确分等分级，还发明了体重（ZL201420665938.0）、体尺（ZL201520147038.1）、保定（ZL201520211769.8）等羊个体生产性能测试鉴定和羊毛取样（ZL201210249404.5）、长度测量（ZL201410111274.8）等设备，研究制定了激光扫描仪快速测定同质羊毛平均直径的方法（GB/T 25885—2010）和显微图像分析仪测定羊毛直径及其分布的方法（NY/T 2222—2012）等羊毛检测方法标准。建立了以品种等级鉴定标准与羊毛客观快速检测相结合的种羊鉴定分级技术体系，为良种扩繁推广提供了有力的技术支撑。

（二）“多胎基因检测+双胎免疫+两年三产”牧区羊良种高效扩繁推广技术

在高山美利奴羊培育和扩繁推广过程中，中国农业科学院兰州畜牧与兽药研究所细毛羊资源与育种团队先后发明了绵羊繁殖能力检测试剂盒（ZL201110025287.X）和早期胚胎性别鉴定试剂盒（ZL201010570785.8）等绵羊多胎基因检测技术，发明了绵羊双胎免疫技术，研发了绵羊人工授精设施（ZL201420293214.8）、保定设备（ZL201520211823.9）、绵羊产羔栏（ZL201420164233.0）、母子护理栏（ZL201420164233.0）、组合式羊舍（ZL201520576726.X）和放牧羊保定栏（ZL201520552564.6）等繁殖用设施设备，并以此技术为支撑，在高山美利奴羊推广区域建立了标准化羊人工授精配种站114个，集成了绵羊非繁殖季节繁殖调控、同期发情、人工授精、多胎基因检测、胚胎性别鉴定、双羔免疫、细管鲜精低温保存等技术，建立了“两年三产”高频高密产羔技术体系，母羊4月第一次配种—9月产羔—11月断奶—12月第二次配种—次年5月产羔—7月断奶—9月第三次配种—第三年2月产羔—4月断奶，实现母羊“两年三产”，年产羔率提高38.3%。

在肃南县皇城绵羊育种场进行了“两年三产+双胎免疫+人工授精高效繁殖技术”示范，选择正常经产母羊80只参与示范，2016年3月第三胎产羔结束，三次累计受胎母羊224只，其中，39只产双羔，双羔率达到17.4%，总产羔数263只，每只母羊平均年产羔率164.4%。“两年三产+双胎免疫+人工授精”高效繁殖技术示范结果显示，每只参与示范的母羊平均一年多产0.5只羔羊，每只断奶羔羊按300元计算，每只母羊年增加效益150元左右。

（三）羔羊适时断奶培育及肥羔生产技术

以甘肃省肃南县为推广示范基地，对大河乡、康乐乡、皇城镇、祁丰乡、明花乡、马蹄乡6个乡镇饲草料资源进行了普查测试（表11-6～表11-11），根据测试结果研究设计了不同示范点羔羊育肥饲料配方和饲喂方案（表11-12～表11-13）。建立了牧区羔羊适时断奶培育及草原肥羔生产技术体系，羔羊75日龄至90日龄或者体重达到15kg时断母乳，断奶羔羊不再跟随母羊进入夏季牧场放牧，而是集中育肥，6～8月龄出栏，生产草原肥羔肉。这个技术体系改变了牧区传统的饲养方式，不仅夏季草场的载畜量减少30%，而且母羊体况恢复好，下一个繁殖期空怀率降低15%左右，羔羊初生重平均提高0.6kg，产羔后母羊奶水足，羔羊早期生长发育快，繁殖成活率提高38%。同时，牧区实施草原肥羔生产，在羊产业结构调整、生产方式转化升级、维护草原生态平衡及提质增效等方面取得了突破性进展。

表11-6 马蹄乡饲草料营养成分测定结果

样品名称	采样地	干物质(%)	总能（MJ/kg）	灰分(%)	粗蛋白质(%)
杂草	马蹄乡	92.1	16.6	7.71	5.56
玉米籽	马蹄乡	90.2	17.0	1.74	8.97
燕麦草	马蹄乡	92.2	16.6	7.91	9.23
苜蓿草	马蹄乡	91.5	16.4	8.46	15.51
甘草秧	马蹄乡	91.4	17.1	7.77	14.12
豆粕	马蹄乡	91.8	17.9	5.62	38.31
麸皮	马蹄乡	87.4	16.8	5.11	19.43
菜籽饼	马蹄乡	94.8	18.6	6.23	36.22

表11-7 明花乡饲草料营养成分测定结果

样品名称	采样地	干物质(%)	总能（MJ/kg）	灰分(%)	粗蛋白质(%)
玉米籽	明花乡	90.2	17.0	1.74	8.71
豆粕	明花乡	91.8	17.9	5.62	38.01
麸皮	明花乡	87.4	16.8	5.11	19.31
菜籽饼	明花乡	94.8	18.6	6.23	36.15
玉米秸秆	明花乡	93.1	16.6	5.17	10.94
燕麦草	明花乡	92.2	16.6	7.91	9.16
杂草	明花乡	92.1	16.6	7.71	5.06
苜蓿草	明花乡	91.5	16.4	8.46	16.52
甘草秧	明花乡	91.4	17.1	7.77	15.47

表11-8 祁丰乡饲草料营养成分测定

样品名称	采样地	干物质(%)	总能(MJ/kg)	灰分(%)	粗蛋白质(%)
玉米籽	祁丰乡	88.9	16.7	1.56	7.54
豆粕	祁丰乡	90.5	17.3	5.45	36.89
麸皮	祁丰乡	88.9	17.0	3.92	18.66
菜籽饼	祁丰乡	90.3	18.7	5.69	19.12
玉米芯	祁丰乡	94.9	17.0	5.54	4.60
大麦秸秆	祁丰乡	91.9	16.7	6.16	3.43

表11-9 康乐乡饲草料营养成分测试结果

样品名称	干物质(%)	中性洗涤纤维(%)	酸性洗涤纤维(%)	粗脂肪(%)	灰分(%)	粗蛋白质(%)
青干草	93.67	65.00	35.58	2.16	6.03	8.35
玉米籽	92.60	46.63	21.65	3.37	7.94	9.58
杂草	93.62	63.39	41.41	1.96	7.31	6.42
玉米秸秆	94.41	71.90	42.89	2.43	6.65	4.01
燕麦草	93.80	59.38	35.53	2.40	10.32	10.61
青稞草	94.49	58.52	40.63	2.29	6.01	10.00

表11-10 皇城镇饲草料营养成分测定

样品名称	采样地	干物质(%)	总能(MJ/kg)	灰分(%)	粗蛋白质(%)
玉米	皇城镇	90.0	17.1	2.46	11.64
大麦	皇城镇	91.1	16.0	5.32	15.56
青稞	皇城镇	93.1	16.8	2.66	13.75
燕麦青草	皇城镇	88.6	15.6	—	10.23
青干草	皇城镇	91.1	16.1	9.95	13.79
大麦秸秆	皇城镇	92.3	16.7	5.49	2.85
浓缩饲料	皇城镇	91.8	15.6	—	36.97

表11-11 大河乡饲草料营养成分测试结果

样品名称	干物质（%）	中性洗涤纤维（%）	酸性洗涤纤维（%）	粗脂肪（%）	灰分（%）	粗蛋白质（%）
青干草	93.37	61.34	31.28	3.35	7.20	7.94
燕麦青草	92.15	75.06	50.23	3.24	7.08	9.29
青稞草	93.63	59.58	34.74	2.01	7.56	7.16
玉米籽	94.30	64.15	45.21	2.10	7.37	8.74
杂草	93.63	59.45	39.09	2.39	8.48	8.32
青贮	20.50	53.45	28.46	3.40	1.30	6.32
天马	91.85	—	—	3.10	6.33	13.37
正186	91.50	—	—	2.64	19.19	34.93
正585	89.52	—	—	3.52	6.10	17.74

表11-12 各乡镇草原肥羔育肥配方

原料名称	配方1	配方2	原料名称	配方3	配方4	原料名称	配方5
正大585	50	53	正大585	40	45	561	55
L7牧草	40	0	（L）燕麦草	60	0	苜蓿L7	22
大2牧草	0	37	（D）燕麦草	0	55	陈燕麦草L8	15
青贮	10	10				玉米秸L1	8
营养素	含量（%）	含量（%）	营养素	含量（%）	含量（%）	营养素名	含量（%）
粗蛋白质	13.57	13.34	粗蛋白质	13.36	13.02	粗蛋白质	13.5
粗脂肪	2.97	3.30	粗脂肪	2.87	3.36	粗脂肪	2.2
粗灰分	6.35	6.32	粗灰分	6.54	6.49	粗灰分	9.6
中性洗涤纤维	30.16	33.74	中性洗涤纤维	35.63	40.91	中性洗涤纤维	38.8
酸性洗涤纤维	19.95	23.99	酸性洗涤纤维	21.32	27.27	酸性洗涤纤维	20.5
水分	14.20	14.95	水分	7.92	9.03	水分	7.4
干物质	85.80	85.05	干物质	92.08	90.97	干物质	92.6
总钙	0.73	0.61	总钙	0.69	0.52	总钙	1.3
总磷	0.38	0.35	总磷	0.36	0.32	总磷	0.6

表11-13　示范母羊繁殖性能及羔羊生长发育情况测定

项目	母羊数（只）	空怀率（%）	繁殖率（%）	羔羊初生重（kg）	1月龄重（kg）	繁殖成活率（%）
示范组	500	4.6	117.4	4.3	9.8	94.7
对照组	500	20.2	82.6	3.7	7.3	72.2

（四）绵羊穿衣技术

研制了新一代环保型绵羊罩衣（ZL201110096276.0），对绵羊罩衣的款式、材料和加工技术进行了创新，增加了颈部和前胸的保护和防紫外线功能，解决了丙纶丝污染、毛尖开叉和变黄脆化的质量问题。羊衣设计更合体，轻薄、透气，羊衣材料易降解，不会造成羊毛和环境污染，且成本降低，通过穿衣效果试验显示穿衣羊羊毛产量提高10%以上，净毛率提高15%左右，羊毛综合品质均有明显改善（表11-14）。

表11-14　穿衣对绵羊产毛量和羊毛品质的影响

组别	产毛量（kg）	自然长度（mm）	污染程度（mm）	净毛率（%）	草杂含量（%）
未穿衣组	3.87 ± 1.47	83.27 ± 10.13	42.28 ± 6.88	47.32 ± 8.27	4.17 ± 1.96
穿衣组	4.35 ± 1.77	94.11 ± 10.18	17.14 ± 3.09	62.94 ± 3.27	0.52 ± 1.50

（五）绿色环保型羊专用标识色料研制与应用

发明了一种环保型羊专用标记色料（ZL201410136193.3），以羊毛脂为基料、醋酸为溶剂、松香甘油酯为黏合剂、无机膨润土为乳化增稠剂、改性纳米氧化锌为防腐剂。该色料呈弱酸性，不损伤羊毛纤维，耐摩擦、耐雨水冲刷、耐日晒，易溶于碱性洗液，不影响羊毛的纺织性能，且所有成分无毒无害，对羊体、环境及养殖人员无损害。解决了传统沥青、油漆等标识材料对羊毛纺织性能的危害。目前，已经推广应用于我国大部分细毛羊主产区。

（六）标准化剪毛及羊毛分级检测技术

研发了适合规模化羊场的现代化高效剪毛车间（ZL201320334238.9）和适合家庭牧场的小型标准化剪毛房（ZL201420098940.4）、多功能羊毛分级台（ZL201320314448.1）、羊毛分拣收集（ZL201320269282.6）等剪毛分级设施设备，以此技术为支撑，在甘肃省绵羊繁育技术推广站建成全国第一个标准化流水作业的规模化剪毛羊毛分级车间。同时，在肃南县、永昌县、天祝县建成标准化剪毛棚24座，累计实现243万只细毛羊标准化剪毛和羊毛分级，生产优质细羊毛9 720t。

（七）技术集成创新效果

通过以上技术集成和创新，推广区高山美利奴羊育肥羔羊平均日增重252g，双羔率提高17%，每只羊年节约饲草料18kg、节约用药2元，每只羊新增收益195.5元（肉和毛）。同时，在羊产业结构调整、生产方式转化升级、维护草原生态平衡及提质增效等方面取得了突破性进展。羔羊不再跟随母羊进入夏季牧场放牧，而是人工干预断奶直线育肥，这样不仅夏季草场的压力减轻1/3，而且母羊体况恢复好，空怀率降低15%左右，母羊由两年两产变为两年三产，双羔率17.4%，经产母羊年平均产羔率175.3%，且羔羊初生重提高10%左右，羔羊成活率提高15%左右。

二、高山美利奴羊产业化模式集成创新

（一）生产模式

1. 草原肥羔绿色全产业链生产模式

建立了企业与农牧户（专业合作社）利益联结机制下的“放牧+补饲”草原肥羔绿色全产业链生产模式。羔羊在进入夏季牧场前断奶集中育肥，不再跟随母羊进入夏季牧场放牧，育肥阶段通过互联网平台进行网上认购销售，6月龄出栏屠宰，根据认购者的要求进行分割加工，生产优质肥羔肉，进行网上销售。该模式在羊产业结构调整、生产方式转化升级、维护草原生态平衡及提质增效等方面取得了突破性进展，草场的载畜量降低30%，母羊空怀率减少15%左右，经产母羊年平均产羔率175.3%，羔羊初生重提高10%左右，繁殖成活率提高38%左右，羔羊平均日增重提高103g，每只羊增效180元。

2. 优质细羊毛全程标准化生产模式

在高山美利奴羊示范区集成创建了统一选种选配、统一精细管理、统一免疫接种、统一标识标记、统一穿衣保护、统一机械剪毛、统一分级整理、统一规格打包、统一储存、统一品牌产地竞拍等“十统一”的现代优质细羊毛全程标准化生产模式。通过举办种羊评比、剪毛比赛、羊毛产地竞拍会等强化这一模式的熟化和推广，目前该生产模式已经推广到甘肃省肃南县、天祝县、永昌县及青海省、西藏自治区等细毛羊主产区，取得了非常好的经济、社会及生态效益。主推区羊毛价格屡创历史新高，超过同期同类型澳毛价格，成为国毛价格的风向标，大大提高了高山美利奴羊的养殖效益。

（二）营销模式

1. 建立了“工牧直销+产地竞拍”优质羊毛营销模式

根据我国羊毛生产和加工的地域特点，通过举办标准化剪毛、羊毛分级打包现场

展示会等形式，让毛纺加工企业走进牧区，现场观摩剪毛和分级过程，了解羊毛质量，现场竞拍、订单销售，加工企业与牧户面对面交易，杜绝了小商贩参与的中间环节，降低销售成本，避免掺杂使假，保证了羊毛质量，实现了工牧双方利益最大化。基本实现了优毛优价，也调动了广大养殖户自觉提高质量的积极性，使推广区高山美利奴羊的养殖走上了良性化发展的道路。

2. “互联网+”牧区肥羔营销模式

利用互联网平台打造牧区草原绿色羊产业，该平台包括以家庭放牧为主的“e牧场”和以合作社舍饲养殖为主的“天之山牧场”。消费者通过互联网平台，进行活羊认购和特色羊产品订购，认购后可通过手机APP实时监控认购羊的生活生长状态，比如草原放牧和舍饲养殖实况，还可实时跟踪查看活羊档案，包括体重状况、饲喂草料及用药记录等，认购者也可到现场实地参与认购羊的放牧或饲喂，体验放牧、剪毛、骑马、采蘑菇等草原民俗文化，使牧区羊产业与旅游观光有机结合，提高了牧区羊产业经济效益。

第四节　高山美利奴羊产品开发与应用

一、高山美利奴羊羊毛试纺加工

高山美利奴羊是在青藏高原育成的唯一羊毛纤维直径以（19.1～21.5）μm为主体的毛肉兼用美利奴羊新品种，成年公羊羊毛纤维直径（19.63 ± 1.69）μm，羊毛自然长度（10.47 ± 1.20）cm，污毛量（9.74 ± 1.09）kg，净毛量（6.40 ± 0.72）kg；成年母羊羊毛纤维直径（19.92 ± 1.08）μm，羊毛自然长度（9.30 ± 0.93）cm，污毛量（4.36 ± 0.87）kg，净毛量（2.72 ± 0.54）kg；育成公羊羊毛纤维直径（18.40 ± 1.62）μm，羊毛自然长度（10.68 ± 1.22）cm，污毛量（7.18 ± 0.80）kg，净毛量（3.84 ± 0.43）kg；育成母羊羊毛纤维直径平均（18.89 ± 1.12）μm，羊毛自然长度（10.56 ± 1.05）cm，污毛量（4.16 ± 0.83）kg，净毛量（2.39 ± 0.48）kg。

为了进一步验证高山美利奴羊羊毛纺织性能，2009年，由中国农业科学院兰州畜牧与兽药研究所与甘肃省绵羊繁育技术推广站联合，对横交固定一世代的高山美利奴羊羊毛进行了试纺加工试验。

（一）试纺方案

本次试纺原料是甘肃省绵羊繁育技术推广站高山美利奴羊核心育种群横交固定一世代的羊毛，加工的终端产品为男、女式精纺超薄针织毛衫，款式为大众化的T恤衫（男式）和U领衫（女式），颜色分为深、浅两种色调，包括深紫色、紫罗兰色、浅灰色、米黄色。

（二）试纺原料选择

2009年7月5—10日，结合甘肃省绵羊繁育技术推广站绵羊剪毛过程，对该站高山美利奴羊核心育种群横交固定一世代的羊毛套进行严格除边分级打包，随机选取2t共计19包羊毛作为本次试纺的加工用毛。打包前抽取所选羊毛样品，送农业农村部动物毛皮及制品质量监督检验测试中心（兰州）进行毛丛自然长度、羊毛纤维平均直径、净毛率、含脂率、白度、单纤维断裂强力和伸长率的检测。检测结果如表11-15所示。

表11-15　中国美利奴高山型细毛羊超细品系羊毛品质检测结果

自然长度（mm）	直径（μm）	洗净率（%）	含脂率（%）	白度	单强（cN）	伸长率（%）
84.7	19.16	51.67	7.96	50.9	4.36	42.90

（三）试纺过程

1. 洗毛

2009年9月12日，19包污毛通过汽车快运至常熟市汇丰毛条有限公司进行洗毛和制条。

本次洗毛共投入污毛2 001kg，经过以下洗毛程序：原毛—开松—预洗—洗毛—烘干，共取得洗净毛982.2kg，洗净率为49.09%。

本次试纺羊毛纤维较细，强力相对较低，开松过程要注意开松机的速度、重复开松的次数，以免损伤羊毛。这批羊毛是未穿衣羊的羊毛，沙土和草屑较多，含油脂7%左右，这类油脂的乳化性能差，熔点高，沙土中钙、镁离子含量较高。因此，洗涤过程中使用去油去污能力较强的表面活性剂，而对洗涤液的碱和水温做了严格控制，防止纤维的损伤和黏结。

经过洗涤该批毛洗净后无黏结现象，整体外观洁白、蓬松，洗净毛含油率0.70%，与相同规格的澳毛几乎无差异。但是，可能是原毛分级过程把关不严，个别毛包中混有少量边肷毛。因此，组织人员对洗净毛进行了一次分拣，共拣出边肷毛123.4kg，为了不影响后道工序和成品的质量，这些毛被单独剔除，不用于毛条加工。

2. 毛条加工

毛条生产在常熟汇丰毛条有限公司进行，原毛洗涤、挑拣后用于毛条生产的洗净毛共计852.8kg，洗净毛经过开松—和毛—针梳—精梳—成条工艺过程，加工毛条共计717.9kg，毛条的制成率为84.18%，精梳过程短毛数量为112kg，短毛率为13.13%。

（1）和毛

为防止羊毛缠结和飞毛现象，保持纤维蓬松，洗净毛开松后，添加和毛油和抗静电剂，油水比约为1∶12，闷毛24h以上，确保油剂均匀渗透，为后道针梳打好基础。

（2）针梳

为减少纤维的机械损伤，对针梳机的隔距进行了适当调整，并调节了车速和梳理部件速比，保证了出条毛网均匀、清晰。

（3）精梳

本批未穿衣羊毛草屑等植物性杂质较多，且羊毛纤维较细，在成条过程中容易产生毛粒，我们选择了先进的精梳生产线，加大了圆梳最后几排针的密度，经过2遍精梳，最大限度地梳去毛粒和草屑，并严格控制整个精梳过程中的温、湿度，以减少纤维损伤，降低落毛率。

（4）成条

经过以上工序，制成的毛条纤维长度和毛粒得到了很好的控制，毛条中纤维平均长度为85.0mm，长度离散12.15%，短毛率2.2%，纤维平均细度18.78μm，细度离散23.74%，毛条单位重量19.85g/m，重量不匀率为1.3%，毛粒含量4.2只/g，草屑含量0.39只/g，不含毛片，毛条含脂率0.68%。

3. 防缩

本次试纺的终端产品是超薄精纺针织毛衫，为了防止毛衫在洗涤过程中发生缩水和毡化收缩现象，影响毛衫的尺寸稳定性。在试纺方案确定时设计了对羊毛毛条进行防缩处理，还要特别注意羊毛衫的手感及外观问题，因为羊毛的手感是区别于其他纤维而备受青睐的重要特点，体现了其优良风格。这就需要选择较合适的防缩整理剂类型，根据这批羊毛的特点，选用变性有机硅类防缩整理剂，严格控制防缩整理的pH值、时间，并将防缩剂用量控制在2.5%～7%，这样经防缩处理后的毛条基本保持了羊毛应有的手感和风格。

4. 染色

防缩毛条染色前要冲洗干净，由于其表面包覆有阳离子柔软剂，所以先用非离子洗剂冲洗后，再用清水冲洗一段时间。且防缩羊毛通常都呈酸性。染色前要进行羊毛的预中和处理，选用碳酸氢钠中和，使起染的pH值达到6.5左右。防缩羊毛的特点就是染料的亲和力提高，上染速度快，但染色牢度降低，易掉色。为确保染色的均匀，适当降低了入染温度，以控制染料上染，特别是降低初上染率。染色的升温速度要慢，开始阶段控制在1℃ 2min。深色和浅色的保温温度分别选择70℃和60℃，保温时间选择18min，以确保染色均匀无花色。另外，由于防缩处理羊毛的染色牢度较低，因此，对染色毛条进行了后处理，也就是染色完毕后降温至起始温度，加氨水调节pH值至8.5，再升温至50℃并保持10min冲洗，使染料充分上染，染色牢度更好。经过以上工序，染色后的毛条的数量和质量指标也有所变化，718.03kg毛条经防缩、染色后取得染色毛条702.52kg，这两道工序的制成率为97.84%。

5. 纺纱

根据本批毛条的质量和终端产品要求，本次纺纱设计为72支3股纱。

本批羊毛的单纤维强力较低，容易被拉断，纺纱的重点就是通过恰当的毛纱支数与捻度设计和科学合理的前纺、后纺工艺安排克服单纤维强力低的弱点。前纺生产时采用低车速，并加入复精梳工序。为保证细纱的条干质量，前纺时粗纱的出条重量设定为低于粗纱机下定量数值。72支纱较细，强力较弱，为确保纱线质量，减少断头，后纺生产时各道采用小张力、低车速、低温蒸纱等工艺，比较顺利地完成了72支3股纱的生产，共生产纱线639.3kg，成纱率91.0%。

6. 织造

羊毛纱线织造工艺选择要减少羊毛纱线损伤，减少织物表面疵点，确保毛织物符合后道加工要求，织造时采用剑杆织机进行。采用飞穿，以减少经纱间摩擦和各片经纱之间的张力差异，降低经纱断头，提高织机效率，减少织疵。

根据试纺设计，男式毛衫选用T恤衫，女式毛衫选用U领衫，通过试验测算，男衫每件用纱约280g，分深紫色、浅灰色、米黄色三种颜色，L（170/88）、XL（175/92）、2XL（180/96）、3XL（185/100）4种规格，女衫每件用纱约250g，分为浅灰色和紫罗兰两种颜色，L（165/88）、XL（165/92）、2XL（170/92）3种规格。

通过上述织造工艺，成功地完成了1 389件男衫和979件女衫。

（四）试纺总结

高山美利奴羊羊毛主产于高寒牧区，而且本批羊毛选择的是日常放牧过程中没有穿羊衣的羊只，被毛中草屑、砂土较多，污染率高；另外套毛除边不彻底，分级不严格，套毛中含有少量边肷毛，因此，原毛洗净率相对较低。但被毛油汗纯白，含量适中，弯曲正常，纤维长度较好。洗净后毛纤维蓬松不黏结，颜色洁白，不含粗腔毛、色毛及异性纤维。

将本批试纺加工的毛条与相同细度一等自梳外毛毛条的相关质量指标进行了对比研究，结果如表11-16所示，从表中可以看出，本批试纺加工的毛条除细度离散、毛粒含量稍大外，其他指标均优于一等自梳外毛毛条，特别是平均长度、长度离散和短毛率明显优于一等自梳外毛毛条。

表11-16 本批试纺毛条与相同细度一等自梳外毛毛条技术指标比对

指标	一等自梳外毛毛条	本批试纺毛条
细度（μm）	18.6 ~ 19.5	18.78
细度离散（%）	不大于22.0	23.74
平均长度（mm）	不短于70	85
长度离散（%）	不大于37.00	12.15
短毛率（%）	不大于4.2	2.2
公定重量（g/m）	20.00	19.85
重量公差（g/m）	不大于 ± 1.0	0.15
重量不匀率（%）	不大于3.0	1.3
毛粒（只/g）	不大于2.5	4.2
毛片（只/g）	不大于0.3	0
草屑（只/g）	不大于0.4	0.39

注：一等自梳外毛毛条的相关指标来源于纺织行业标准FZ/T 21001—2009。

高山美利奴羊毛毛条在防缩、染色、制纱及织造过程中工艺性能良好，生产的精纺超薄纯毛毛衫色泽纯正柔和，手感柔软舒适、无刺痒感，不褪色，不缩水，不起球，是一款适合于贴身穿着的高档毛衫。

（五）结论

本次试纺共投入含脂超细原毛2 001.00kg，经过洗毛获得洗净毛982.29kg，洗净率49.09%。对洗净毛进行分拣的过程，共拣出边肷毛123.40kg，用于毛条生产的洗净毛共计858.89kg，加工毛条718.03kg，制成率为83.60%，经纺缩、染色后取得染色毛条702.52kg，制成率为97.84%；制成72支3股纱共639.30kg，成纱率为91.00%。通过试验测算，男衫每件用纱约280.00g，女衫每件用纱约250.00g，共织造男式T恤衫1 389件，女式U领毛衫979件。

通过本次试纺试验，我们发现，高山美利奴羊毛的纺织性能优良，与相同规格的澳毛相比，除个别性能稍有差异外，大多纺织性能与澳毛接近，甚至优于澳毛。

二、高山美利奴羊产肉性能及羊肉品质

高山美利奴羊属毛肉兼用型美利奴羊新品种，抗逆性强，耐粗饲，适应寒旱牧区及类似地区，是该生态区肉类食品的主要来源。高山美利奴羊成年羯羊屠宰率为（48.48±1.67）%，胴体重（43.26±2.96）kg，胴体净肉率（75.98±1.32）%；成年母羊屠宰率为（48.07±1.27）%，胴体重（22.58±2.56）kg，胴体净肉率（75.34±1.35）%；育成公羊屠宰率为（47.12±1.54）%，胴体重（28.73±2.87）kg，胴体净肉率（74.54±1.25）%；育成母羊屠宰率为（46.98±1.32）%，胴体重（17.34±2.35）kg，胴体净肉率（73.98±1.25）%。

为了明确高山美利奴羊产肉和羊肉品质，中国农业科学院兰州畜牧与兽药研究所细毛羊资源与育种团队2016—2019年连续4年对不同饲养模式下高山美利奴羊的产肉性能和羊肉品质进行了测试和研究。

（一）育肥羔羊产肉性能和羊肉品质

1. 试验设计

选择体况良好、体重相近的高山美利奴羊4月龄断奶公羔和母羔各100只，分为2个试验组，每组50只羔羊，2组分别饲喂含饲草比例为40%和30%的全混合颗粒饲粮进行育肥，育肥3个月后，每组各选6只育肥羔羊进行屠宰试验，测定屠宰率、GR值、背膘厚和眼肌面积。

2. 试验结果

（1）育肥羔羊产肉性能

育肥羔羊产肉性能测定结果如表11-17所示。宰前活重、胴体重和屠宰率是羊产肉性能的主要指标，高山美利奴羔羊4月龄断奶，育肥3个月后屠宰，其中，低精料组：公羔的宰前活重、胴体重、屠宰率、GR值、背膘厚和眼肌面积分别为43.43kg、19.87kg、45.75%、2.97cm、4.00mm、23.57cm^2；母羔的宰前活重、胴体重、屠宰率、GR值、背膘厚和眼肌面积分别为39.70kg、18.15kg、45.72%、3.02cm、4.43mm、17.10cm^2。高精料组：公羔的宰前活重、胴体重、屠宰率、GR值、背膘厚和眼肌面积分别为48.15kg、23.50kg、48.81%、3.76cm、4.63mm、30.79cm^2；母羔的宰前活重、胴体重、屠宰率、GR值、背膘厚和眼肌面积分别为42.55kg、20.44kg、48.04%、3.16cm、4.26mm、25.27cm^2。可以看出，各组育肥羔羊的屠宰率均在45%以上，而且高精料组羔羊的屠宰率均在48%以上，说明高山美利奴羔羊育肥后产肉性能较好。

表11-17 高山美利奴育肥羔羊产肉性能

指标	公羔		母羔	
	含40%饲草的全混合日粮组	含30%饲草的全混合日粮组	含40%饲草的全混合日粮组	含30%饲草的全混合日粮组
宰前活重（kg）	43.43	48.15	39.70	42.55
胴体重（kg）	19.87	23.50	18.15	20.44
屠宰率（%）	45.75	48.81	45.72	48.04
GR值（cm）	2.97	3.76	3.02	3.16
背膘厚（mm）	4.00	4.63	4.43	4.26
眼肌面积（cm^2）	23.57	30.79	17.10	25.27

（2）育肥羔羊的羊肉品质

育肥高山美利奴羔羊羊肉品质见表11-18，从表中可以看出，不同饲养水平羔羊肉的pH_{45min}和pH_{24h}存在显著差异；而肌肉的水分、粗蛋白质和粗脂肪含量无显著差异；高精料饲养组的粗蛋白质含量高于低精料组，脂肪低于低精料组。

表11-18 育肥高山美利奴羔羊肉品质

指标	公羔		母羔	
	含40%饲草的全混合日粮组	含30%饲草的全混合日粮组	含40%饲草的全混合日粮组	含30%饲草的全混合日粮组
水分（%）	70.21	73.18	70.28	72.11
粗蛋白质（%）	73.30	77.04	71.63	75.68
粗脂肪（%）	22.48	19.29	24.28	19.36
pH_{45min}	6.53	6.62	6.07	6.52
pH_{24h}	5.87	5.35	5.68a	5.90a
失水率（%）	15.03	12.78	15.48	12.97
熟肉率（%）	43.77	38.76	41.11	37.64
嫩度（N）	58.56	47.76	51.80	54.37

（3）育肥羔羊肉脂肪酸含量

育肥高山美利奴羔羊肉脂肪酸含量测定结果见表11-19，各组均检测出27种脂肪酸，其中，高饲草组公母羔羊肉的饱和脂肪酸（SFA）和多不饱和脂肪酸（PUFA）平均含量分别为56.26%、5.82%，低饲草组公母羊羊肉的饱和脂肪酸（SFA）和多不饱和脂肪酸（PUFA）平均含量分别为53.33%、6.83%，饲养水平对育肥羔羊羊肉饱和脂肪酸含量有较大影响。C18：1n9c和单不饱和脂肪酸（MUFA）含量在公、母羔羊间有显著的差别。

表11-19　饲草比例对羊肉脂肪酸含量的影响（干物质基础）

脂肪酸类别	公羔		母羔	
	含40%饲草的全混合日粮组	含30%饲草的全混合日粮组	含40%饲草的全混合日粮组	含30%饲草的全混合日粮组
C10：0	0.13	0.19	0.13	0.11
C12：0	0.12	0.15	0.13	0.11
C14：0iso	0.07	0.06	0.06	0.05
C14：0	2.63	2.33	2.62	2.33
C14：1	0.02	0.02	0.02	0.02
C15：0anteiso	0.14	0.24	0.14	0.11
C15：0iso	0.06	0.05	0.05	0.05
C15：0	0.35	0.34	0.36	0.31
C16：0iso	0.18	0.15	0.16	0.13
C16：0	26.72	22.75	26.94	25.51
C16：1	1.15	0.92	1.15	1.13
C17：0	1.62	1.60	1.68	1.60
C17：1	0.41	0.42	0.37	0.44
C18：0	18.83	17.94	18.95	17.50
C18：1	0.85	1.05	0.90	0.84
C18：1n9c	34.70	32.53	35.68	37.15
C18：2	0.77	0.87	0.72	0.81
C18：2n6c	3.73	4.38	3.38	3.88
C20：0	0.09	0.09	0.09	0.08
C18：3n6	0.03	0.11	0.04	0.04
C18：3n3	0.36	0.38	0.32	0.29
C20：1	0.10	1.11	0.11	0.10
C21：0	5.61	7.06	4.68	5.83

（续表）

脂肪酸类别	公羔		母羔	
	含40%饲草的全混合日粮组	含30%饲草的全混合日粮组	含40%饲草的全混合日粮组	含30%饲草的全混合日粮组
C20：2	0.02	0.04	0.02	0.02
C20：3n6	0.11	0.13	0.09	0.12
C20：4n6	1.15	1.11	1.12	1.39
C20：5n3	0.04	0.05	0.02	0.04
饱和脂肪酸	56.53	52.94	55.99	53.71
单不饱和脂肪酸	37.24	36.00	38.28	39.68
多不饱和脂肪酸	6.22	7.06	5.42	6.60
PUFA/SFA	0.10	0.13	0.12	0.11
n-6/n-3PUFA	13.09	16.10	13.39	16.07

3. 试验结论

育肥高山美利奴羊的产肉性能好，羊肉肉质细嫩，蛋白质含量高，含有27种脂肪酸，单不饱和脂肪酸含量高。因此，在高山美利奴羊的产业化生产中，羔羊断奶后集中舍饲育肥，生产优质肥羔肉，用以提高高山美利奴羊的养殖效益。

（二）成年母羊产肉性能和羊肉品质

成年淘汰母羊也是高山美利奴羊的产肉主体，2017年中国农业科学院兰州畜牧与兽药研究所细毛羊资源与育种团队对“放牧+补饲”和舍饲两种饲养方式育肥的高山美利奴成年母羊的产肉性能和羊肉品质进行检测分析。

1. 试验设计

试验在甘肃省肃南县某高山美利奴羊养殖合作社进行，选择了100只5岁左右、体格大小和体重相近的淘汰健康母羊，随机分为两组，一组为放牧+补饲组，也就是白天在天然草场放牧，晚上归牧后补饲育肥羊精补料0.3～0.4kg；另一组是舍饲育肥组，日粮配方为玉米49%、小麦麸4%、玉米油（普通植物油）2%、普通豆粕（43%蛋白质）13%、燕麦草10%、甘草秧12%、苜蓿粉4%、食盐0.6%、小苏打2.1%、尿素0.3%、4%育肥羊预混料3%，按照以上配方配制成全混合颗粒料，每天饲喂2次，自由采食。两组的育肥期均为40天，育肥结束后，每组随机选择10只羊进行屠宰试验，进行产肉性能和羊肉品质测定。

2. 试验结果

（1）成年母羊产肉性能

不同饲养方式高山美利奴羊产肉性能测定结果如表11-20所示，可以看出高山美利奴成年母羊经短期育肥后屠宰率均在47%以上，其中，舍饲育肥成年母羊的宰前活重、胴体重、屠宰率、胴体净肉率及眼肌面积明显高于放牧羊，特别是屠宰率达到50.05%。

表11-20　高山美利奴羊成年母羊产肉性能测定结果

组别	宰前活重（kg）	胴体重（kg）	内脏脂肪重（kg）	屠宰率（kg）	胴体净肉率（kg）	眼肌面积（cm^2）
舍饲组	53.71	25.63	1.25	50.05	78.26	17.10
放牧+补饲组	47.55	20.99	1.53	47.36	76.04	15.29

（2）高山美利奴羊成年母羊羊肉脂肪酸和氨基酸含量

不同饲养方式下（四季放牧、舍饲）高山美利奴羊成年母羊羊肉脂肪酸和氨基酸含量测定结果见表11-21和表11-22。结果发现不论是舍饲组还是放牧组，羊肉中的脂肪酸和氨基酸含量均较高，而且，不同饲养方式下差异较大，其中放牧羊的脂肪酸种类、脂肪酸总量及氨基酸总量明显低于舍饲羊，尤其是饱和脂肪酸含量明显低于舍饲羊，而不饱和脂肪酸含量差异不大，甚至略高于舍饲羊。

表11-21　不同饲养方式成年羊羊肉脂肪酸含量　　单位：mg/100g

脂肪酸	成年舍饲母羊米龙	成年舍饲母羊通脊	成年放牧母羊米龙	成年放牧母羊通脊
癸酸	0.14	0.14	0.14	0.10
月桂酸	0.09	0.09	0.10	0.11
豆蔻酸	2.33	2.22	1.93	2.06
十五碳酸	0.44	0.48	0.69	0.90
棕榈酸	24.61	24.60	19.38	21.05
十七碳酸	1.25	1.27	1.44	1.65
硬脂酸	20.70	21.28	16.90	15.06
二十一碳酸	0.42	0.46	1.18	—
山嵛酸	0.08	0.09	0.20	0.20
二十三碳酸	0.13	0.02	0.19	0.08
饱和脂肪酸	50.20	50.65	42.31	41.54

（续表）

脂肪酸	成年舍饲母羊米龙	成年舍饲母羊通脊	成年放牧母羊米龙	成年放牧母羊通脊
豆蔻油酸	0.05	0.05	0.10	0.11
棕榈油酸	2.19	2.30	2.37	2.07
顺-10-十七碳一烯酸	0.76	0.77	1.01	1.08
油酸	40.32	38.99	40.66	40.50
亚油酸	2.40	2.36	3.41	3.08
顺-11-二十碳一烯酸	0.03	0.03	0.09	0.10
α-亚麻酸	0.39	0.38	1.40	0.98
顺11，14-二十碳二烯酸	0.05	0.05	—	—
二高-γ-亚麻酸	0.08	0.03	—	—
二高-γ-亚麻酸	0.03	—	—	—
花生四希酸	0.12	0.21	0.17	0.10
EPA	0.03	0.04	0.12	—
DHA	0.03	0.03	—	—
不饱和脂肪酸	46.48	45.24	49.42	49.10
脂肪酸总量	96.68	95.90	91.73	90.64

表11-22　不同饲养方式成年母羊羊肉氨基酸含量　　单位：%

氨基酸	成年放牧米龙	成年放牧通脊	成年舍饲米龙	成年舍饲通脊
天门冬氨酸	1.145	1.250	1.850	1.320
苏氨酸	0.515	0.580	0.845	0.665
丝氨酸	0.370	0.400	0.625	0.415
谷氨酸	2.125	2.265	3.380	2.620
脯氨酸	0.550	0.530	0.930	1.235
甘氨酸	0.555	0.575	1.150	0.905
丙氨酸	0.690	0.750	1.175	0.920
胱氨酸	0.260	0.320	0.265	0.135
缬氨酸	0.820	0.955	1.120	0.695
蛋氨酸	0.450	0.515	0.565	0.255

（续表）

氨基酸	成年放牧米龙	成年放牧通脊	成年舍饲米龙	成年舍饲通脊
异亮氨酸	0.605	0.685	0.975	0.735
亮氨酸	1.105	1.210	1.705	1.360
酪氨酸	0.385	0.455	0.530	0.820
苯丙氨酸	0.585	0.660	0.910	0.885
赖氨酸	1.140	1.245	1.820	1.320
组氨酸	0.355	0.420	0.560	0.435
色氨酸	0.175	0.160	0.185	0.175
精氨酸	0.775	0.845	1.285	1.015
氨基酸总量	12.605	13.820	19.875	15.91

三、高山美利奴羊肉质量安全

对不同饲养方式下羊肉及羊肝、肾的重金属进行检测（表11-23和表11-24），结果显示各类羊肉、羊肝、羊肾中重金属含量远远低于国家标准限量要求，自然放牧组重金属含量高于舍饲组。另外，各种重金属在羊体内的分布规律为羊肝最高，其次为羊肾，羊肉中的含量相对较低。放牧羊羊肉中的重金属含量略高，是因为重金属污染主要来自土壤、空气和水源，放牧羊主要在祁连山区放牧，祁连山富含各种矿藏，土壤中重金属略高。

同时还对不同饲养方式高山美利奴羊胴体不同部位肌肉进行了土霉素、氯霉素、盐酸克伦特罗、己烯雌酚等兽药残留检测，结果显示各类羊肉中所有检测兽药残留均为未检出。

表11-23 不同饲养方式羊肉重金属排查结果 单位：mg/kg

组别	铅	镉	总汞	总砷	铬
成年羯羊（放牧）	0.09	0.01	0.01	0.01	0.04
成年羯羊（舍饲）	0.08	0.01	0.008	0.02	0.03
成年母羊（放牧）	0.10	0.008	0.01	0.02	0.04
成年母羊（舍饲）	0.08	0.007	0.009	0.01	0.04
标准规定≤	0.2	0.1	0.05	0.5	1.0

表11-24　羊肝和羊肾中重金属排查结果

单位：mg/kg

组别	类别	铅	汞	砷	镉	铬
舍饲	羊肝	0.088 ± 0.012	0.001 ± 0.001	0.028 ± 0.008	0.004 ± 0.001	0.001 ± 0.001
	羊肾	0.065 ± 0.011	未检出	0.023 ± 0.010	0.003 ± 0.003	0.001 ± 0.001
放牧	羊肝	0.097 ± 0.010	0.002 ± 0.001	0.011 ± 0.006	0.003 ± 0.002	0.002 ± 0.001
	羊肾	0.075 ± 0.011	0.001 ± 0.001	0.011 ± 0.001	0.001 ± 0.002	0.001 ± 0.001

高山美利奴羊是经过长期人工选育而成的毛肉兼用细毛羊品种，其产肉性能已经超过现有的地方绵羊品种，与纯种肉羊的产肉性能接近。断奶羔羊经过集中育肥，7～8月龄出栏时的屠宰率达到48%以上，成年母羊经过育肥屠宰率达到50%以上。另外，高山美利奴羊长期生长在高海拔的牧区，自然环境污染少，羊肉品质优良，蛋白质含量丰富，脂肪酸种类、总量及氨基酸总量均较高。特别是放牧羊肉，不饱和脂肪酸含量高，脂肪沉积少，肉质细嫩，深受消费者喜爱。建议在高山美利奴羊产业化推广及应用中，以断奶羔羊集中育肥，7～8月龄出栏屠宰，生产高档肥羔肉；淘汰成年母羊经短期育肥后屠宰，生产优质分割肉。淘汰母羊建议在羔羊断奶后（8～9月龄），因为这时候草原牧草旺盛，可以采取白天放牧，晚上归牧后补饲精料的方式育肥，以充分利用草场资源，降低育肥成本，提高羊肉品质和育肥效益。另外，建议高山美利奴羊进入育肥期的过程要逐渐过渡，育肥料的增加不宜过快，由少到多慢慢增加，给育肥羊一个慢慢适应的过程，防止精料采食过多发生酸中毒或者尿结石等病症，以影响育肥效果。

参考文献

陈来运，袁超，孙晓萍，等，2019. 4个绵羊品种FSHR基因多态性与生物信息学分析[J]. 江苏农业科学，47（22）：47–51.

冯新宇，袁超，郭婷婷，等，2018. 利用CRISPR/Cas9系统敲除绵羊皮肤成纤维细胞*Wnt2*基因的研究[J]. 畜牧与兽医，50（2）：52–55.

冯新宇，岳耀敬，袁超，等，2017. 冬季不同激素处理对高山美利奴羊胚胎移植效果的影响[J]. 黑龙江畜牧兽医（11）：97–100+103.

郭婷婷，张世栋，牛春娥，等，2013. 细毛羊毛囊干细胞分离培养方法比较研究[J]. 中国畜牧兽医，40（7）：148–152.

韩吉龙，2016. 脂尾型绵羊尾部脂肪富集的蛋白质组学研究[D]. 北京：中国农业科学院.

韩梅，袁超，郭婷婷，等，2020. 哺乳动物手工克隆的研究进展[J]. 生物技术通报，36（3）：54–61.

刘善博，岳耀敬，郭婷婷，等，2016. *P-cadherin*在‘高山美利奴羊’胚胎皮肤毛囊基板形成过程中的表达规律[J]. 甘肃农业大学学报，51（5）：1–6.

乔国艳，袁超，郭婷婷，等，2020. 不同数据结构和动物模型对高山美利奴羊经济性状遗传参数估计的比较[J]. 中国畜牧兽医，47（2）：531–543.

乔国艳，袁超，李文辉，等，2019. 高山美利奴羊重要经济性状遗传参数估计[J]. 中国畜牧杂志，55（10）：58–62.

吴瑜瑜，岳耀敬，郭婷婷，等，2013. 中国超细毛羊（甘肃型）胎儿皮肤毛囊发育及其形态结构[J]. 中国农业科学，46（9）：1923–1931.

杨敏，史兆国，韩吉龙，等，2013. *HIF-1α*基因G901A多态性与高海拔低氧适应的相关性[J]. 华北农学报，28（6）：111–114.

岳耀敬，刘建斌，郭婷婷，等，2014. 抑制素α亚基三级结构与其他TGF-β配体的比较[J]. 江苏农业科学，42（10）：32–36.

岳耀敬，王天翔，郭婷婷，等，2015. 绵羊皮肤脆裂症遗传病的研究进展[J]. 黑龙江畜牧兽医（3）：47–49.

岳耀敬，王天翔，刘建斌，等，2014. 高山美利奴羊新品种种质特性初步研究[J]. 中国畜牧杂志，50（21）：16-19.

张剑搏，2018. 基于ASReml对高山美利奴羊早期遗传参数估计和遗传评定[D]. 北京：中国农业科学院.

张剑搏，袁超，刘建斌，等，2018. 非遗传因素对高山美利奴羊早期生长性状及其遗传力估计的影响[J]. 中国畜牧杂志，54（8）：40-44.

张剑搏，袁超，岳耀敬，等，2018. 不同动物模型对高山美利奴羊早期生长性状遗传参数估计的比较[J]. 中国农业科学，51（6）：1202-1212.

张玲玲，杨博辉，岳耀敬，等，2016. GnIH与INH表位多肽疫苗主动免疫对甘肃高山细毛羊生殖激素的影响[J]. 中国畜牧兽医，43（4）：1039-1044.

张玲玲，岳耀敬，冯瑞林，等，2016. INH表位多肽疫苗抗体间接ELISA测定方法的建立及优化[J]. 中国畜牧兽医，43（8）：2156-2163.

赵帅，岳耀敬，郭婷婷，等，2015. *Wnt10b*、*β-catenin*、*FGF18*基因在‘甘肃高山细毛羊’胎儿皮肤毛囊中的表达规律研究[J]. 甘肃农业大学学报，50（5）：6-14.

HAN J L, YANG M, GUO T T, et al., 2016. High gene flows promote close genetic relationship among fine-wool sheep populations(*Ovis aries*)in China[J]. Journal of Integrative Agriculture, 15(4): 862–871.

HAN J L, YANG M, GUO T T, et al., 2015. Molecular characterization of two candidate genes associated with coat color in Tibetan sheep(*Ovis arise*)[J]. Journal of Integrative Agriculture, 14(7): 1390-1397.

HAN J L, YANG M, GUO T T, et al., 2019. Two linked TBXT(brachyury)gene polymorphisms are associated with the tailless phenotype in fat-rumped sheep[J]. Animal Genetics, 50(6): 772–777.

HAN J L, YANG M, YUE Y J, et al., 2015. Analysis of agouti signaling protein(ASIP)gene polymorphisms and association with coat color in Tibetan sheep(*Ovis aries*)[J]. Genetics and Molecular Research, 14(1): 1200-1209.

LIU J B, WANG F, LANG X, et al., 2013. Analysis of geographic and pairwise distances among Chinese Cashmere Goat Populations[J]. Asian-Australas Journal of Animal Science, 26(3): 323-333.

LU Z K, YUE Y J, YUAN C, et al., 2020. Genome-Wide association study of body weight traits in Chinese Fine-Wool Sheep[J]. Animals(Basel), 10(1): 170.

QIAO G Y, ZHANG H, ZHU S H, et al., 2020. The complete mitochondrial genome sequence and phylogenetic analysis of Alpine Merino sheep(*Ovis aries*)[J]. Mitochondrial DNA Part B,

5(1): 990-991.

YANG M, YUE Y J, GUO T T, et al., 2014. Limitation of high-resolution melting curve analysis for genotyping simple sequence repeats in sheep[J]. Genetics and Molecular Research, 13(2): 2645-2653.

YUE Y J, GUO T T, YUAN C, et al., 2016. Integrated analysis of the roles of long noncoding RNA and coding RNA expression in sheep(*Ovis aries*)skin during initiation of secondary hair follicle[J]. PLoS One, 116(6): e0156890.

YUE Y J, LIU J B, GUO T T, et al., 2014. Polymorphism of the *Keratin 31* gene in different gansu alpine fine-wool sheep strains by high resolution melting curve analysis[J]. Journal of Animal and Veterinary Advances, 13(10): 627-632.

YUE Y J, LIU J B, YANG M, et al., 2015. De novo assembly and characterization of skin transcriptome using RNAseq in sheep(*Ovis aries*)[J]. Genetics and Molecular Research, 14(1): 1371-1384.

YUE Y J, GUO T T, Liu J B, et al., 2015. Exploring differentially expressed genes and natural antisense transcripts in sheep(*Ovis aries*)skin with different wool fiber diameters by digital gene expression profiling[J]. PLoS One, 10(6): e0129249.

附　录　主要研究成果

一、新品种

证书编号	畜禽名称	培育单位	参加培育单位
农03新品种证字第14号	高山美利奴羊新品种	中国农业科学院兰州畜牧与兽药研究所、甘肃省绵羊繁育技术推广站	肃南裕固族自治县皇城绵羊育种场、金昌市绵羊繁育技术推广站、肃南裕固族自治县高山细毛羊专业合作社、肃南裕固族自治县农牧业委员会、天祝藏族自治县畜牧技术推广站

二、科技奖励

1. 高山美利奴羊新品种培育及应用，甘肃省科学技术进步一等奖，2016年度. 主要完成单位：中国农业科学院兰州畜牧与兽药研究所、甘肃省绵羊繁育技术推广站、肃南裕固族自治县皇城绵羊育种场、金昌市绵羊繁育技术推广站、肃南县裕固族自治县高山细毛羊专业合作社、肃南裕固族自治县农牧业委员会、天祝藏族自治县畜牧技术推广站；主要完成人：杨博辉、郭健、李范文、孙晓萍、王天翔、牛春娥、李桂英、岳耀敬、李文辉、王学炳、张万龙、冯瑞林、张军、安玉锋、梁育林.

2. 高山美利奴羊新品种培育及应用，中国农业科学院科学技术成果奖杰出科技创新奖，2016年度. 主要完成单位：中国农业科学院兰州畜牧与兽药研究所、甘肃省绵羊繁育技术推广站、肃南裕固族自治县皇城绵羊育种场、金昌市绵羊繁育技术推广站、肃南县裕固族自治县高山细毛羊专业合作社、肃南裕固族自治县农牧业委员会、天祝藏族自治县畜牧技术推广站；主要完成人：杨博辉、岳耀敬、李范文、郭健、王天翔、刘建斌、李桂英、孙晓萍、牛春娥、李文辉、冯瑞林、王学炳、安玉峰、张万龙、梁育林.

三、国家标准

1. 高山美利奴羊. 立项日期：2020-09-07；计划号：20205105-T-326；起草单位：

中国农业科学院兰州畜牧与兽药研究所；归口单位：全国畜牧业标准化技术委员会.

2. 含脂毛毒杀芬、拟除虫菊酯、有机磷药物残留量的测定气相色谱法. 标准号：GB/T 35933—2018；标准性质：推荐性；发布日期：2018-02-06；实施日期：2018-09-01；发布单位：中华人民共和国国家质量监督检验检疫总局、中国国家标准化管理委员会；起草人：牛春娥、杨博辉、熊林、郭天芬、郭婷婷、李晓蓉、岳耀敬、刘建斌、郭健、冯瑞林、许文艳；起草单位：中国农业科学院兰州畜牧与兽药研究所，农业部动物毛皮及制品质量监督检验测试中心（兰州）、甘肃省农业科学院畜草与绿色农业研究所.

3. 甘肃高山细毛羊. 标准号：GB/T 25243-2010；标准性质：推荐性；发布日期：2010-09-26；实施日期：2011-03-01；发布单位：中华人民共和国国家质量监督检验检疫总局、中国国家标准化管理委员会；起草人：牛春娥、李伟、杨博辉、高雅琴、郭健、李文辉、王凯、郭天芬、席斌、杜天庆、王宏博、李维红、黄殿选、梁丽娜、常玉兰；起草单位：农业部动物毛皮及制品质量监督检验测试中心（兰州）、中国农业科学院兰州畜牧与兽药研究所、甘肃省皇城绵羊育种试验场.

四、SCI论文

1. Hongchang Zhao[+], Tingting Guo[+], Zengkui Lu, Jianbin Liu, Shaohua Zhu, Guoyan Qiao, Mei Han, Chao Yuan, Tianxiang Wang, Fanwen Li, Yajun Zhang, Fujun Hou, Yaojing Yue[#], Bohui Yang[#]. Genome-wide association studies detects candidate genes for wool traits by re-sequencing in Chinese fine-wool sheep[J]. BMC Genomics, 2021, 22（1）: 127.

2. Chao Yuan[+], Zengkui Lu[+], Tingting Guo[+], Yaojing Yue, Xijun Wang, Tianxiang Wang, Yajun Zhang, Fujun Hou, Chune Niu, Xiaopin Sun, Hongchang Zhao, Shaohua Zhu, Jianbin Liu[#], Bohui Yang[#]. A global analysis of CNVs in Chinese indigenous fine-wool sheep populations using whole-genome resequencing[J]. BMC Genomics, 2021, 22（1）: 78.

3. Jilong Han, Tingting Guo, Yaojing Yue, Zengkui Lu, Jianbin Liu, Chao Yuan, Chune Niu, Min Yang[#], Bohui Yang[#]. Quantitative proteomic analysis identified differentially expressed proteins with tail/rump fat deposition in Chinese thin- and fat-tailed lambs[J]. PLoS One, 2021, 16（2）: e0246279.

4. Tingting Guo[+], Hongchang Zhao[+], Chao Yuan[+], Shuhong Huang, Shiwei Zhou, Zengkui Lu, Chun'e Niu, Jianbin Liu, Shaohua Zhu, Yaojing Yue, Yuxin Yang, Xiaolong Wang[#], Yulin Chen[#], Bohui Yang[#]. Selective sweeps uncovering the

genetic basis of horn and adaptability traits on fine-wool sheep in China[J]. Frontiers in Genetics，2021，12：604235.

5. Shaohua Zhu+，Tingting Guo+，Hongchang Zhao，Guoyan Qiao，Mei Han，Jianbin Liu，Chao Yuan，Tianxiang Wang，Fanwen Li，Yaojing Yue#，Bohui Yang#. Genome-wide association study using individual single-nucleotide polymorphisms and haplotypes for erythrocyte traits in Alpine Merino sheep[J]. Frontiers in Genetics，2020，11：848.

6. Tingting Guo+，Jilong Han+，Chao Yuan+，Jianbin Liu，Chune Niu，Zengkui Lu，Yaojing Yue#，Bohui Yang#. Comparative proteomics reveals genetic mechanisms underlying secondary hair follicle development in fine wool sheep during the fetal stage[J]. Journal of Proteomics，2020，223：103827.

7. Chao Yuan，Ke Zhang，Yaojing Yue，Tingting Guo，Jianbin Liu，Chune Niu，Xiaoping Sun，Ruilin Feng，Xiaolong Wang，Bohui Yang#. Analysis of dynamic and widespread lncRNA and miRNA expression in fetal sheep skeletal muscle[J]. PeerJ，2020，8：e9957.

8. Zengkui Lu，Jianbin Liu，Jilong Han，Bohui Yang#. Association between BMP2 functional polymorphisms and sheep tail type[J]. Animals（Basel），2020，10（4）：739.

9. Zengkui Lu+，Yaojing Yue+，Chao Yuan，Jianbin Liu，Zhiqiang Chen，Chune Niu，Xiaoping Sun，Shaohua Zhu，Hongchang Zhao，Tingting Guo#，Bohui Yang#. Genome-wide association study of body weight traits in Chinese fine-wool sheep[J]. Animals（Basel），2020，10（1）：170.

10. Guoyan Qiao+，Hao Zhang+，Shaohua Zhu，Chao Yuan，Hongchang Zhao，Mei Han，Yaojing Yue，Bohui Yang#. The complete mitochondrial genome sequence and phylogenetic analysis of Alpine Merino sheep（*Ovis aries*）[J]. Mitochondrial DNA Part B，2020，5（1）：990-991.

11. Jilong Han+，Min Yang+，Tingting Guo，Chune Niu，Jianbin Liu，Yaojing Yue，Chao Yuan，Bohui Yang#. Two linked TBXT（brachyury）gene polymorphisms are associated with the tailless phenotype in fat-rumped sheep[J]. Animal Genetics，2019，50（6）：772-777.

12. Yaojing Yue，Tingting Guo，Chao Yuan，Jianbin Liu，Jian Guo，Ruilin Feng，Chune Niu，Xiaoping Sun，Bohui Yang#. Integrated Analysis of the Roles of Long Noncoding RNA and Coding RNA Expression in Sheep（*Ovis aries*）Skin during Initiation of Secondary Hair Follicle[J]. PloS One，2016，11（6）：e0156890.

13. Jilong Han，Min Yang，Tingting Guo，Chune Niu，Jianbin Liu，Chao

Yuan, Yaojing Yue, Bohui Yang#. High gene flows promote close genetic relationship among fine-wool sheep populations（*Ovis aries*） in China[J]. Journal of Integrative Agriculture, 2016, 15: 862-871.

14. Yaojing Yue+, Tingting Guo+, Jianbin Liu, Jian Guo, Chao Yuan, Ruilin Feng, Chune Niu, Xiaoping Sun, Bohui Yang#. Exploring differentially expressed genes and natural antisense transcripts in sheep（*Ovis aries*）skin with different wool fiber diameters by digital gene expression profiling[J]. PloS One, 2015, 10（6）: e0129249.

15. Jilong Han, Min Yang, Yaijing Yue, Tingting Guo, Jianbin Liu, Chune Niu, Bohui Yang#. Analysis of polymorphisms of agouti signaling protein （ASIP） gene and association with coat color in Tibetan sheep （*Ovis aries*） [J]. Genetics & Molecular Research, 2015, 14（1）: 1200-1209.

16. Yaojing Yue, Jianbin Liu, Min Yang, Jilong Han, Tingting Guo, Jian Guo, Ruilin Feng, Bohui Yang#. De novo assembly and characterization of skin transcriptome using RNAseq in sheep（*Ovis aries*）[J]. Genetics & Molecular Research, 2015, 14（1）: 1371-1384.

17. Jilong Han, Min Yang, Tingting Guo, Yaojing Yue, Jianbin Liu, Chune Niu, Chaofeng Wang, Bohui Yang#. Molecular characterization of two candidate genes associated with coat color in Tibetan sheep（*Ovis arise*）[J]. Journal of Integrative Agriculture, 2015, 14: 1390-1397.

18. Min Yang+, Yaojing Yue+, Jilong Han, Jianbin Liu, Jian Guo, Xiaoping Sun, Ruilin Feng, Yuyu Wu, Chaofeng Wang, Liping Wang, Bohui Yang#. Limitation of high-resolution melting curve analysis for genotyping simple sequence repeats in sheep[J]. Genetics & Molecular Research, 2014, 13（2）: 2645-2653.

（注：+，第一作者；#，通讯作者）

五、博士、硕士学位论文（指导教师：杨博辉、岳耀敬）

1. 朱韶华. 高山美利奴羊羊毛品质与红细胞性状基因组选择和全基因组关联分析研究[D]. 兰州：甘肃农业大学，2021.

2. 赵洪昌. 细毛羊羊毛性状候选基因挖掘研究[D]. 北京：中国农业科学院，2021.

3. 韩梅. 绵羊皮肤前体细胞分离培养[D]. 北京：中国农业科学院，2021.

4. 乔国艳. 高山美利奴羊重要经济性状遗传参数估计和遗传评定[D]. 北京：中国农业科学院，2020.

5. 陈来运. 细毛羊多胎性状候选基因多态性检测与分析[D]. 北京：中国农业科学

院，2019.

6. 张剑搏. 基于ASReml对高山美利奴羊早期遗传参数估计和遗传评定[D]. 北京：中国农业科学院，2018.

7. 冯新宇. 基于CRISPR/Cas9介导的绵羊*WNT2*与*FGF5*基因编辑研究[D]. 北京：中国农业科学院，2017.

8. 韩吉龙. 脂尾型绵羊尾部脂肪富集的蛋白质组学研究[D]. 北京：中国农业科学院，2016.

9. 刘善博. 细毛羊次级毛囊形态发生诱导期差异表达LncRNA靶基因的鉴定与功能分析[D]. 兰州：甘肃农业大学，2016.

10. 张玲玲. 促性腺激素抑制激素-C3d DNA疫苗的构建及免疫作用[D]. 北京：中国农业科学院，2016.

11. Megersa Ashenafi Getachew. *PXFP2*基因在青藏高原地区不同绵羊品种中的多态性研究[D]. 北京：中国农业科学院，2016.

12. 赵帅. 细毛羊次级毛囊形态发生诱导期转录组差异表达分析[D]. 兰州：甘肃农业大学，2015.

13. 杨敏. 中国细毛羊群体遗传多样性分析[D]. 兰州：甘肃农业大学，2014.

14. 吴瑜瑜. 甘肃超细毛羊胎儿发育中后期毛囊形态发生中*Wnt10b*、*β-catenin*及*FGF18*基因表达研究[D]. 兰州：甘肃农业大学，2013.

六、中文文章

1. 卢曾奎，袁超，岳耀敬，郭婷婷，李建烨，刘建斌，牛春娥，孙晓萍，杨博辉[#]. 高山美利奴羊在低海拔地区适应性研究[J]. 中国草食动物科学，2021，41（1）：29-32+60.

2. 韩梅，李建烨，卢曾奎，朱韶华，吴怡，郭婷婷，袁超，陈博雯，岳耀敬，杨博辉[#]. 绵羊皮肤前体细胞体外分离培养及特征鉴定[J]. 中国兽医科学，2021，51（6）：782-791.

3. 徐振飞，牛春娥，赵福平，李世恩，高钰，杨博辉[#]. 我国绵羊育种现状及展望[J]. 中国草食动物科学，2020，40（2）：60-65.

4. 陈来运，袁超，郭健，孙晓萍，刘建斌，牛春娥，杨博辉[#]. 高山美利奴羊*INHA*基因多态性生物信息学分析及与产羔数关联分析[J]. 基因组学与应用生物学，2020，39（3）：1035-1041.

5. 乔国艳，袁超，郭婷婷，刘建斌，岳耀敬，牛春娥，孙晓萍，李文辉，杨博辉[#]. 不同数据结构和动物模型对高山美利奴羊经济性状遗传参数估计的比较[J]. 中国畜牧兽医，2020，47（2）：531-543.

6. 韩梅，袁超，郭婷婷，吴怡，岳耀敬，杨博辉#. 哺乳动物手工克隆的研究进展[J]. 生物技术通报，2020，36（3）：54-61.

7. 陈来运，袁超，孙晓萍，刘建斌，牛春娥，杨博辉#. 4个绵羊品种FSHR基因多态性与生物信息学分析[J]. 江苏农业科学，2019，47（22）：47-51.

8. 孙晓萍，刘建斌，李范文，张希云，袁超，郭婷婷，牛春娥，杨博辉#. 高山美利奴羊冬季异地农区舍饲育肥试验[J]. 黑龙江畜牧兽医，2019（21）：57-61+69.

9. 乔国艳，袁超，李文辉，刘建斌，郭婷婷，杨博辉#. 高山美利奴羊重要经济性状遗传参数估计[J]. 中国畜牧杂志，2019，55（10）：58-62.

10. 冯瑞林，郭健，袁超，刘建斌，岳耀敬，郭婷婷，牛春娥，孙晓萍，杨博辉#. 绵山羊双羔素提高美利奴羊繁殖率的研究[J]. 畜牧与兽医，2019，51（2）：14-17.

11. 张剑搏，袁超，刘建斌，岳耀敬，郭健，牛春娥，郭婷婷，冯瑞林，杨博辉#. 非遗传因素对高山美利奴羊早期生长性状及其遗传力估计的影响[J]. 中国畜牧杂志，2018，54（8）：40-44.

12. 张剑搏，袁超，岳耀敬，郭健，牛春娥，王喜军，王丽娟，吕会芹，杨博辉#. 不同动物模型对高山美利奴羊早期生长性状遗传参数估计的比较[J]. 中国农业科学，2018，51（6）：1202-1212.

13. 冯新宇，袁超，郭婷婷，刘建斌，郭健，牛春娥，孙晓萍，冯瑞林，岳耀敬，杨博辉#. 利用CRISPR/Cas9系统敲除绵羊皮肤成纤维细胞*Wnt2*基因的研究[J]. 畜牧与兽医，2018，50（2）：52-55.

14. 牛春娥，郭婷婷，袁超，杨博辉#. 羊肉重金属污染风险分析[J]. 中国草食动物科学，2018，38（1）：67-70.

15. 冯新宇，岳耀敬，袁超，王喜军，刘继刚，文亚洲，郭婷婷，罗天照，王天翔，杨博辉#. 冬季不同激素处理对高山美利奴羊胚胎移植效果的影响[J]. 黑龙江畜牧兽医，2017（21）：97-100+103.

16. 杨博辉. 论高山美利奴羊新品种的价值和意义[J]. 甘肃畜牧兽医，2017，47（4）：55-56.

17. 冯瑞林，郭健，裴杰，刘建斌，岳耀敬，郭婷婷，牛春娥，孙晓萍，杨博辉#. 绵山羊双羔素提高细毛羊繁殖率的研究[J]. 安徽农业科学，2016，44（28）：136-138.

18. 刘善博，岳耀敬，郭婷婷，王天翔，史兆国，袁超，王喜军，刘继刚，刘建斌，张玲玲，郭健，牛春娥，孙晓萍，冯瑞林，李范文，杨博辉#. *P-cadherin*在‘高山美利奴羊’胚胎皮肤毛囊基板形成过程中的表达规律[J]. 甘肃农业大学学报，2016，51（5）：1-6.

19. 张玲玲，岳耀敬，冯瑞林，李红峰，郭婷婷，袁超，牛春娥，刘建斌，孙晓萍，韩吉龙，刘善博，杨博辉#. INH表位多肽疫苗抗体间接ELISA测定方法的建立及优化[J]. 中国畜牧兽医，2016，43（8）：2156-2163.

20. 赵帅，岳耀敬，郭婷婷，吴瑜瑜，刘建斌，韩吉龙，郭健，牛春娥，孙晓萍，冯瑞林，王天翔，李桂英，李范文，史兆国，杨博辉#. *Wnt10b*、*β-catenin*、*FGF18*基因在‘甘肃高山细毛羊’胎儿皮肤毛囊中的表达规律研究[J]. 甘肃农业大学学报，2015，50（5）：6-14.

21. 岳耀敬，王天翔，郭婷婷，刘建斌，李桂英，孙晓萍，李文辉，冯瑞林，牛春娥，李范文，郭健，杨博辉#. 绵羊皮肤脆裂症遗传病的研究进展[J]. 黑龙江畜牧兽医，2015（3）：47-49.

22. 冯瑞林，郭建，裴杰，刘建斌，郭婷婷，岳耀敬，孙晓萍，牛春娥，杨博辉#. 绵山羊双羔素在甘肃绵羊上的应用效果分析[J]. 黑龙江畜牧兽医，2014（21）：99-101.

23. 岳耀敬，王天翔，刘建斌，郭健，李桂英，孙晓萍，李文辉，冯瑞林，牛春娥，郭婷婷，李范文，杨博辉#. 高山美利奴羊新品种种质特性初步研究[J]. 中国畜牧杂志，2014，50（21）：16-19.

24. 岳耀敬，刘建斌，郭婷婷，郭宪，郭健，孙晓萍，杨博辉#. 抑制素α亚基三级结构与其他TGF-β配体的比较[J]. 江苏农业科学，2014，42（10）：32-36.

25. 岳耀敬，王天翔，秦哲，郭婷婷，刘建斌，郭健，杨博辉#. 外来绵羊品种重要单基因遗传病研究进展[J]. 中国草食动物科学，2014，34（3）：50-54.

26. 郭婷婷，张世栋，牛春娥，郭健，孙晓萍，冯瑞林，刘建斌，岳耀敬，杨博辉#. 细毛羊毛囊干细胞分离培养方法比较研究[J]. 中国畜牧兽医，2013，40（7）：148-152.

27. 牛春娥，熊琳，杨博辉，郭天芬，李维红，王宏博，杜天庆. 基于气相色谱法的含脂羊毛中4种拟除虫菊酯药物残留测定[J]. 纺织学报，2013，34（5）：1-6.

28. 吴瑜瑜，岳耀敬，郭婷婷，王天翔，郭健，李桂英，韩吉龙，杨敏，刘建斌，孙晓萍，李范文，何玉琴，杨博辉#. 中国超细毛羊（甘肃型）胎儿皮肤毛囊发育及其形态结构[J]. 中国农业科学，2013，46（9）：1923-1931.

29. 岳耀敬，杨博辉#，王天翔，牛春娥，郭婷婷，孙晓萍，郎侠，刘建斌，冯瑞林，郭健. 低碳经济与绒毛用羊业发展之路[J]. 中国草食动物科学，2012（S1）：448-450.

30. 吴瑜瑜，岳耀敬，杨博辉，郭健，刘建斌，牛春娥，郭婷婷，冯瑞林，孙晓萍，韩吉龙. 毛囊形态发生中信号转导通路研究进展[J]. 中国草食动物科学，2012，（S1）：44-48.

31. 郭婷婷，杨博辉，岳耀敬，牛春娥，孙晓萍，郭健，冯瑞林，刘建斌. 角蛋白关联蛋白基因与羊毛性状关系的研究进展[J]. 安徽农业科学，2012，40（1）：215-

216+230.

32. 牛春娥，杨博辉，曹藏虎，岳耀敬，张力，郭健，孙晓萍，郎侠，刘建斌，程胜利，焦硕，冯瑞林. 甘肃省绒毛生产销售情况调查研究[J]. 中国草食动物，2011，31（2）：66-69.

33. 岳耀敬，杨博辉，焦硕，郭宪，冯瑞林. DINH与C3d3融合基因真核表达质粒的构建[J]. 黑龙江畜牧兽医，2009（17）：13-16.

34. 孙晓萍，杨博辉，程胜利，刘建斌. 羊衣对我国西部羊毛品质和产量的影响[J]. 家畜生态学报，2007（6）：25-26+30.

（注：#，通讯作者）

七、发明专利

1. 一种基于高山美利奴羊早期生长性状的快速选育方法. 专利号：ZL 201711170010.X；授权日期：2021-09-24；发明人：杨博辉、张剑搏、袁超.

2. 一种影响高山美利奴羊羊毛直径离散的SNP分子标记及其应用. 专利号：ZL 202011345272.7；授权日期：2021-07-27；发明人：袁超、郭婷婷、岳耀敬、卢曾奎、牛春娥、刘建斌、杨博辉.

3. 一种影响细毛羊羊毛纤维直径的SNP分子标记及其应用. 专利号：ZL 202010991166.X；授权日期：2021-07-06；发明人：杨博辉、郭婷婷、袁超、卢曾奎、岳耀敬、牛春娥、刘建斌.

4. 一种影响高山美利奴羊羊毛纤维直径的SNP分子标记及其应用. 专利号：ZL 202010882635.4；授权日期：2021-05-25；发明人：袁超、郭婷婷、卢曾奎、刘建斌、岳耀敬、牛春娥、杨博辉、孙晓萍、李建烨.

5. 一种基于INHA基因检测高山美利奴羊繁殖力的方法. 专利号：ZL 201811383632.5；授权日期：2020-04-21；发明人：杨博辉、郭婷婷、袁超、刘建斌、牛春娥、孙晓萍、岳耀敬、冯瑞林、陈来运.

6. 一种羊只防疫鉴定保定栏. 专利号：ZL 201710010646.1；授权日期：2018-09-21；发明人：孙晓萍、刘建斌、高雅琴、郭婷婷、袁超、杨博辉、冯瑞林.

7. 一种皮革取样刀. 专利号：ZL 201410117796.9；授权日期：2017-01-04；发明人：牛春娥、郭健、杨博辉、郭天芬、郭婷婷、岳耀敬、冯瑞林、刘建斌.

8. 一种电泳凝胶转移及染色脱色装置. 专利号：ZL 201410197306.0；授权日期：2016-09-07；发明人：郭婷婷、郭健、牛春娥、岳耀敬、杨博辉、刘建斌、冯瑞林、孙晓萍.

9. 一种羊标记用色料. 专利号：ZL 201410136193.3；授权日期：2016-05-25；发明

人：牛春娥、杨博辉、郭健、郭婷婷、岳耀敬、郭天芬、冯瑞林、刘建斌.

10. 羊用复式循环药浴池. 专利号：ZL 201410445031.8；授权日期：2016-09-07；发明人：孙晓萍、刘建斌、张万龙、郭婷婷、杨博辉、岳耀敬、冯瑞林.

11. 一种毛、绒手排长度试验板. 专利号：ZL 201410111274.8；授权日期：2016-08-17；发明人：牛春娥、郭健、郭天芬、郭婷婷、杨博辉、冯瑞林.

12. 一种皮肤组织切片用石蜡包埋盒. 专利号：ZL 201410319554.8；授权日期：2016-06-01；发明人：牛春娥、杨博辉、郭婷婷、岳耀敬、郭健、郭天芬、冯瑞林、熊琳、梁春年.

13. 一种便携式可旋转绵羊毛分级台. 专利号：ZL 201310335476.6；授权日期：2016-09-28；发明人：孙晓萍、张万龙、刘建斌、杨博辉、陈永华、岳耀敬.

14. 绒毛样品抽样装置. 专利号：ZL 201210249404.5；授权日期：2014-02-26；发明人：郭天芬、李维红、牛春娥、杨博辉、梁丽娜、杜天庆、常玉兰.

15. 高山美利奴羊育肥断奶羔羊用全价颗粒料. 专利号：ZL 201310400981.4；授权日期：2016-06-29；发明人：刘建斌、孙晓萍、郭健、王凡、张万龙、杨博辉、岳耀敬、郎侠、冯瑞林、曾玉峰、郭婷婷、王宏博.

16. 无角高山美利奴羊品系的培育方法. 专利号：ZL 201310342994.0；授权日期：2016-1-20；发明人：刘建斌、孙晓萍、郭健、王凡、岳耀敬、李范文、张万龙、杨博辉、郎侠、冯瑞林、王天翔、王喜军、郭婷婷、曾玉峰、王宏博、王丽娟.

17. 一种细毛羊毛囊干细胞分离培养方法. 专利号：ZL 201310178143.7；授权日期：2016-12-28；发明人：郭婷婷、杨博辉、郭健、牛春娥、岳耀敬、刘建斌、孙晓萍、冯瑞林、郎侠、李范文、王天翔、李桂英、张世栋.

18. 一种绵羊罩衣. 专利号：ZL 201110096276.0；授权日期：2016-12-21；发明人：牛春娥、杨博辉、岳耀敬、郭健、郭天芬、高雅琴、刘建斌、李维红、王宏博、孙晓萍、郭婷婷、席斌、熊林、冯瑞林、杜天庆、郎侠.

19. 一种羊早期胚胎性别鉴定的试剂盒. 专利号：ZL 201010570785.8；授权日期：2013-01-23；发明人：岳耀敬、杨博辉、郎侠、牛春娥、刘建斌、冯瑞林、孙晓萍、郭建、郭婷婷.

20. 检测绵羊繁殖能力的试剂盒及其使用方法. 专利号：ZL 201110025287.X；授权日期：2012-12-12；发明人：岳耀敬、杨博辉、牛春娥、冯瑞林、郎侠、刘建斌、孙晓萍、郭建、郭婷婷.

畜禽新品种（配套系）

证　书

新品种（配套系）名称　高山美利奴羊

培　育　单　位　中国农业科学院兰州畜牧与兽药研究所
甘肃省绵羊繁育技术推广站

该品种业经审定，根据《中华人民共和国畜牧法》和《畜禽新品种配套系审定和畜禽遗传资源鉴定办法》，特发此证。

发证机关

年　月　日

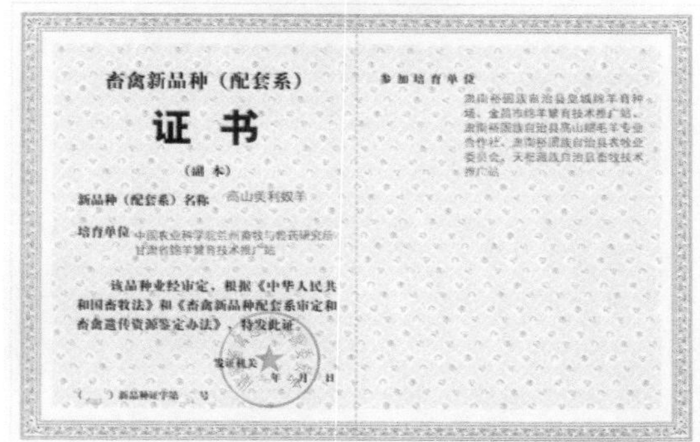

畜禽新品种（配套系）

证　书

（副本）

新品种（配套系）名称　高山美利奴羊

培育单位　中国农业科学院兰州畜牧与兽药研究所
甘肃省绵羊繁育技术推广站

该品种业经审定，根据《中华人民共和国畜牧法》和《畜禽新品种配套系审定和畜禽遗传资源鉴定办法》，特发此证。

发证机关

年　月　日

（　）新品种证字第　号

参加培育单位

肃南裕固族自治县皇城绵羊育种场、金昌市绵羊繁育技术推广站、肃南裕固族自治县高山细毛羊专业合作社、肃南裕固族自治县农牧业委员会、天祝藏族自治县畜牧技术推广站

▲ 高山美利奴羊新品种证书

甘肃省科技进步奖

证　书

为表彰甘肃省科技进步奖获得者，特颁发此证书。

项目名称：高山美利奴羊新品种培育及应用

奖励等级：一等

获 奖 者：中国农业科学院兰州畜牧与兽药研究所

2017年1月20日

证书号：2016-J1-001-D1

▲ 甘肃省科技进步一等奖

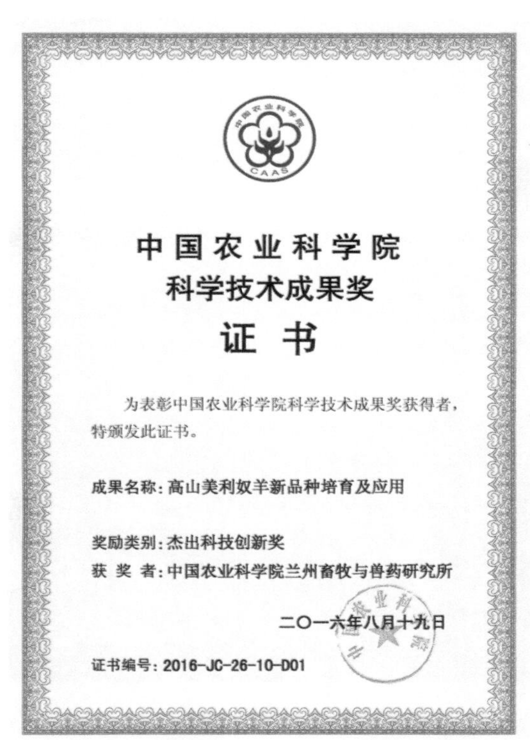

中国农业科学院

科学技术成果奖

证　书

为表彰中国农业科学院科学技术成果奖获得者，特颁发此证书。

成果名称：高山美利奴羊新品种培育及应用

奖励类别：杰出科技创新奖

获 奖 者：中国农业科学院兰州畜牧与兽药研究所

二〇一六年八月十九日

证书编号：2016-JC-26-10-D01

▲ 中国农业科学院杰出科技创新奖

◀高山美利奴羊公羊

高山美利奴羊母羊▶

◀高山美利奴羊母羊群体

高山美利奴羊穿衣群体▶

毛丛结构 ▶

◀ 毛包

羊毛试纺纱线 ▶

◀ 羊毛试纺产品